大学数学科学丛书 2

代数几何初步

李克正 著

科学出版社

北京

内 容 简 介

本书共分六个部分．引言部分通过几个典型问题对代数几何做了一些背景介绍；第 1 章解释了仿射代数几何与交换代数的关系；第 2 章介绍了射影代数几何的一些基本概念和方法；第 3 章从纤维丛的观点出发介绍了除子、相交数、切空间等；第 4 章阐述了代数曲线的一些方法、结果和应用；第 5 章对参量空间做一个初步介绍．

本书可供从事代数几何或算术代数几何方面研究的人员，在工作中需要用到代数几何的读者，以及相关专业的师生阅读、参考．

图书在版编目（CIP）数据

代数几何初步 / 李克正著．—北京：科学出版社，2004
（大学数学科学丛书；2）
ISBN 978-7-03-012679-5

Ⅰ．代… Ⅱ．李… Ⅲ．代数几何 Ⅳ．O187

中国版本图书馆CIP数据核字(2004)第001667号

策划编辑：吕　虹　陈玉琢 / 文案编辑：邱　璐
责任制作：科学出版社编务公司 / 责任校对：柏连海
责任印制：赵　博 / 封面设计：黄华斌　陈　敬

科学出版社 出版
北京东黄城根北街 16 号
邮政编码：100717
http://www.sciencep.com
北京凌奇印刷有限责任公司印刷
科学出版社发行　各地新华书店经销
*
2004 年 5 月第　一　版　　开本：B5(720×1000)
2025 年 1 月印　　　刷　　印张：12 3/4
字数：228 000

定价：78.00 元

（如有印装质量问题，我社负责调换）

“大学数学科学丛书”序

按照恩格斯的说法，数学是研究现实世界中数量关系和空间形式的科学. 从恩格斯那时到现在，尽管数学的内涵已经大大拓展了，人们对现实世界中的数量关系和空间形式的认识和理解已今非昔比，数学科学已构成包括纯粹数学及应用数学内含的众多分支学科和许多新兴交叉学科的庞大的科学体系，但恩格斯的这一说法仍然是对数学的一个中肯而又相对来说易于为公众了解和接受的概括，科学地反映了数学这一学科的内涵. 正由于忽略了物质的具体型态和属性、纯粹从数量关系和空间形式的角度来研究现实世界，数学表现出高度抽象性和应用广泛性的特点，具有特殊的公共基础地位，其重要性得到普遍的认同.

整个数学的发展史是和人类物质文明和精神文明的发展史交融在一起的. 作为一种先进的文化，数学不仅在人类文明的进程中一直起着积极的推动作用，而且是人类文明的一个重要的支柱. 数学教育对于启迪心智、增进素质、提高全人类文明程度的必要性和重要性已得到空前普遍的重视. 数学教育本质是一种素质教育；学习数学，不仅要学到许多重要的数学概念、方法和结论，更要着重领会到数学的精神实质和思想方法. 在大学学习高等数学的阶段，更应该自觉地去意识并努力体现这一点.

作为面向大学本科生和研究生以及有关教师的教材，教学参考书或课外读物的系列，本丛书将努力贯彻加强基础、面向前沿、突出思想、关注应用和方便阅读的原则，力求为各专业的大学本科生或研究生（包括硕士生及博士生）走近数学科学、理解数学科学以及应用数学科学提供必要的指引和有力的帮助，并欢迎其中相当一些能被广大学校选用为教材，相信并希望在各方面的支持及帮助下，本丛书将会愈出愈好.

李大潜

2003 年 12 月 27 日

前　言

本书是在若干次代数几何讲习班 (主要是三个全国性的讲习班: 1990 年的南开数学研究所代数几何年, 1998 年在南京大学举办的数学暑期学校和 1999 年在浙江大学举办的代数讲习班) 的讲义的基础上撰写的，目的有两个：对于需要深入学习代数几何的读者 (包括将从事代数几何或算术代数几何方面研究的读者及在研究工作中需要用到代数几何的读者), 书中的若干问题、概念和方法可以作为一个开端；而对于仅希望作为一种数学修养对代数几何有所了解的读者，也可以将本书作为一种普及读物，在阅读时可略去一些概念性或技术性较强的章节.

对于将要学习算术代数几何的读者，作者认为目前仍以 Hartshorne 的书 [5] 作为入门书为好, 但该书的重点是建立工具，而一个对代数几何缺乏初步了解的读者可能难以理解为何要学习如此复杂而难度大的工具，尽管所处理的问题常常看上去很初等.

另一方面，由于代数几何与许多其他学科有密切联系，按照 D.Mumford 的看法，代数几何作为一种数学修养，对纯粹数学各学科的工作者都是有益的.

鉴于上述目的，本书不打算走得很深或很远，书中对代数几何的介绍远不是全面的，更不是系统的，而且有不少内容几乎可以说是平凡的，但作者希望通过对若干问题的讨论，使读者看到几个有重要影响的研究方向，而不是仅仅做一些肤浅的介绍. 为此，本书逐步引入若干较为深入的概念，着重介绍这些概念的背景、想法和应用. 其中的某些部分有较强的概念性或技术性，分别加脚注予以说明，读者可略过而不影响对主要部分的理解. 在写法上则力求直观，并经常辅以例子和应用.

在引言中，通过几个典型问题对代数几何做一些背景介绍，其中有些问题在以后几章中有进一步的讨论. 第 1 章解释仿射代数几何与交换代数的关系. 第 2 章介绍射影代数几何的一些基本概念和方法，包括层的概念. 第 3 章从纤维丛的观点出发介绍除子、相交数、切空间等. 第 4 章介绍代数曲线的一些方法、结果和应用，其中的黎曼-罗赫定理未给出证明，有兴趣的读者可以从其他教科书中查到.第 5 章对模空间做一个初步介绍.

代数几何的研究方法非常多样，教科书也有多种模式，甚至没有大体一致的基本内容，这是与其他学科很不相同的．本书主要采用代数方法，故阅读本书所需的预备知识是抽象代数基础，包括群、环、域等概念，并尽可能只采用一些常用的语言和结果．此外，本书需要用到一些交换代数，为读者方便，在附录 A 中对书中用到的交换代数的概念做了一个简单介绍 (读者若准备读用代数方法讲代数几何的教科书如文献 [5]，必须预先在交换代数和同调代数方面打下坚实的基础)．另一方面，射影几何的背景知识对学习代数几何也是很重要的，而目前我国大多数学生在这方面基础薄弱．本书中除在第 2 章 2.1 节对射影几何做了简单介绍外，在附录 B 中对一些重要的经典定理做了完整介绍，缺乏射影几何背景知识的读者在读第 2 章 2.1 节时，最好同时读这个附录．附录 C 取自作者在中国科学院晨兴数学中心的一个报告，由于广义黎曼猜想是当代数学的一个重要研究课题，而读者由此可以对代数几何与数论的关系有更进一步的了解，故收入本书中．

本书中的数学术语均参照全国自然科学名词审定委员会 1993 年公布的《数学名词》，对《数学名词》中未收入的词语一般采用一些暂定译名，但对其中未收入的人名则保留英文原名．

作者希望借此机会感谢数学天元基金对本书出版的支持，感谢众多同事和学生对本书提出的宝贵意见，感谢南京大学数学系为本书出版所做的努力．

目　　录

引　　言

什么是代数几何？

这个问题似乎不难解释. 自 17 世纪 30 年代费马 (Fermat) 和笛卡儿 (Descartes) 建立直角坐标系之后，就可以进而建立代数曲线、代数曲面等概念，例如方程 $y^2 = x^3 - x$ 定义一条平面代数曲线，方程 $x^3 + y^3 + z^3 = 1$ 定义三维空间中的一个代数曲面. 更一般地可以考虑任意维空间中由一组多项式方程的公共零点组成的集合 (称为一个“代数集”), 这些就是代数几何的基本研究对象.

然而代数几何何以会成为一门独立的数学分支呢？事实上，代数几何作为一个分支从其他学科中独立出来不过是一百多年的事. 独立出来的原因可以从两个方面解释：一方面，代数集有许多特殊的性质是其他几何对象所没有的，而且在代数集的研究中发展出一些特别的方法；另一方面，代数几何是几何与数论间的一个桥梁，其中许多方法和结果都有数论背景.

按 Mumford 的观点，可以大略把代数几何的发展史分为四个时期：① 19 世纪后期，以诺特、希尔伯特等为代表的德国学派领导潮流，系统地建立了代数方法，产生了特征 p 的几何，奠定了代数曲线理论的基础如黎曼-罗赫定理；② 1900~1930 年，以 Castelnuovo, Enriques 和 Severi 为代表的意大利学派领导潮流，将 19 世纪对代数曲线所做的工作推进到 (复) 代数曲面上，此外深入探讨了纯代数几何方法与拓扑、分析方法之间的联系，但由于所用方法颇有差别且富有直观性，常忽略一些细节及一些复杂的特殊情形；③ 1930~1960 年， Zariski, Weil 以及最后 Grothendieck 领导潮流，系统地建立了交换代数工具并建立了一套公共语言，例如可以处理特征 p 的情形 (其目的可以追溯到 Kronecker, 即建立一种可以处理算术的几何，对此目的曾有过若干种尝试，经过一段混乱的时期后， Grothendieck 的概形方法和语言被普遍接受作为一种基础)；④ 1960 年以后，代数几何在各方面迅速发展：对维数 > 2 的几何、奇异性及闭链 (cycle) 等深入研究，发现代数簇的拓扑性质与丢番图性质间的深刻联系，以及建立模空间理论等，其中很多强有力的结果由复几何方法和分析方法获得，常常是代数方法不能或很难替代的.

代数几何与其他许多学科有密切联系，如拓扑、微分几何、复几何、分析、代数、数论等都在代数几何中有重要应用，而代数几何的发展也对其他许多学科产生了影响. 按照 Dieudonné 的观点，代数学是由代数数论和代数几何两个方面激发的 (这是一种通过观察人类文明史而提出的哲学观点，并非仅指现代代数学；如同另一些学者指出的，现代代数学还受到一些其他方面的激发，例如代数拓扑就起了极其重要的影响)．在今天，代数几何的方法和结果广泛应用于其他几何、代数数论、编码、计算数学、数学物理、机械化证明等许多方面．因此,Mumford 认为代数几何作为一种数学修养，对纯粹数学各学科的工作者都是有益的．

很难系统地介绍与代数几何有关的各方面的问题，我们仅举几个例子说明这些问题的多样和广泛，其中有些问题将在后面深入讨论．

例 0.1 代数方程组的解

在对一组多元代数方程 (即多项式方程) 作数值解之前，至少需要弄清是否有解，解的个数是否有限，如果有限究竟有多少个，等等．对于线性方程组，我们知道有三种可能的情形：无解，恰有一组解，无限多组解．一般是考虑方程个数与变元个数相同的情形，此时无限多组解的出现是因为方程组线性相关，这可以理解为“有多余方程”；而无解的情形可以理解为“解在无穷远处”，如果考虑射影空间就可以把无解的情形与一个解的情形同样处理．对一元高次方程，我们知道解的个数若计入重数恰等于方程的次数，这个结果是不是可以推广到多元高次方程组呢？首先，受线性情形的启发，我们应该先考虑在射影空间中的解 (然后把无穷远处的解去掉)；其次要考虑无穷多组解的情形，这比线性情形复杂得多，不一定是由于多余方程造成的，而且所需要的方程个数可能多于变元个数 (这是在一元情形和线性情形都不会出现的)；再次，定义解的重数也不是简单的事．在二元的情形，Bézout 定理完整地回答了这个问题 (详见例 3.3.3)．在这个方向对一般情形的更深入研究产生了 *相交理论*, 这是代数几何中的基本工具之一．

例 0.2 纯超越扩域的子域

在域论里有这样一个难题：设 L 为 F 的纯超越扩域 (即由 F 添加一组在 F 上代数无关的元生成的扩域), $K \subset L$ 为包含 F 的子域，若 L 是 K 的代数扩张， K 是否也是 F 的纯超越扩张？这个问题是用了代数几何的方法才解决的，答案是：若 $\mathrm{tr.deg}(L/F) = 1$, 回答是肯定的；若 $\mathrm{tr.deg}(L/F) = 2$ 且 F 是代数闭域，回答也是肯定的；而若 $\mathrm{tr.deg}(L/F) > 2$, 回答是否定的 (参见例 4.4.3)．

例 0.3 紧致黎曼面

黎曼面就是一维复流形，所有紧致黎曼面都是代数流形，换言之，都是复代数曲线，它们都可以嵌入三维复射影空间 $\mathbb{P}^3_{\mathbb{C}}$ 中作为代数子集，而作为实流形它们是紧致双侧曲面. 黎曼面的奠基性研究是用复分析和复几何的方法，而其中很多结果可以推广到一般域上 (参见 4.2 节和 4.4 节).

例 0.4　构形定理

在射影几何中我们知道, 除了简单的结合性质 (如“过两点存在惟一直线”) 外, 还有一些复杂 (往往具有很强的对称性) 的只与结合性有关的定理 (“构形定理”), 如德萨格定理 (图 0.1) 说, 对任两个三角形 $\triangle ABC$ 和 $\triangle A'B'C'$, 令 P,Q,R 分别为 AB 与 $A'B'$ 的交点、BC 与 $B'C'$ 的交点、CA 与 $C'A'$ 的交点，若 AA',BB',CC' 三条直线交于一点，则 P,Q,R 三点在一条直线上；帕普斯定理 (图 0.2) 说：若 A,B,C 三点在一条直线上， A',B',C' 三点在一条直线上， AB' 与 $A'B$ 交于 P, BC' 与 $B'C$ 交于 Q, CA' 与 $C'A$ 交于 R, 则 P,Q,R 三点在一条直线上. 这两个定理有特别重要的意义 (详见附录 B) ：对任意一种公理式平面射影几何 (即假定简单的结合公理), 德萨格定理成立当且仅当这种几何等价于一个体 K 上的二维射影几何, 而此时帕普斯定理成立当且仅当 K 是域.

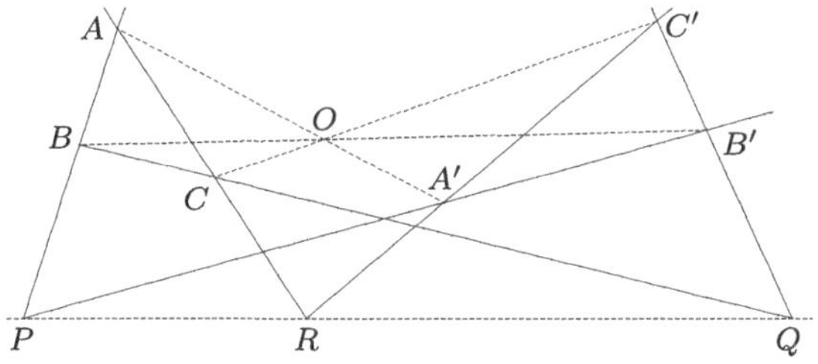

图 0.1

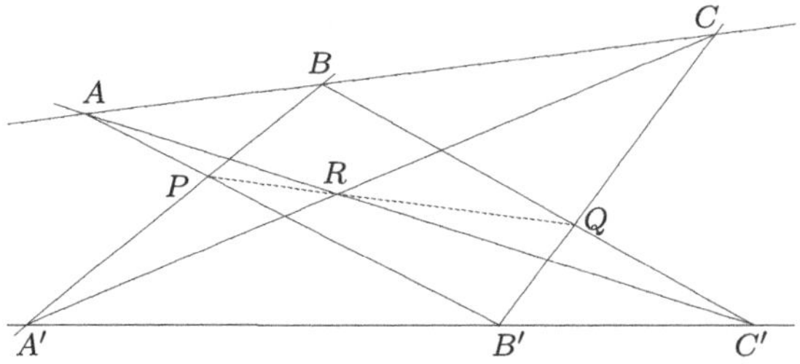

图 0.2

对二次曲线也有类似的构形定理, 如巴斯加定理说, 在任一条二次曲线上任取 6 个点 A, B, C, D, E, F, AB 与 DE 交于 P, BC 与 EF 交于 Q, CD 与 FA 交于 R, 则 P, Q, R 三点在一条直线上 (图 0.3). 这个定理也有特殊的重要性, 它是二次曲线的基本性质 (判据).

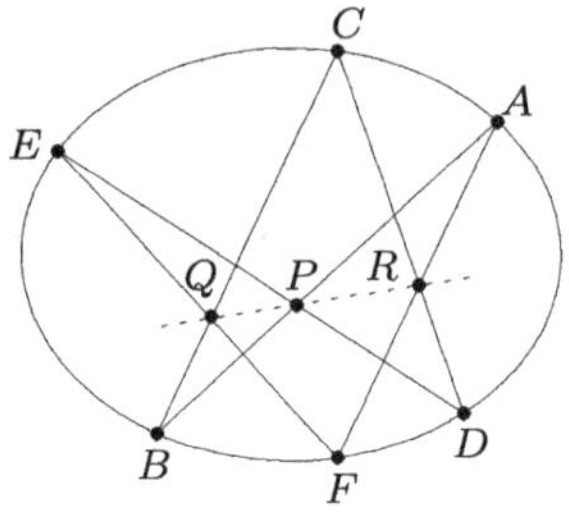

图 0.3

对三次曲线也有类似的定理, 如在任一条三次曲线上任取 4 个点 A, B, C, D, 直线 BC 与曲线有第三个交点 E, BD 与曲线有第三个交点 F, AD 与曲线有第三个交点 G, CG 与曲线有第三个交点 H, AE 与曲线有第三个交点 I, 则 F, H, I 三点在一条直线上 (图 0.4). 这个定理的意义我们以后再解释 (参见引理 4.3.1 的证明).

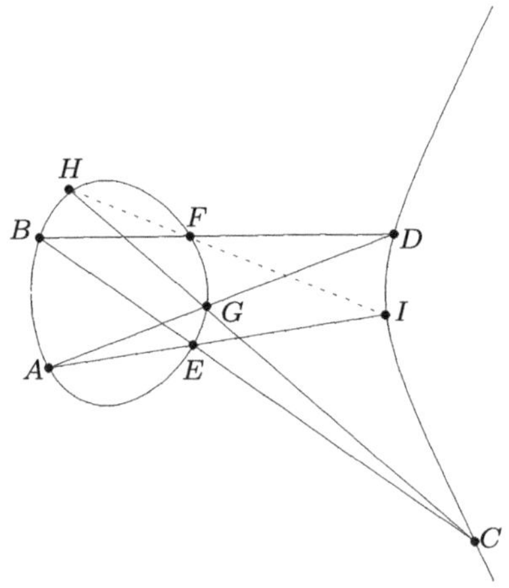

图 0.4

上面的几个定理绝非仅仅是一种游戏 ("有观赏价值"), 恰恰相反, 它们是几个有关学科中重要的基本定理 (详见附录 B, 例 3.3.1 和引理 4.3.1 的证明).

例 0.5　计数几何 (enumerative geometry)

这种几何研究某种对象有多少个，如 McLaurin (1720) 考虑射影平面上的一条 d 次光滑曲线有多少条切线通过一个给定点，答案是对“一般位置”的给定点有 $d(d-1)$ 条； Steiner (1848) 考虑射影平面上与 5 条给定的二次曲线都相切的二次曲线有多少条，答案是在“一般情形”有 6^5 条．这类问题也与相交理论密切相关 (参见例 3.4.3).

例 0.6　多项式不变量

线性表示的多项式不变量是表示论中的一个重要研究课题，事实上主要是考虑有限群和代数群 (代数群也是代数几何的研究对象). 从代数几何的角度，这个问题可以看做商空间的代数函数环的结构问题，而从商空间的几何结构考虑问题不仅给出另一种观点和方法，而且可以使研究更为深入．

例 0.7　分类问题

在许多学科 (包括代数几何) 中分类问题都是最重要的基本问题之一, 例如紧致双侧 (实) 曲面 (如紧致黎曼面) 的拓扑结构由其亏格惟一决定，这里亏格是一个离散的 (只取非负整数值) 拓扑不变量；有限维复半单李代数在同构之下由其 Dynkin 图惟一决定，这里 Dynkin 图也是一个离散不变量．在代数几何里不仅有许多种离散不变量，而且有连续不变量，例如二维射影空间 (齐次坐标为 X, Y, Z) 中的三次光滑曲线

$$Y^2Z = X(X-Z)(X-\lambda Z) \qquad (\lambda \neq 0, 1)$$

有一个不变量 (j-不变量) $2^8\dfrac{(\lambda^2-\lambda+1)^3}{\lambda^2(\lambda-1)^2}$，而二维射影空间中的三次光滑曲线在 (解析或代数) 同构之下由其 j-不变量惟一决定．对这种连续不变量的进一步深入探讨导致模空间的概念 (参见 5.1 节).

例 0.8　丢番图 (Diophantus) 方程

丢番图方程的问题 (即代数方程的整数解问题) 都可以用代数几何的语言来表述，例如费马大定理可以表述为曲线

$$x^n + y^n = 1 \qquad (n > 2)$$

没有非平凡的有理点 (注意这种表述与代数坐标的选取无关). 如所周知, 莫德尔猜想 (Faltings 定理) 说, 任一亏格 >1 的紧致黎曼面上至多有有限多个有理点. 莫德尔猜想和费马大定理的证明都涉及模空间. Oort 指出, 对这两个定理的证明都只有从几何图像上才能清楚地理解.

代数几何不是一门 "原创的" 学科, 即可以建立在一组简洁的公理或定义上的学科, 它毋宁说是一种 "综合的" 学科, 其研究方法非常多样, 不同时代、不同学派的风格千差万别, 教科书也有多种模式, 甚至没有大体一致的基本内容, 这是与其他学科很不相同的. 举三个典型的例子: Hartshorne 的书 [5] 采用代数方法, 需要很强的交换代数和同调代数基础, 但不需要复几何的基础; Griffiths 和 Harris 的书 [3] 用的是复几何的方法, 但基本上不需要代数方面的基础; Mumford 的书 [17] 则需要拓扑、微分几何、复分析、交换代数等多方面的基础, 但各方面所用的知识都不很深. 准备深入学习代数几何的读者对此需要有所选择 (一般是以一种模式为主, 参考其他模式). 本书中主要采用代数方法.

第 1 章　代　数　集

在本章和以下各章中需要用到交换代数的一些基本概念，不了解这些概念的读者可参看一般的交换代数教科书或附录 A (实际上其中大部分概念可以在一般的抽象代数教程 (如文献 [25]) 中找到).

在本书中"环"一词专指有单位元的交换环，除非特别说明.

本章的主要内容取自文献 [12], 我们略去一些证明的细节 (需要了解这些细节的读者可参看文献 [12] VIII).

1.1　代数子集与察里斯基拓扑

在一个代数闭域 k (例如 $\mathbb{C}$) 上的 n 维线性空间 k^n 中, 由一组多项式 $f_1,\cdots,f_r \in k[x_1,\cdots,x_n]$ 的公共零点组成的集合称作一个 代数子集. 例如 (见引言) 在 X-Y 平面中多项式 y^2-x^3+x 定义一个代数子集 (平面代数曲线), 在 X-Y-Z 空间中多项式 $x^3+y^3+z^3-1$ 定义一个代数子集 (代数曲面). 多项式的个数可能有多个，例如在 X-Y-Z 空间中多项式组 $z-xy$, $xz-y^2$, $y-x^2$ 定义一个代数子集 (空间代数曲线，参见例 3.3.2).

记 $A=k[x_1,\cdots,x_n]$. 一组多项式 $f_1,\cdots,f_r \in A$ 在 k^n 中的公共零点集记为 $V(f_1,\cdots,f_r)$. 令 $I=(f_1,\cdots,f_r)\subset A$ (即 $f_1,\cdots,f_r$ 生成的理想), 则任一多项式 $f\in I$ 可以表为 $f=g_1f_1+\cdots+g_nf_n$ (其中 $g_1,\cdots,g_n\in A$), 故对任意 $(a_1,\cdots,a_n)\in V(f_1,\cdots,f_r)$ 及 $f\in I$ 有 $f(a_1,\cdots,a_n)=0$. 所以

$$V(f_1,\cdots,f_r)=\{(a_1,\cdots,a_n)\in k^n|f(a_1,\cdots,a_n)=0\ \forall f\in I\} \tag{1.1.1}$$

换言之 $V(f_1,\cdots,f_r)$ 为 I 中所有多项式的公共零点集，故由 I 决定，而与 I 的生成元 $\{f_1,\cdots,f_r\}$ 的选择无关. 由于这个原因，我们通常记 $V(f_1,\cdots,f_r)$ 为 $V(I)$.

对一点 $(a_1,\cdots,a_n)\in k^n$, 令

$$P=\{f\in A|f(a_1,\cdots,a_n)=0\} \tag{1.1.2}$$

我们也可以这样定义 P : 对任意 $f\in A$, 令 $\phi(f)=f(a_1,\cdots,a_n)$, 这样定义了一个映射 $\phi\colon A\to k$, 显而易见 ϕ 是一个 k-代数同态，而 $P=\ker(\phi)$. 因此 P 是 A 的极

大理想 (因为 $A/P \cong k$ 是域), 而且不难验证

$$P = (x_1 - a_1, \cdots, x_n - a_n) \tag{1.1.3}$$

即 P 由 $x_1 - a_1, \cdots, x_n - a_n$ 生成.

反之, 由弱零点定理 (参见附录 A.1 节), A 的任一极大理想 P 都是形如 $(x_1 - a_1, \cdots, x_n - a_n)$, 故 $(a_1, \cdots, a_n)$ 为 P 中所有多项式的 (惟一) 公共零点. 这样就有 k^n 中的点与 A 中的极大理想之间的一一对应

$$(a_1, \cdots, a_n) \mapsto (x_1 - a_1, \cdots, x_n - a_n) \tag{1.1.4}$$

由于这个原因, 我们可以将 k^n 中的点定义为 A 的极大理想. 以下我们将 $a = (a_1, \cdots, a_n)$ 对应的极大理想 $(x_1 - a_1, \cdots, x_n - a_n)$ 记为 P_a.

对任意理想 $I \subset A$, 由 (1.1.2) 可见在一一对应 (1.1.4) 之下有

$$V(I) \leftrightarrow \{\text{极大理想}\ \ P \subset A | P \supset I\} \tag{1.1.5}$$

即 $V(I)$ 中的点对应于所有包含 I 的极大理想. 由于 I 中的多项式在 $V(I)$ 中处处取值 0, 任一多项式 $f \in A$ 在 $V(I)$ 中的取值由 f 在 $R = A/I$ 中的剩余类 $\bar{f}$ 惟一决定 (即对 $(a_1, \cdots, a_n) \in V(I)$ 可以定义 $\bar{f}(a_1, \cdots, a_n) = f(a_1, \cdots, a_n)$), 故我们将 $R = A/I$ 称作 V 的*函数环*. 注意 R 中可能有幂零元, 即在 V 上处处为零的非零函数 (后面将看到, 引进这种幂零函数有很多方便, 例如定义无穷小变形、微分等). 显然我们有一一对应

$$\{R\ \text{中的极大理想}\} \leftrightarrow \{A\ \text{中包含}\ I\ \text{的极大理想}\}$$

再由 (1.1.5) 就有一一对应

$$V(I) \leftrightarrow \{R\ \text{中的极大理想}\} \tag{1.1.6}$$

这样我们由一个代数子集的函数环就可以构造出这个代数子集: 设 R 为 V 的函数环, 则有 k-代数满同态 ϕ: $A \to R$, 令 $I = \ker(\phi)$, 则 $V = V(I)$. 如果我们另取一个多项式代数 $A' = k[x'_1, \cdots, x'_m]$ 及一个 k-代数满同态 ϕ': $A' \to R$, 并令 $I' = \ker(\phi')$, 则可以得到一个一一对应 $V \leftrightarrow V(I') \subset k^m$, 我们说这个一一对应是一个"同构" (详见 1.2 节).

希尔伯特零点定理　设 $A = k[x_1, \cdots, x_n]$, I 为 A 中的理想，$V = V(I) \subset k^n$. 若 $f \in A$ 在 V 上处处为零，则存在 $m > 0$ 使得 $f^m \in I$.

换言之，处处取值 0 的函数必为幂零函数 (参见附录 A.1 节).

不难验证所有代数子集的余集组成一个拓扑 (即令所有 $V(I)$ 为闭集)：

$$V(I_1 \cap I_2) = V(I_1) \cup V(I_2), \qquad V(\sum_i I_i) = \bigcap_i V(I_i) \tag{1.1.7}$$

这就是所谓的*察里斯基拓扑*. 通常将 $V(I)$ 的余集记为 $U(I)$ (为开集). 注意在 $k = \mathbb{C}$ 的情形察里斯基拓扑比通常的拓扑弱 (连单位圆都不是察里斯基开集). 但察里斯基拓扑还是可以起很多作用的，特别是当 k 的特征非零时.

若 $I, J \subset A$ 为理想而 $V(J) \subset V(I)$, 即 $V(J)$ 为 $V(I)$ 中的 (察里斯基) 闭子集，则对任意 $a \in V(J)$ 有 $P_a \supset I$, 同时又有 $P_a \supset J$, 故 $P_a \supset I + J$, 从而 $V(J) = V(I + J)$, 而 $I + J$ 为包含 I 的理想；反之若 J 为包含 I 的理想，则显然 $V(J) \subset V(I)$. 所以要描述 $V(I)$ 的察里斯基闭子集，只需考虑所有包含 I 的理想即可 (换言之 $V(I)$ 的闭子集都可由 A 中包含 I 的理想给出). 注意 A 中包含 I 的理想和 $R = A/I$ 的理想一一对应 ($J \subset A$ 对应于 $J' = J/I$), 所以我们也可以将 $V(J)$ 记为 $V(J')$, 即 R 中所有包含 J' 的极大理想所对应的点组成的 (察里斯基) 闭子集.

对 k^n 中的一点 a, 我们常用到 "在 a 点附近有定义的有理函数"，即形如 $\dfrac{f}{g}$ ($f, g \in A = [x_1, \cdots, x_n]$) 的函数，其中 $g(a) \neq 0$ ("有理函数" 一词的原意是多项式函数的商). 令 $P = P_a \subset A$ (即 a 所对应的极大理想), 则不难看出所有在 a 点附近有定义的有理函数组成局部环 A_P. 更一般地，对于一个代数子集 $V = V(I) \subset k^n$, 由上所述任一点 $a \in V$ 对应于 $R = A/I$ 的一个极大理想 $p_a = P_a/I$, 我们可以定义 V 上 "在 a 点附近有定义的有理函数" 为 R_{p_a} 中的元 (粗糙地说为形如 $\dfrac{f}{g}$ ($f, g \in R$, $g \notin p_a$) 的函数).

局部函数的概念也可以对 (察里斯基) 开子集定义. 注意 V 的开子集为 V 与 k^n 的开子集的交，即形如 $V(I) \cap U(J)$ ($J \subset A$ 为理想) 的集合，它对应于 A 中包含 I 且不包含 J 的极大理想全体. 若令理想 $J' = (J+I)/I \subset R$, 则 $U = V(I) \cap U(J)$ 对应于 R 中不包含 J' 的极大理想全体. 特别地，若 $J' = (f)$ (由一个元 $f \in R$ 生成的理想), 则一个 V 的点 $a \in U$ 当且仅当 $f \notin p_a$, 此时我们记 $U = V_f$, 而定义 V_f 的函数环为 R 的局部化 R_f (参见附录 A.1 节). 实际上 V_f 可以看做 k^{n+1} 中的察里斯基闭子集：在 $x_1, \cdots, x_n$ 之外再加一个坐标变量 x_{n+1}, 令 $I' = (I, x_{n+1}f - 1) \subset k[x_1, \cdots, x_{n+1}]$,

则 $V(I') \subset k^{n+1}$ 的点恰与 V_f 的点一一对应，注意 $k[x_1, \cdots, x_{n+1}]/I' \cong R_f$.

在做了上述规定之后，我们将 k^n 称为 k 上的 n 维仿射空间, 并记为 $\mathbb{A}_k^n$. 任一 $\mathbb{A}_k^n$ 的任一代数子集称为一个 仿射代数集.

例 1.1.1 在 $\mathbb{A}_k^2$ (坐标为 x, y) 中，由 1 个非零多项式 $f \in k[x, y]$ 定义的代数子集 $V(f)$ 称为一条 "代数曲线". 图 1.1.1 中的二次曲线 $9x^2 + 16y^2 = 1$ 和图 1.1.2 中的三次曲线 $y^2 = x^3 - x$ 都是代数曲线的例子.

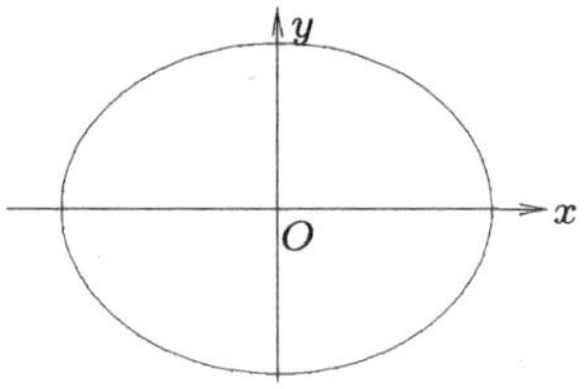

图 1.1.1

如果 f 是不可约多项式，则我们说 $V(f)$ 是 "整的"；但 f 有时是可约的 (在经典的语言中称为 "退化情形"). 例如当 $\deg(f) = 2$ (即 $V(I)$ 为 "二次曲线") 时 f 可能分解为两个一次多项式的积，有两种可能：或者 $f = g^2$ (g 为一次多项式), 此时 $V(f)$ 可以理解为 "两条重合的直线"，用现代的语言我们说 $V(f)$ 不是 "既约的" (即 $k[x, y]/(f)$ 有幂零元)；或者 $f = gh$ (g, h 为一次多项式且 $g \nmid h$), 此时 $V(f)$ 可以理解为 "两条相交的直线"，用现代的语言我们说 $V(f)$ 是 "可约的".

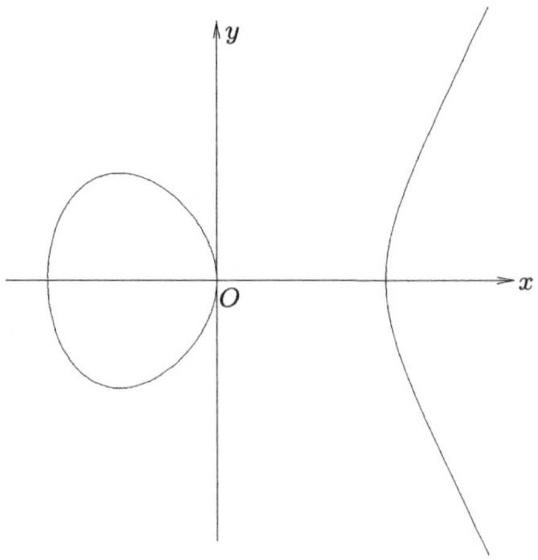

图 1.1.2

一般地，若 $R = A/I$ 没有幂零元，则我们说 $V(I)$ 是*既约的*. 若 $V(I)$ 不能分解为两个察理斯基非空真闭子集的并，则我们说 $V(I)$ 是*不可约的* (这等价于 R 只有一个极小素理想，参见文献 [12]p.68). 若 $V(I)$ 是可约的，则 $V(I)$ 为有限多个互不包含的不可约闭子集的并 (这是因为 R 只有有限多个极小素理想，参见文献 [12] 命题 V.1.1.iii)), 其中的每个不可约闭子集称为 $V(I)$ 的一个*不可约分支*. 若 $V(I)$ 既是既约的又是不可约的，则称 $V(I)$ 为*整的*, 这等价于 R 是整环 (参见文献 [12]p.67). 整的代数集及其察里斯基开子集都称为*代数簇*.

按上述语言，我们来看如何表达空间的乘积. 将 $\mathbb{A}_k^n$ 和 $\mathbb{A}_k^m$ 的函数环分别记作 $A_1 = k[x_1, \cdots, x_n]$ 和 $A_2 = k[y_1, \cdots, y_m]$. 设 $V_1 = V(I_1) \subset k^n$ 和 $V_2 = V(I_2) \subset k^m$ 分别为 $\mathbb{A}_k^n$ 和 $\mathbb{A}_k^m$ 的代数子集，则易见 $V = V_1 \times V_2 \subset k^{n+m}$ 也是代数子集，它等于 $V(I)$, 其中 $I \subset k[x_1, \cdots, x_n, y_1, \cdots, y_m]$ 为由 I_1 和 I_2 生成的理想，故 V 的函数环为 $R = k[x_1, \cdots, x_n, y_1, \cdots, y_m]/I$. 令 $R_1 = A_1/I_1$, $R_2 = A_2/I_2$, 则有 $R \cong R_1 \otimes_k R_2$ (参见附录 A.2 节), 这就是说，两个仿射代数集的函数环的张量积可以看做它们的乘积的函数环.

注意 $V = V_1 \times V_2$ 的察里斯基拓扑一般不是 V_1 和 V_2 的察里斯基拓扑的积 (习题 1).

1.2 代数映射

任一组多项式 $f_1, \cdots, f_m \in k[x_1, \cdots, x_n]$ 定义一个映射

$$\begin{array}{rcl} \Phi\colon \mathbb{A}_k^n & \to & \mathbb{A}_k^m \\ (a_1, \cdots, a_n) & \mapsto & (f_1(a_1, \cdots, a_n), \cdots, f_n(a_1, \cdots, a_n)) \end{array}$$

称为一个*多项式映射*. 将 $\mathbb{A}_k^n$ 和 $\mathbb{A}_k^m$ 的函数环分别记作 $A_1 = k[x_1, \cdots, x_n]$ 和 $A_2 = k[y_1, \cdots, y_m]$, 则 Φ 给出一个 k-代数同态 $F\colon A_2 \to A_1$, $F(y_i) = f_i$. 注意 F 的方向与 Φ 相反. 对任意 $g \in A_2$ 有 $F(g) = g(f_1, \cdots, f_m)$, 故对任意 $a \in \mathbb{A}_k^n$ 有 $F(g)(a) = g(\Phi(a))$. 因此 $F(g)(a) = 0$ 当且仅当 $g(\Phi(a)) = 0$, 换言之 $F(g) \in P_a$ 当且仅当 $g \in P_{\Phi(a)}$.

若将 A_1 的极大理想 P 和它对应的点等同起来 (同时将 $\Phi(P) \in \mathbb{A}_k^m$ 与它所对应的 A_2 的极大理想等同起来), 则上述关系可以简单地表达为

$$\Phi(P) = F^{-1}(P) \tag{1.2.1}$$

设 $V_1 = V(I_1) \subset \mathbb{A}_k^n$, $V_2 = V(I_2) \subset \mathbb{A}_k^m$ 为代数子集. 若

$$F(I_2) \subset I_1 \tag{1.2.2}$$

则 $\Phi(V_1) \subset V_2$, 故 Φ 诱导一个映射 $\phi\colon V_1 \to V_2$, 称为从 V_1 到 V_2 的一个 代数映射 (上面的多项式映射可以看做代数映射的特例). 注意 (1.2.2) 等价于 F 诱导一个环同态 $f\colon A_2/I_2 = R_2 \to R_1 = A_1/I_1$. 反之, 若有一个 k-代数同态 $f\colon R_2 \to R_1$, 则存在一个 k-代数同态 $F\colon A_2 \to A_1$ 诱导 f, 从而 f 给出一个代数映射 $\phi\colon V_1 \to V_2$ 满足

$$\phi(a) = (F(y_1)(a), \cdots, F(y_m)(a)) \tag{1.2.3}$$

若将 R_1 的极大理想 p 和它对应的点等同起来 (同时将 $\phi(p) \in V_2$ 与它所对应的 R_2 的极大理想等同起来), 则 (1.2.1) 给出

$$\phi(p) = f^{-1}(p) \tag{1.2.4}$$

因为要考虑到幂零函数, 对于仿射代数集的一个代数映射 $\phi\colon V_1 \to V_2$ 我们总要求 (1.2.2) 成立, 即 ϕ 由一个 k-代数同态 $f\colon R_2 \to R_1$ 诱导. 注意 ϕ 一般不能决定 f, 但 f 却可以惟一决定 ϕ . 我们将 (1.2.3) 定义的 ϕ 记为 $\hat{f}$.

易见对任一理想 $I \subset R_2$ 有 $\hat{f}^{-1}(V(I)) = V(f(I))$, 故 $\hat{f}$ 为连续映射 (即察理斯基闭集的原象为察理斯基闭集).

特别地, 若 f 是 k-代数同构, 则 $\hat{f}$ 为同胚, 此时我们说 $\hat{f}$ 是 同构. 我们注意, 同构的仿射代数集具有完全相同的几何结构 (例如其中的曲线也是一一对应的, 且对应的曲线对的交点个数相同, 后面我们将看到对应的代数子集的各种 “不变量” 也分别相等), 尽管它们可能嵌在不同维数的线性空间中, 定义为不同的多项式组的零点集.

若仿射代数集 X 的函数环为 R, 则一个嵌入 $X \hookrightarrow \mathbb{A}_k^n$ 等价于一个 k-代数满同态 $k[x_1, \cdots, x_n] \twoheadrightarrow R$, 而这相当于选择 R 作为 k-代数的一组生成元. 由此可见, 将点定义为极大理想的好处是它与坐标系的选择 (相当于 R 作为 k-代数的生成元的选择) 无关. 换言之, 对任一仿射代数集, 只要知道了它的函数环, 就可以由此知道它的所有代数几何性质 (我们可以说函数环给出仿射代数集的 “几何描述”).

设 X, X' 为代数集, 函数环分别为 R, R', 而 $f\colon R \to R'$ 为 k-代数同态. 一般说来, $\hat{f}\colon X' \to X$ 既不一定是开映射也不一定是闭映射. 事实上, $\hat{f}$ 是闭映射当且仅当 f 满足 上行性 (GU) :

对任意素理想 $p \subset q \subset R$ 及素理想 $P \subset R'$ 使得 $f^{-1}(P) = p$, 存在素理想 $Q \subset R'$ 使得 $Q \supset P$ 且 $f^{-1}(Q) = q$

而 $\hat{f}$ 是开映射当且仅当 f 满足 下行性 (GD) :

对任意素理想 $p \subset q \subset R$ 及素理想 $Q \subset R'$ 使得 $f^{-1}(Q) = q$, 存在素理想 $P \subset R'$ 使得 $Q \supset P$ 且 $f^{-1}(P) = p$

(参见文献 [12] 推论 VIII.3.1 和注 VIII.3.1). 若 R' 作为 R-模是有限生成的, 则 GU 成立 (参见文献 [12] 定理 II.3.1.iii)), 而若 f 平坦则 GD 成立 (参见文献 [12] 引理 VII.2.1, GD 成立的另一个充分条件见文献 [12] 定理 II.3.1.iv)). 此外 $\hat{f}$ 为满射当且仅当 f 满足 卧上性(LO), 即对任意素理想 $p \subset R$ 存在素理想 $P \subset R'$ 使得 $f^{-1}(P) = p$ (参见文献 [12] 命题 VII.2.3.ii)). 我们来看两个例子.

例 1.2.1　设 V 为 X-Y 平面中的双曲线 $xy - 1 = 0$, 则包含同态 $g: k[x] \to k[x,y]/(xy-1)$ 诱导的 $\hat{g}$ 是 V 到 X 轴的投射 (见图 1.2.1), 它是开映射而不是闭映射 (因为 $\hat{g}(V)$ 不是闭集).

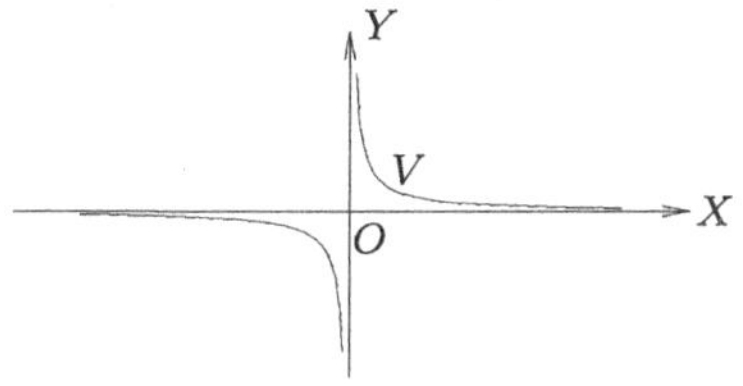

图 1.2.1

例 1.2.2　令 V_1 为 X-Y-Z 空间中的曲线 $x = t(t-1), y = t^2(t-1), z = t$, 则 V_1 在 X-Y 平面的投影的象为 V_2: $x = t(t-1), y = t^2(t-1)$. V_1 的函数环同构于 $k[t]$, 而 V_2 的函数环可以看做是 $k[t]$ 的子环 $k[t(t-1), t^2(t-1)] \cong k[x,y]/(y^2 - xy - x^3)$. 投射 $V_1 \to V_2$ 既是开映射又是闭映射, 注意它将 V_1 中的两个点 $t = 0, 1$ 映到 V_2 的同一个点, 而在其余各处是一一映射 (图 1.2.2).

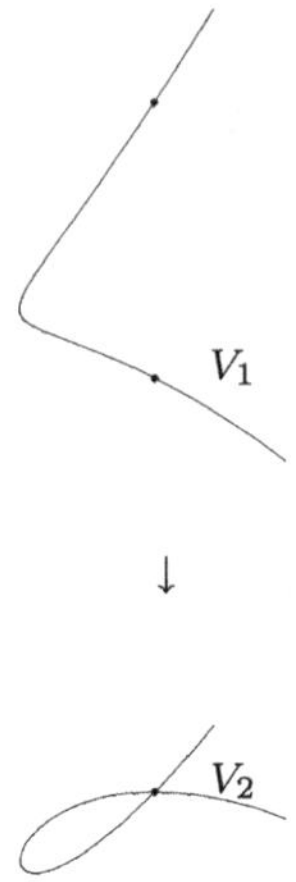

图 1.2.2

令 W 为直线 (函数环为 $k[u]$), $X_1 = V_1 \times W$ (函数环为 $A_1 \cong k[t,u]$), $X_2 = V_2 \times W$ (函数环为 $A_2 \cong k[x,y,u]/(y^2 - xy - x^3)$), 则包含同态 $f\colon A_2 \to A_1$ 诱导的投射 $\hat{f}\colon X_1 \to X_2$ 是闭映射而不是开映射，因为 $\hat{f}(U(t-u))$ 为 X_2 去掉一条曲线再加上两个点，不是开集 (图 1.2.3).

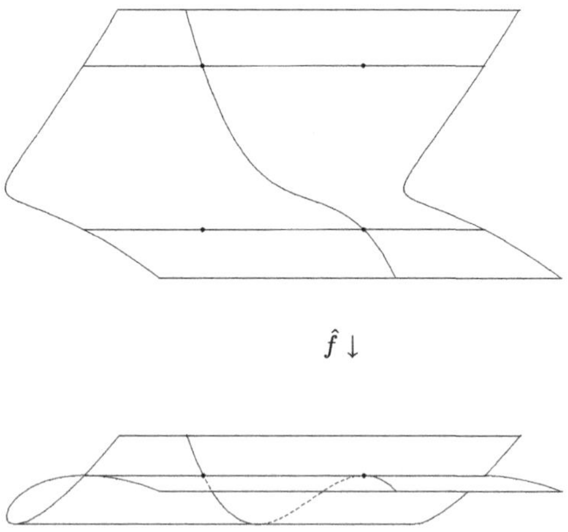

图 1.2.3

设仿射代数集 S, X, Y 的函数环分别为 R, A, B. 设 $f\colon X \to S$ 和 $g\colon Y \to S$ 为代数映射，它们分别由环同态 $\zeta_1\colon R \to A$ 和 $\zeta_2\colon R \to B$ 给出，这样 A 和 B 就可

以看做 R-代数 (参见附录 A). 令 $C = A \otimes_R B$, 则有满同态 $A \otimes_k B \to C$, 故有理想 $I \subset A \otimes_k B$ 使得 $C \cong A \otimes_k B/I$. 由此可见 C 也是有限生成的 k-代数, 从而也是某个代数集 T 的函数环. 由于 $A \otimes_k B$ 是 $X \times Y$ 的函数环, 可见 T 是 $X \times Y$ 的闭子集 ($= V(I)$). 我们有 k-代数同态 $\phi_1: A \to C$, 将 $a \in A$ 映到 $a \otimes_R 1$, 这给出代数映射 $\mathrm{pr}_1: T \to X$, 它实际上是嵌入映射 $T \to X \times Y$ 与投射 $X \times Y \to X$ 的合成, 同样我们有 k-代数同态 $\phi_2: B \to C$, 给出代数映射 $\mathrm{pr}_2: T \to Y$. 显然有 $f \circ \mathrm{pr}_1 = g \circ \mathrm{pr}_2: T \to S$, 由此易见作为集合 $T = \{(x, y) \in X \times Y | f(x) = g(y)\}$. 我们称 T 为 X 和 Y 在 S 上的 纤维积, 并且记 $T = X \times_S Y$.

设 Z 为另一个代数集, 函数环为 D. 设 $p_1: Z \to X$ 与 $p_2: Z \to Y$ 为代数映射, 满足 $f \circ p_1 = g \circ p_2: Z \to S$. 则 p_1 和 p_2 分别由 k-代数同态 $\psi_1: A \to D$ 和 $\psi_2: B \to D$ 给出, 且 $\psi_1 \circ \zeta_1 = \psi_2 \circ \zeta_2: R \to D$. 由张量积的性质 (参见附录 A.2(**)), 这就给出惟一的 R-代数同态 $\xi: C \to D$ 使得 $\xi \circ \phi_1 = \psi_1: A \to D$, $\xi \circ \phi_2 = \psi_2: B \to D$, 换言之给出惟一的代数映射 $q: Z \to T$ 使得 $\mathrm{pr}_1 \circ q = p_1: Z \to X$, $\mathrm{pr}_2 \circ q = p_2: Z \to Y$. 这样我们得到纤维积的基本性质:

(*) 对任意代数集 Z 及任意代数映射 $p_1: Z \to X$ 和 $p_2: Z \to Y$, 若 $f \circ p_1 = g \circ p_2: Z \to S$, 则存在惟一代数映射 $q: Z \to X \times_S Y$ 使得 $p_1 = \mathrm{pr}_1 \circ q: Z \to X$, $p_2 = \mathrm{pr}_2 \circ q: Z \to Y$.

我们常记 $q = (p_1, p_2)$. 特别地, 若 $X = Y = Z$, $f = g$ 且 $p_1 = p_2 = \mathrm{id}_X$ (即单位映射 $X \to X$), 则 $q: X \to X \times_S X$ 由 $\mu_{A/R}: A \otimes_R A \to A$ 给出 (参见附录 A.2 节), 称为 对角态射, 记为 Δ .

例 1.2.3　设 $f: X \to Y$ 为代数集的代数映射. 对任一点 $y \in Y$, 记 $\{y\}$ 为一个点 y 组成的 Y 的代数子集, $i: \{y\} \to Y$ 为嵌入映射, 则可以定义纤维积 $X_y = X \times_Y \{y\}$. 易见作为集合 $X_y = \{(x, y) | x \in X, f(x) = y\}$, 它和 $f^{-1}(y)$ 一一对应, 所以可以看做 $f^{-1}(y)$. 我们称 X_y 为 X (或 f) 在 y 上的 纤维.

很容易写出 X_y 的函数环: 设 X, Y 的函数环分别为 A, B 而 f 由同态 $\phi: B \to A$ 给出, 设 y 对应于极大理想 $P \subset B$, 则 X_y 的函数环为 $A \otimes_B (B/P) \cong A/(\phi(P)A)$.

1.3 谱的概念 *

上面的由函数环构造空间的方法可以推广到一般的环，这就产生了谱的概念.

对于一个环 R, 令 $\mathrm{Spec}(R)$ 为 R 中所有素理想的集合，称为 R 的 谱；令 $\mathrm{Spec}^0(R)$ 为 R 中所有极大理想的集合．我们可以在 $\mathrm{Spec}(R)$ 上建立一个拓扑如下：对任一理想 $I \subset R$, 令 $V(I) = \{P \in \mathrm{Spec}(R) | P \supset I\}$ (若子集 $S \subset I$ 生成 I, 则记 $V(S) = V(I)$), 规定这些 $V(I)$ 为闭集，则和上节一样，对任意理想 $I_i \subset R$ 有

$$V(I_1 \cap I_2) = V(I_1) \cup V(I_2), \qquad V(\sum_i I_i) = \bigcap_i V(I_i) \tag{1.3.1}$$

故拓扑的公理都满足．这个拓扑称为 *察里斯基拓扑*. 注意这是一个很弱的拓扑，例如它一般不满足分离性公理 T_1. 我们将记 $U(I) = \mathrm{Spec}(R) - V(I)$.

我们在 1.1 节中考虑的闭集 $V(I)$ 实际上是 $\mathrm{Spec}^0(R)$, 注意现在记号 $V(I)$ 的意义有所改变，因为在 $\mathrm{Spec}(R)$ 中不仅有极大理想而且有其他素理想，这种定义是出于经典的"一般点" (即坐标可以在某个扩域 $K \supset k$ 中的点，也可以理解为"动点") 以及纤维丛、局部化、数论等方面的考虑．例如，若 k 为所有代数数组成的域，则 k^n 可以看做 n 维空间中坐标为代数数的点集，而 $\mathbb{C}^n$ 中的任一点 $(a_1, \cdots, a_n)$ 对应于 $k[x_1, \cdots, x_n]$ 中的素理想，即 k-代数同态 ϕ: $k[x_1, \cdots, x_n] \to k[a_1, \cdots, a_n]$ $(\phi(x_i) = a_i)$ 的核．我们将 $\mathrm{Spec}^0(R)$ 中的点称为 *闭点*, 因为这样一个点组成一个察里斯基闭子集.

在 1.1 节我们看到，若 k 为代数闭域，可以将 k^n 与 $\mathrm{Spec}^0(k[x_1, \cdots, x_n])$ 等同起来，然而对于一般的域 k 却不是如此，例如 $\mathrm{Spec}^0(\mathbb{R}[x])$ 中除了形如 $(x-r)(r \in \mathbb{R})$ 的理想 (对应于实数 r) 外，还有形如 $((x-r)^2 + s^2)$ $(r, s \in \mathbb{R}, s \neq 0)$ 的理想 (可以认为这样一个理想对应于一对共轭复数 $r \pm s\sqrt{-1}$, 或理解为"坐标不是实数的点"). 这两种理想的区别是它们的剩余类域不同，前者为 $\mathbb{R}$ 而后者同构于 $\mathbb{C}$. 一般地，对任一有单位元的交换环 R 及任一 $P \in \mathrm{Spec}^0(R)$, 若 R/P 同构于某个域 K 的子域，则我们说 P 是 $\mathrm{Spec}^0(R)$ 的一个 *K-点* (特别地，若 R 是 K-代数，则有的作者称 $\mathrm{Spec}^0(R)$ 的 K-点为"有理点"). 例如 $\mathrm{Spec}^0(\mathbb{Q}[x,y]/(x^n + y^n - 1))$ 的 $\mathbb{Q}$-点 (有理点) 对应于平面曲线 $x^n + y^n = 1$ 上坐标为有理数的点 (但注意 $\mathbb{Q}$-点的定义不依赖于坐标系的选择，换言之这种定义是"几何的").

---

* 本节的内容是对前两节若干概念的推广，对代数几何仅希望作一般了解的读者可略过，初次阅读时若有困难亦可暂时略过.

例 1.3.1　$\mathbb{C}^2$ 中由方程 $y^2 = x(x-1)(x-\lambda)$ 定义的曲线 X_λ 的代数函数环为 $R = \mathbb{C}[x,y]/(y^2 - x(x-1)(x-\lambda))$，将 X_λ 中的点 (a,b) 对应于 R 中的理想 $(x-a, y-b)$，就给出 X_λ 与 R 中所有极大理想之间的一一对应，从而 X_λ 由 R 在同构之下惟一决定. 但当 $\lambda \in \mathbb{Q}$ 时，我们常将 X_λ 看做 "定义在 $\mathbb{Q}$ 上的曲线"，而定义它的代数函数环为 $R = \mathbb{Q}[x,y]/(y^2 - x(x-1)(x-\lambda))$. 这时 R 中的极大理想对应于 X_λ 中 "代数点" (即坐标为代数数的点)，而 X_λ 中的其他点 ("一般点") 则对应于理想 $(0) \subset R$. 这是我们不仅考虑极大理想还考虑所有素理想的一个原因.

谱的非闭点除了可以像上面那样理解为 "坐标在某个扩域中的点" 外，还可以理解为 "动点" 或 "整代数子集".

设 $f\colon R \to A$ 为环同态，则对任意素理想 $P \subset A$，$f^{-1}(P)$ 是 R 的素理想 (因为 $R/f^{-1}(P) \hookrightarrow A/P$ 是整环)，故 f 诱导一个映射

$$\begin{aligned} \hat{f}\colon \mathrm{Spec}(A) &\to \mathrm{Spec}(R) \\ P &\mapsto f^{-1}(P) \end{aligned}$$

与 1.1 节一样，对任一理想 $I \subset R$ 有 $\hat{f}^{-1}(V(I)) = V(f(I))$，故 $\hat{f}$ 为连续映射. 我们称 $\hat{f}$ 为谱的 *态射*. 若 f 是同构，则 $\hat{f}$ 为同胚，此时我们说 $\hat{f}$ 是 *同构*. 若 A 是有限生成的 R-代数，则称 $\hat{f}$ 为 *有限型的*；若 A 作为一个 R-模是有限生成的，则称 $\hat{f}$ 为 *有限的*. 若 $g\colon A \to B$ 为另一个环同态，则显然 $\widehat{g \circ f} = \hat{f} \circ \hat{g}$，故称态射 $\widehat{g \circ f}$ 为 $\hat{g}$ 与 $\hat{f}$ 的 *合成*.

固定 $S = \mathrm{Spec}(R)$，一个 R-代数 A 可以看做一个谱 $X = \mathrm{Spec}(A)$ 带有一个态射 $p\colon X \to S$，我们称 (X, p) 为一个 *S 上的谱* (或 R 上的谱)；若 $(Y = \mathrm{Spec}(B), q)$ 为另一个 S 上的谱，则由 (X,p) 到 (Y,q) 的一个 *S-态射* (或 R-态射) 是指一个态射 $f\colon X \to Y$ 满足 $q \circ f = p$，即下图交换

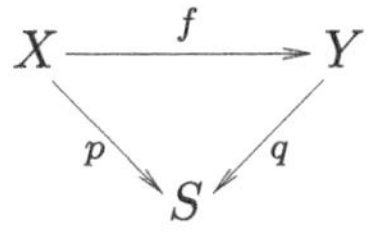

这相当于一个 R-代数同态 $A \to B$. 若 A 为有限生成的 R-代数 (即 $X \to S$ 是有限型的)，我们也说 X 在 S 上是有限型的. 特别地，我们记 S 上的谱 $\mathrm{Spec}(R[x_1, \cdots, x_n]) = \mathbb{A}_S^n$ (或 $\mathbb{A}_R^n$).

若 $I \subset R$ 是理想而 $f\colon R \to R/I$ 是投射，则 $\hat{f}$ 给出 $\mathrm{Spec}(R/I)$ 与 $V(I) \subset \mathrm{Spec}R$

之间的同胚, 故我们将 $\mathrm{Spec}(R/I)$ 和 $V(I)$ 等同起来, 而称 $\hat{f}\colon \mathrm{Spec}(R/I) \to \mathrm{Spec}(R)$ 为一个 *闭嵌入* (在集合论中, “嵌入”一词的意思是一个子集 $T \subset S$ 到 S 的包含映射 $T \to S$, 它将 T 的每个元映到自身).

设 S 是 R 的乘性子集, $\phi\colon R \to S^{-1}R$ 为典范同态 (参见附录 A.1 节), $X = \mathrm{Spec}(R)$, 则 $\hat{\phi}$ 给出一一对应 (参见文献 [12] p.20)

$$\mathrm{Spec}(S^{-1}R) \to \{p \in X | p \cap S = \varnothing\}$$

其逆映射将 $p \in \mathrm{Spec}(R)$ $(P \cap S = \varnothing)$ 映到 $pS^{-1}R$. 特别地, 若 $a \in R$ 不是幂零元, 令 $S = \{1, a, a^2, \cdots\}$, 即 $S^{-1}R = R_a$ (参见附录 A.1 节), 记 $X_a = \mathrm{Spec}(R_a)$, 则 $\hat{\phi}$ 给出 X_a 和 $U(a) = \{p \in X | a \notin p\}$ 之间的同胚, 故我们将 X_a 和 $U(a)$ 等同起来, 且称 $\hat{\phi}\colon \mathrm{Spec}(R_a) \to X$ 为一个 *开嵌入*(一般地, “开嵌入”一词是指一个开子集 $U \subset X$ 到 X 的包含映射 $U \to X$). 注意若 a 是幂零元则 $U(a)$ 是空集. 不难看出对任意理想 $I \subset R$ 有 $U(I) = \bigcup_{a \in I} U(a)$, 故所有 $U(a)$ 组成 X 的一组拓扑基.

和 1.2 节的情形类似, 谱的态射一般说来既不是闭的也不是开的; 另一方面, 1.2 节中 LO, GU 和 GD 的定义可以推广到一般的环同态. 我们有 (参见文献 [12] 推论 Ⅷ.3.1 和注 Ⅷ.3.1):

引理 1.3.1 设 $f\colon R \to A$ 为诺特环的同态.

i) 若 f 满足 GU 则 $\hat{f}$ 是闭映射.

ii) 若 f 满足 GD 且 A 为有限生成的 R-代数, 则 $\hat{f}$ 是开映射.

1.2 节中的纤维积的概念可以推广到谱上. 在集合论中, 两个集合映射 $f\colon X \to S$ 和 $g\colon Y \to S$ 的纤维积按定义是 $X \times Y$ 的子集 $\{(x, y) \in X \times Y | f(x) = g(y)\}$. 在 1.2 节的情形 (只考虑代数闭域上的代数集的闭点) 纤维积的定义是与集合论一致的, 但在谱理论中情形有所不同. 在 1.2 节中我们已看到纤维积的函数环为两个代数的张量积, 推而广之我们做如下定义.

定义 1.3.1 设 $f\colon R \to A$, $g\colon R \to B$ 为环同态, $S = \mathrm{Spec}(R)$, $X = \mathrm{Spec}(A)$, $Y = \mathrm{Spec}(B)$, 则称 $\mathrm{Spec}(A \otimes_R B)$ 为 X 和 Y 在 S 上的 *纤维积* (或 *拉回*), 记为 $X \times_S Y$ (或 $X \times_R Y$). 令 $i\colon A \to A \otimes_R B$ 和 $j\colon B \to A \otimes_R B$ 分别为由 $i(a) = a \otimes_R 1$ 和 $j(b) = 1 \otimes_R b$ 给出的 R-代数同态 (参见附录 A.2 节), 记 $\mathrm{pr}_1 = \hat{i}\colon X \times_S Y \to X$, $\mathrm{pr}_2 = \hat{j}\colon X \times_S Y \to Y$, 分别称为 $X \times_S Y$ 到 X 和 Y 的 *投射*.

我们有 $\hat{f}\circ \mathrm{pr}_1=\hat{g}\circ \mathrm{pr}_2$, 由附录 A.2 节的 (**) 可知纤维积 $X\times_S Y$ 有如下的性质:

(*) 对谱的任意态射 $\phi_1\colon Z\to X$ 和 $\phi_2\colon Z\to Y$, 若 $\hat{f}\circ\phi_1=\hat{g}\circ\phi_2$, 则存在惟一态射 $\psi\colon Z\to X\times_S Y$ 使得 $\phi_1=\mathrm{pr}_1\circ\psi$, $\phi_2=\mathrm{pr}_2\circ\psi$.

我们常记 $\psi=(\phi_1,\phi_2)$. 特别地, 若 $X=Y=Z$, $f=g$ 且 $\phi_1=\phi_2=\mathrm{id}_X$ (即单位态射 $X\to X$), 则 $\psi\colon X\to X\times_S X$ 由 $\mu_{A/R}\colon A\otimes_R A\to A$ 给出 (参见附录 A.2 节), 称为 *对角态射*, 记为 Δ .

例 1.3.2　若 $S=\mathrm{Spec}\mathbb{Z}$, 则我们可记 $X\times_S Y=X\times Y$. 易见对任意谱 $S=\mathrm{Spec}(R)$ 有 $\mathbb{A}^n_{\mathbb{Z}}\times S\cong\mathbb{A}^n_S$.

例 1.3.3　设 $S=\mathrm{Spec}(\mathbb{R})$, $X=\mathrm{Spec}(\mathbb{C})$, 则 $X\times_S X$ 是可约的, 这是因为 $\mathbb{C}\otimes_{\mathbb{R}}\mathbb{C}\cong\mathbb{C}[x]/(x^2+1)\cong\mathbb{C}\times\mathbb{C}$, 从而 $X\times_S X=\mathrm{Spec}(\mathbb{C}\otimes_{\mathbb{R}}\mathbb{C})$ 由两个闭点组成.

这种现象的产生是由于 $\mathbb{R}$ 不是代数闭域. 若 k 为代数闭域, A,B 为 k-代数且为整环, 则 $A\otimes_k B$ 也是整环 (参见文献 [12]Ⅷ.2.1). 换言之, 在 k 是代数闭域的情形, 若 $X=\mathrm{Spec}(A)$ 和 $Y=\mathrm{Spec}(B)$ 都是整的, 则 $X\times_k Y$ 也是整的. 特别地, 由 1.1 节我们看到, 若 X 和 Y 为 k 上线性空间的代数子集, 则 $X\times_k Y$ 的闭点集就是 X 和 Y 的闭点集的 (集合意义下的) 积. 因此纤维积可以看做积的推广.

设 $f\colon X=\mathrm{Spec}(A)\to S=\mathrm{Spec}(R)$ 为态射, $p\in S$, 记 $\kappa(p)=R_p/pR_p$ (为一个域), $A'=A\otimes_R\kappa(p)\cong A_p/pA_p$, 则 $\mathrm{Spec}(A')\to\mathrm{Spec}(A)=X$ 给出 $\mathrm{Spec}(A')$ 的点与 $f^{-1}(p)$ 之间的一一对应, 这给出 $f^{-1}(p)$ 一个谱结构, 称为 f 在点 p 上的 *纤维*, 记为 X_p $(=X\times_S\mathrm{Spec}(\kappa(p)))$. 记 $\overline{\kappa(p)}$ 为 $\kappa(p)$ 的代数闭包, 称 $\mathrm{Spec}(A\otimes_R\overline{\kappa(p)})$ 为 X 在 p 上的 *几何纤维*.

设 $S=\mathrm{Spec}(R)$, K 为一个域, 则一个态射 $\gamma\colon\mathrm{Spec}(K)\to S$ 称为 S 的一个 *K-点*, 这等价于一个环同态 $g\colon R\to K$ (而 $\gamma=\hat{g}$). 注意 $p=\ker(g)\in S$ 为 γ 的象, 而 g 诱导域的同态 $\kappa(p)\hookrightarrow K$; 反之, 对任意点 $p\in S$, 任一域同态 $\kappa(p)\to K$ 给出 S 的一个 K-点 (不同的域同态对应于不同的 K-点). 在 $p\in S$ 为闭点的情形, 易见这里 K-点的定义与前面的定义一致.

设 X 为域 K 上的谱, L 为 K 的扩域, 则我们简记 $X\times_K\mathrm{Spec}(L)=X\otimes_K L$. 设 k 为 K 的代数闭包, 如果 $X\otimes_K k$ 是整的, 则称 X 是 (在 K 上) *几何整的*, 类似地可以采用 *几何约化的* 等术语. 由上所述可见若 X 在 K 上是几何整的, 则对任意扩域 $L\supset K$, $X\otimes_K L$ 是整的; 若 X,Y 在 K 上是几何整的, 则 $X\times_K Y$ 是几

何整的 (参见文献 [12] 引理 Ⅷ.2.1.

我们下面来定义谱的维数. 在代数几何史上, 维数的定义经历了三个阶段: 最早是按流形维数的定义, 即局部解析同构于 n 维单位球的代数流形为 n 维; 到 19 世纪末, 德国学派将代数集的维数定义为函数域 (在常数域上) 的超越次数; 而 20 世纪 40 年代至今采用克鲁尔维数, 即函数环中素理想列的最大长度. 每个新定义都和原来的定义一致, 但适用范围更广.

若 $X = \mathrm{Spec}(R)$, 我们定义 $\dim(X) = \dim(R)$ (参见附录 A.3 节). 例如, $\dim(\mathrm{Spec}\mathbb{Z}) = 1$, 对任一域 K 有 $\dim(\mathbb{A}_K^n) = n$.

附录 A.3 节中的许多命题可以翻译成谱的语言, 例如 $\dim(\mathbb{A}_S^n) = \dim(S)+n$; 若 X, Y 在域 K 上是有限型的则 $\dim(X\times_K Y) = \dim(X)+\dim(Y)$; 若域 K 上整的有限型谱的 K-态射 $f: X \to S$ 满足 GD, 则 f 的非空纤维维数等于 $\dim(X) - \dim(S)$; 若代数子集 $X, Y \subset \mathbb{A}_K^n$ 是整的, 则 $X \cap Y$ 的每个分支的维数不小于 $\dim(X) + \dim(Y) - n$, 等等. 此外还有很多已知事实 (参见文献 [12] X), 例如若有限型态射 $X \to S$ (S 为诺特的) 满足 GU, $p, q \in S$ 且 p 是 q 的特化, 则 $\dim(X_p) \geqslant \dim(X_q)$, 而 $\dim(X_p) > \dim(X_q)$ 的情形确实是可能发生的 (参见习题 3).

谱是 *仿射代数几何* 研究的课题. 由上面我们看到仿射代数几何的术语和交换代数的术语之间有一个对应关系, 我们将这个对应列为如下一个表 (其中 $f: R \to A$ 为诺特环同态, $P \in \mathrm{Spec}(R)$, 带 $*$ 号的仅对 R, A 为一个域 K 上的有限生成代数时成立), 表中最后三行的意义我们以后再解释.

在这个对应关系的意义下, 有的作者将交换代数和仿射代数几何等同起来.

交换代数	**仿射代数几何**
环R	谱 $\mathrm{Spec}R$
环的维数	谱的维数
素理想	点
极大理想	闭点
极小素理想	一般点
理想 I	察里斯基闭子集$V(I)$
R/I	$V(I)$ 的函数环
$P \supset I$	$P \in V(I)$
R 为整环	$\mathrm{Spec}(R)$ 为整的
$N(R) = 0$	$\mathrm{Spec}(R)$ 为既约的
R 只有一个极小素理想	$\mathrm{Spec}(R)$ 为不可约的

交换代数	**仿射代数几何**
环的局部化	局部函数
局部环R_P	P 点附近的有理函数环
环的同态f	谱的态射$\hat{f}$
$f^{-1}(P)$	$\hat{f}(P)$
环的张量积	谱的纤维积
$\mu_{A/R}$	对角态射Δ
有限生成的 K-代数	$\mathbb{A}^n_K$ 的闭子集
* $R/P \cong K$	P 为 $\mathrm{Spec}(R)$ 的 K-点
f 满足 GU	$\hat{f}$为闭映射
* f 满足 GD	$\hat{f}$为开映射
$A \otimes_R \kappa(P)$	$\hat{f}$ 在 P 上的纤维
R-模	$\mathrm{Spec}(R)$ 上的层
局部自由模	向量丛
平坦同态	纤维丛

习　题

1. 设 k 为代数闭域, $V_1 = V_2 \cong k$ (1 维仿射空间), 验证 $V = V_1 \times V_2$ 的察里斯基拓扑不是 V_1 和 V_2 的察里斯基拓扑的积.

2. 设 X, Y 为 S 上的谱, $p \in S$, 证明: $(X \times_S Y)_p \cong X_p \times_{\kappa(p)} Y_p$.

3. 设 k 为域, $A = k[x, y]$, $R = k[x, xy] \subset A$, 验证 $\mathrm{Spec}(A) \to \mathrm{Spec}(R)$ 不是开映射, 且它的纤维维数有的是 0 有的是 1 (这种情况称作 *爆发*).

4. 设 K 为域, $K(x) \supset K$ 为单纯超越扩张, $X = \mathrm{Spec}K(x)$. 计算 $\dim(X \times_K X)$.

5. 一个拓扑空间 T 上的实值函数 f 称为 *上半连续的*, 如果对任意 $r \in \mathbb{R}$, 子集 $\{t \in T | f(t) < r\}$ 为开集. 证明:

   i) 设 $S = \mathrm{Spec}(R)$, M 为有限生成的 R-模, 则 $r_M(s) = \dim_{\kappa(s)} M \otimes_R \kappa(s)$ 为 S 上的上半连续函数.

   ii) 设 S, X 为诺特环的谱而 $\phi\colon X \to S$ 为有限型态射, 则 $d_\phi(s) = \dim(X_s)$ 为 S 上的上半连续函数.

第 2 章　射影空间

2.1　齐次坐标与代数子集

射影空间的概念是在古典的射影定理的研究中产生的. 在欧几里得几何中, 构形定理 (见例 0.4) 有许多 "例外情形", 即某两条直线相互平行的情形, 例如在德萨格定理 (见例 0.4) 中, 若 AB 与 $A'B'$ 平行, 结论须改成 " AB 与 QR 平行" (图 2.1.1).

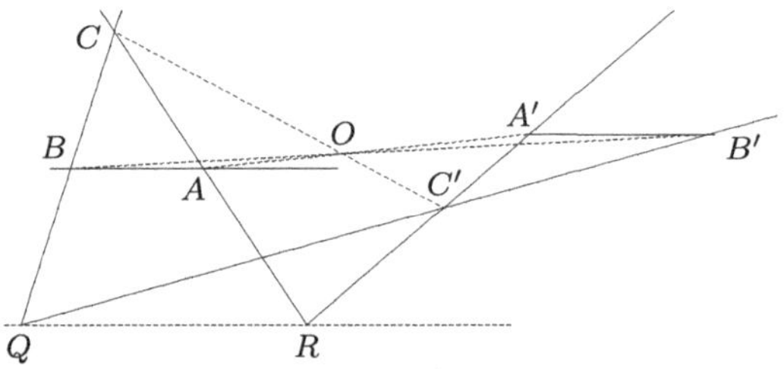

图 2.1.1

这些例外情形使定理的叙述甚为复杂, 一方面要排除各种平行的情形以得到对一般情形的陈述, 另一方面对每个特殊情形将陈述做适当修改仍能成立. 人们发现, 若 (作为公理) 对每条直线加上 **一个** "无穷远点", 并规定相互平行的直线交于无穷远点, 所有无穷远点组成一条无穷远直线, 则所有构形定理仍成立而没有了例外情形. 这当然有了很多方便, 但更重要的是由此发现了一种重要的几何结构——射影空间.

"射影" (projection, 亦译为 "投影") 这个词来源于中心投影, 即以空间中的一个点为中心将一个平面投射到另一个平面.(想像一个透明平板 A 中有一个图形 S, 用一个点光源 P 照在平板 A 上, 在另一个平板 B 上产生 S 的影像 T, 直观上 T 就是 S 在以 P 为中心由 A 到 B 的投影下的象.) 一个图形在中心投影下的象不一定和它本身相似, 例如一个椭圆在中心投影下的象可能是抛物线或双曲线 (图 2.1.2). 当然直线在中心投影下的象为直线, 但平行直线的象不一定是平行直线. 若 3 条相互平行的直线在一个中心投影下的象不相互平行, 则它们共点. 因此, 对构形定理的特殊情形 (图 2.1.1), 可以通过中心投影化为一般情形.

在寻常的平面上加上所有无穷远点, 就扩充成了射影平面. 在射影平面上我们可以建立*齐次坐标*：用 3 个不全为 0 的数 (X,Y,Z) 作为一个点的坐标，我们只关心 3 个数的比，即规定对任一非零数 λ, $(\lambda X,\lambda Y,\lambda Z)$ 与 (X,Y,Z) 表示同一个点. 若 $Z\neq 0$, 该点等同于寻常平面上坐标为 $(X/Z,Y/Z)$ 的点；若 $Z=0$, 该点对应于斜率为 $Y:X$ 的直线上的无穷远点. 我们还可以用两种其他方式理解齐次坐标：一是将射影平面定义为三维空间 V, 其中的点定义为一维线性子空间 (即过原点的直线), 而射影直线定义为二维线性子空间 (即过原点的平面)；另一是考虑所有非零数的乘法群 G_m 在去掉原点的三维空间 $V'=V-\{(0,0,0)\}$ 上的作用 (标量乘), 而把射影平面定义为这个作用的商 V'/G_m.

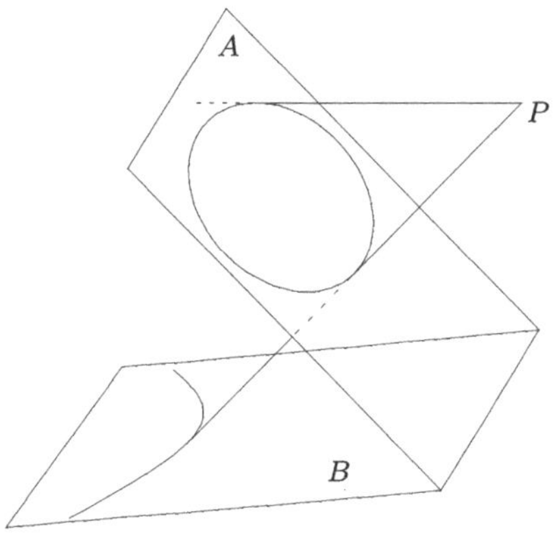

图 2.1.2

按齐次坐标，射影平面上的一条直线由一个线性齐次方程 $aX+bY+cZ=0$ 给出，其中 a,b,c 是不全为 0 的数. 无穷远直线的方程是 $Z=0$, 而原来的平面 (仿射平面) 为点集 $\{Z\neq 0\}$. 不过注意，按齐次坐标，所有点的地位都是一样的，即可以通过坐标的线性变换将任一点变为任一其他点 (在这个意义上射影平面是完全对称的). 因此无穷远直线 $Z=0$ 也没有什么特殊性，可以取任一条直线称为“无穷远直线”，而把它的余集称为“寻常平面” (为仿射平面).

不难推广上述方法以定义**任意体** K 上的 n **维**射影空间 P_K^n：它有齐次坐标 $X_0,X_1,\cdots,X_n$, 任一组不全为 0 的元 $a_0,\cdots,a_n\in K$ 给出 P_K^n 的一个点，且对任意 $\lambda\in K^\times=K-\{0\}$, $(a_0,\cdots,a_n)$ 与 $(\lambda a_0,\cdots,\lambda a_n)$ 代表同一个点 (故将该点记作 $(a_0:\cdots:a_n)$). P_K^n 可以看做 n 维线性空间 K^n (亦称*仿射空间*) 加上“无穷远超平面” $X_0=0$ 组成的，也可以将 $n+1$ 维 (左) 线性空间 K^{n+1} 中的 1 维子空间定义为 P_K^n 的点，或将 P_K^n 定义为 $K^{n+1}-\{(0,\cdots,0)\}$ 在乘法群 $G_{m/K}=K^\times$ 的左乘

作用下的商.

和 2 维的情形类似，若将 K^{n+1} 中的 1 维子空间看做 P_K^n 的点，则 K^{n+1} 中的 2 维子空间称为 P_K^n 中的射影直线, K^{n+1} 中的 3 维子空间称为 P_K^n 中的射影平面, 等等. 这样就建立了体 K 上的 " n 维射影几何"，它满足简单的结合公理:

i) 过任意两点存在惟一直线，过任意 3 点存在惟一平面，……

ii) 任一平面包含过其中任两点的直线，……

iii) 任一直线上至少有 3 个点 (这是因为加了无穷远点), ……

iv) 任一平面上存在不共线的 3 点，……

v) 任一平面上任两条直线有惟一交点 (这实际上变相地加进了平行公理), ……

此外德萨格定理 (见例 0.4) 也成立 (证明见推论 B.2.1). 反之，若 $n>2$, 则满足公理 i)~v) 的任意 n 维射影空间一定等价于某个体上的 n 维射影空间；而若 $n=2$ 则不然 (即可以举出一种公理式定义的射影平面不等价于任一个体上的 2 维射影空间). 事实上，一个满足上述简单平面射影公理的射影平面等价于一个体 K 上的 2 维射影空间当且仅当德萨格定理成立，而此时帕普斯定理成立当且仅当 K 是域 (详见附录 B).

不难看到，对任一 i $(0\leqslant i\leqslant n)$, P_K^n 中满足 $X_i\neq 0$ 的点组成的子集 U_i 是一个 n 维仿射空间 (即 $U_i\cong K^n$), 在其中可以采用仿射坐标 $x_{ij}=X_i^{-1}X_j$ $(j\neq i)$, 为方便起见令 $x_{ii}=1$；而所有 U_i 组成 P_K^n 的一个覆盖，在 $U_i\cap U_j$ $(i\neq j)$ 中有坐标转换关系

$$x_{ik}=x_{ji}^{-1}x_{jk}\qquad(0\leqslant k\leqslant n)\tag{2.1.1}$$

以下设 K 为代数闭域. 应用代数集的语言 (见第 1 章), K-代数

$$A_i=K[x_{i0},\cdots,x_{i(i-1)},x_{i(i+1)},\cdots,x_{in}]\tag{2.1.2}$$

可以看做 n 维仿射空间 U_i 的函数环. 对任意 $j\neq i$, 令

$$U_{ij}=(U_i)_{x_{ij}}\tag{2.1.3}$$

它的函数环是

$$A_{ij}=A_i[x_{ij}^{-1}]\tag{2.1.4}$$

则所有 U_{ij} 组成 U_i 的一个察里斯基开覆盖. 通过同构

$$A_i[x_{ij}^{-1}] \to A_j[x_{ji}^{-1}]$$
$$x_{ij} \mapsto x_{ji}^{-1},\ x_{ik} \mapsto x_{jk}x_{ji}^{-1}\ (k \neq i, j)$$

将 $U_{ij} \subset U_i$ 与 $U_{ji} \subset U_j$ 等同起来，这样这些代数集 U_i $(0 \leqslant i \leqslant n)$ 就"粘"成了一个拓扑空间，记为 $\mathbb{P}_K^n$.

我们还可以用另一种方法建立 $\mathbb{P}_K^n$. 令 $A = K[X_0, \cdots, X_n]$, 考虑 A 的所有 **分次理想** (参见附录 A.1 节), 这样的理想中只有一个 $(X_0, \cdots, X_n)$ 是极大的 (高度为 $n+1$). 我们把 A 中高度为 n 的分次素理想的集合记作 $\mathbf{Proj}(A)$. 和代数集的定义 (见 1.1 节) 类似，对一个分次理想 $I \subset A$ 我们记

$$V(I) = \{P \in \mathbf{Proj}(A) | P \supset I\} \tag{2.1.5}$$

而记 $V(I)$ 的余集为 $U(I)$, 规定所有这些 $U(I)$ 为开集，这样就给出 $\mathbf{Proj}(A)$ 的一个拓扑 (称为*察里斯基拓扑*). 对任意齐次多项式 $f \neq 0 \in A$, 记

$$\mathbf{Proj}(A)_f = U(f) = \{P \in \mathbf{Proj}(A) | f \notin P\} \tag{2.1.6}$$

若 $g \in A$ 为与 f^r 同次的齐次多项式，我们规定 g/f^r 为 $\mathbf{Proj}(A)_f$ 上的一个*代数函数*, 也称为 $\mathbf{Proj}(A)$ 上的一个*有理函数*. 注意每个 $P \in \mathbf{Proj}(A)$ 至少含于一个 $U(X_i)$ 中，即至少有一个 $X_i \notin P$, 这是因为 $(X_0, \cdots, X_n) \notin \mathbf{Proj}(A)$. 这就是说所有 $U(X_i)$ $(0 \leqslant i \leqslant n)$ 组成 $\mathbf{Proj}(A)$ 的一个开覆盖.

对任意 i 定义同态

$$\phi_i\colon A_i[t, t^{-1}] \to A[X_i^{-1}]$$
$$x_{ij} \mapsto X_j/X_i (j \neq i), t \mapsto X_i$$

(其中 t 为独立变量), 易见 ϕ_i 为同构，且 $\phi_i(A_i)$ 为 $A[X_i^{-1}]$ 的零次齐次部分，即 $U(X_i)$ 的代数函数环. 不难验证 ϕ_i 给出 U_i 和 $U(X_i)$ 之间的一个一一对应，将 $p \in U_i$ (看做 A_i 的极大理想) 映到 $(\phi_i(p)A[X_i^{-1}]) \cap A$, 而将 $P \in U_i$ 映到 $(\phi_i^{-1}(PA[X_i^{-1}])) \cap A_i$, 而且这个对应是一个同胚. 这样我们就可以通过 ϕ_i 将 U_i 和 $U(X_i)$ 等同起来，不难验证由此也就将 $\mathbf{Proj}(A)$ 和上面定义的 $\mathbb{P}_K^n$ 等同了起来.

总之，我们构造了一个空间 $\mathbb{P}_K^n = \mathbf{Proj}(A)$, 具有如下结构:

i) $\mathbb{P}_K^n$ 由 $A=K[X_0,\cdots,X_n]$ 的所有高度为 n 的分次素理想组成, 变量 $X_0,\cdots,X_n$ 称为 $\mathbb{P}_K^n$ 的 *齐次坐标*, A 称为 $\mathbb{P}_K^n$ 的 *齐次坐标环*, A 中的同次齐次多项式的商为 $\mathbb{P}_K^n$ 的局部 (有理) 函数;

ii) 令 $U_i=\{P\in\mathbb{P}_K^n|X_i\notin P\}$ $(0\leqslant i\leqslant n)$, 则所有 U_i 组成 $\mathbb{P}_K^n$ 的一个开覆盖, 且有 $U_i\cong\mathbb{A}_K^n$, 其函数环为 $K[x_{i0},\cdots,x_{in}]$ (其中 $x_{ij}=X_j/X_i$), 对任意 $i\neq j$, 在 $U_i\cap U_j$ 上 U_i 的坐标函数和 U_j 的坐标函数之间有转换关系 (2.1.1) ;

iii) 在 $\mathbb{P}_K^n$ 上有一个 *察里斯基拓扑*, 其闭集为所有分次理想 I 的零点集 $V(I)=\{P\in\mathbb{P}_K^n|P\supset I\}$, 这些子集称为 *射影* 代数集, 而射影代数集的 (察里斯基) 开子集称为 *拟射影* 代数集.

注意 $\mathbb{P}_K^n$ 的拟射影子集就是局部闭子集 (即开集与闭集的交). 一个拟射影代数集 $X\subset\mathbb{P}_K^n$ 称为 *不可约的*, 如果它不是两个非空 (察里斯基) 真闭子集的并; 称为 *既约的*, 如果它没有幂零的局部函数; 称为 *整的*, 如果它既是既约的又是不可约的. 整的 (拟) 射影代数集称为 (拟) 射影 *代数簇*.

对任一分次理想 $I\subset A$, $V(I)$ 有一个开覆盖 $\{V_i=V(I)\cap U_i|0\leqslant i\leqslant n\}$. 若 $I=(f_1,\cdots,f_m)$, 其中 f_j 为 d_j 次齐次的, 则易见 $V_i=V(I_i)\subset U_i$, 其中 $I_i=(f_1/X_i^{d_1},\cdots,f_m/X_i^{d_m})$, 注意 I_i 等于 $IA[X_i^{-1}]$ 的零次齐次部分. 引用代数集的概念 (见 1.1 节), 我们规定 V_i 的函数环为 A_i/I_i. 这样我们就给出 $V(I)$ 一个几何结构, 记为 $\mathbf{Proj}(A/I)$: 作为一个集合它等于 $\{$ 分次素理想 $P\subset A/I|\dim((A/I)/P)=1\}$; 带有一个 *察里斯基拓扑*, 其闭集为所有 $V(J)=\{P\in\mathbf{Proj}(A/I)|P\supset J\}$ $(J\subset A/I$ 为分次理想) ; 它的 *局部函数* 为 A/I 的同次齐次元的商及 0, 而 A/I 称为它的 *齐次坐标环*.

一个仿射空间 $\mathbb{A}_K^n$ 的察里斯基闭子集称为一个 *仿射代数集* (参见 1.1 节). 由上所述可见任一拟射影代数集有一个由仿射代数集组成的开覆盖.

局部函数的概念也可以定义在拟射影代数集上. 对于 $X=\mathbf{Proj}(A/I)$, 注意若 $f,g\in A/I$ 为同次的齐次元 $(g\notin I)$, 则函数 f/g 定义在开子集 $U(f)\subset X$ 上, 称为一个 *局部函数*. 和仿射的情形一样, 对任一点 $x\in X$, 易见在 x 附近有定义的局部函数组成一个局部环, 称为在点 x 处的 *局部函数环*. 若 X 是拟射影代数簇, 则任一局部函数定义在 X 的一个非空开子集上, 所有局部函数组成一个域, 称为 X 的 *有理函数域*, 记为 $K(X)$; 易见对任意非空开子集 $U\subset X$ 有 $K(U)\cong K(X)$, 即

$K(X)$ 可由 X 的任一非空开子集决定.

注意：与仿射情形 **不同**, 齐次坐标环 A/I **不能** 由 $\mathbf{Proj}(A/I)$ 决定. 例如对 $J=(X_0,\cdots,X_n)I\subset A$, $\mathbf{Proj}(A/J)$ 与 $\mathbf{Proj}(A/I)$ 是完全一样的，但一般 $A/J\not\cong A/I$.

一个拟射影代数集 X 的 *维数* 仍定义为克鲁尔维数，即不可约闭子集列 $X_0\subsetneq X_1\subsetneq\cdots\subsetneq X_n\subset X$ 的最大长度，不难验证它等于 X 中的所有仿射开子集的最大维数，也等于各点处的局部函数环的最大维数 (参见附录 A.3 节). 注意由于引入齐次坐标，分次理想 $I\subset A$ 所定义的代数子集的维数为 $\dim(A/I)-1$. 若闭子集 $X,Y\subset\mathbb{P}^n_K$ 分别由分次理想 $I,J\subset A$ 定义，则因 $I+J\subset(X_0,\cdots,X_n)$, 由附录 A.3 节可见 $\dim(X\cap Y)\geqslant\dim(X)+\dim(Y)-n$, 特别地当 $\dim(X)+\dim(Y)-n\geqslant 0$ 时 $X\cap Y\neq\varnothing$ (注意这在 $\mathbb{A}^n_K$ 中不成立).

例 2.1.1　在 $\mathbb{P}^2_K$ (齐次坐标为 X,Y,Z) 中，由 1 个非零齐次多项式 $f\in K[X,Y,Z]$ 定义的代数子集 $V(f)$ 称为一条“射影代数曲线”. 我们可以这样理解 $V(f)$：任取一个仿射平面 $U\subset\mathbb{P}^2_K$ (例如 $U=U(Z)$) 使得 $V(f)-U$ 为有限集，则 $V'=V(f)\cap U$ 为 $U\cong\mathbb{A}^2_K$ 中的 (仿射) 曲线，而 $V(f)$ 为 V' 加上有限多个“无穷远点”. 由于 U 的取法很多，我们可以从不同的角度观察 $V(f)$. 例如图 0.3 中的曲线可以看做射影平面中的三次代数曲线，它只有一个无穷远点，在无穷远点附近的形状见图 2.1.3.

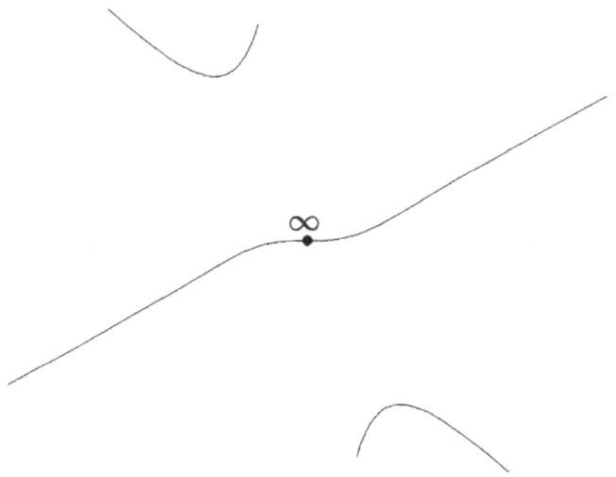

图 2.1.3

例 2.1.2　设 f 为 $\mathbb{R}$ 上的不可约二次齐次多项式. 假定 f 既非正定又非负定 (否则 $V(f)$ 没有坐标为实数的点), 则通过适当的实系数线性变换并对 f 乘以非零实数，总可以化为 $f = XY - Z^2$ 的情形. 这就是说，在实仿射平面上的三种非退化二次曲线——椭圆、抛物线和双曲线，在实射影平面上都是一样的 (只要适当选取坐标系). 对此可以这样理解：设 $C \subset \mathbb{P}^2_{\mathbb{R}}$ 为非退化二次射影曲线 $XY = Z^2$, 若取一个实仿射平面 $U \subset \mathbb{P}^2_{\mathbb{R}}$, 则 $U \cap C$ 为仿射二次曲线，选取不同的 U 相当于选取不同的无穷远直线 l_∞, 而 l_∞ 与 C 的关系有三种可能：无公共点，相切或相交，分别对应于 U 中的椭圆，抛物线和双曲线三种情形 (见图 2.1.4). 但注意这里涉及的都是实曲线，如果将 C 看做复射影平面 $\mathbb{P}^2_{\mathbb{C}}$ 中的曲线，则它和任一条直线都相交，只是交点不一定是实点 (即坐标为实数的点), 图 2.1.4 中的椭圆可以理解为 " C 与无穷远线交于虚点".

图 2.1.4

2.2 态射与有理映射

在定义了射影空间及其代数子集后，下一步自然应该定义代数映射，但这远非仿射情形 (见 1.2 节) 那样简单. 拟射影代数集的代数映射，按定义是这样的映射，它局部可以由多项式映射给出. 但这样的映射一般 **不能** 由齐次坐标环的同态给出 (参见下面的例 2.2.3). 另一方面，齐次坐标环的同态也不一定能给出代数映射，例如包含同态 $\phi: K[X_0, \cdots, X_n] \hookrightarrow K[X_0, \cdots, X_{n+1}]$ 就不给出代数映射 $\mathbb{P}^{n+1}_K \to \mathbb{P}^n_K$, 因为素理想 $(X_0, \cdots, X_n) \subset K[X_0, \cdots, X_{n+1}]$ 在 ϕ 下的原象为 $K[X_0, \cdots, X_n]$ 的极大理想，不是 $\mathbb{P}^n_K$ 的点 (事实上没有从 $\mathbb{P}^{n+1}_K$ 到 $\mathbb{P}^n_K$ 的非平凡代数映射).

粗糙地说，拟射影代数集的代数映射 (态射) 是由仿射代数集的态射 "粘" 起来的. 详言之，设 X, Y 为代数闭域 k 上的拟射影代数集， $\{X_i \subset X | 1 \leqslant i \leqslant n\}$ 为 X 的一个仿射开覆盖， $\{Y_i \subset Y | 1 \leqslant i \leqslant n\}$ 为 Y 的一个仿射开覆盖， $f_i: X_i \to Y_i$ 为代数映射 (分别由代数函数环的同态给出), 若所有 f_i 相容 (即 f_i 和 f_j 在 $X_i \cap X_j$

上的限制相等), 则所有 f_i 合起来给出从 X 到 Y 一个 态射 f (详见 2.4 节).

为了避免"粘"的复杂技术细节, 我们可以采用下面的方法定义态射.

首先, 有一类态射是可以用齐次坐标环的同态给出的: 设 $I, J \subset A$ 为分次理想, 若 $I \subset J$, 则投射 $A/I \to A/J$ 给出一个代数映射 $\mathbf{Proj}(A/J) \hookrightarrow \mathbf{Proj}(A/I)$ (将 $\mathbf{Proj}(A/J)$ 等同于 $\mathbf{Proj}(A/I)$ 的一个闭子集), 称为一个 闭嵌入 (这和 1.3 节的术语一致). 由于齐次坐标环 A/I 并不能由 $\mathbf{Proj}(A/I)$ 决定 (参见 2.1 节的注意及下面的例 2.2.3), 闭嵌入一般要在适当选择齐次坐标环后才能通过齐次坐标环的同态来定义, 具体的选择方法见下节. 若 $U \subset \mathbf{Proj}(A/I)$ 为开子集而 $U' \subset \mathbf{Proj}(A/J)$ 为 U 在 $\mathbf{Proj}(A/J)$ 中的原象, 则诱导映射 $U' \to U$ 也称为闭嵌入, 注意它的象为 $U \cap V(J/I)$.

其次我们来看射影空间的积. 设 r, s 为正整数, 则 $\mathbb{P}_k^r \times \mathbb{P}_k^s$ 的一个点相当于一对点 $a = (a_0 : \cdots : a_r) \in \mathbb{P}_k^r$ 和 $b = (b_0 : \cdots : b_s) \in \mathbb{P}_k^s$, 所有 $c_{ij} = a_i b_j$ 给出 $\mathbb{P}_k^{rs+r+s}$ (齐次坐标为 X_{ij} $(0 \leqslant i \leqslant r,\ 0 \leqslant j \leqslant s)$) 中的一个点, 它由 a 和 b 决定 (若所有 a_i 或所有 b_j 同乘以一个非零常数则所有 c_{ij} 同乘以同一个常数). 诸 c_{ij} 满足关系式

$$c_{ij} c_{i'j'} = c_{ij'} c_{i'j} \qquad (0 \leqslant i, i' \leqslant r, 0 \leqslant j, j' \leqslant s) \tag{2.2.1}$$

反之, 若 $\mathbb{P}_k^{rs+r+s}$ 中的一个点 $c = (c_{00} : \cdots : c_{rs})$ 满足 (2.2.1), 则它由 $\mathbb{P}_k^r \times \mathbb{P}_k^s$ 中的一个点给出, 这是因为, 若 $c_{pq} \neq 0$, 则易见 c 对应于 $\mathbb{P}_k^r \times \mathbb{P}_k^s$ 中的点 $((c_{0q} : \cdots : c_{rq}), (c_{p0} : \cdots : c_{ps}))$. 这样我们就把 $\mathbb{P}_k^r \times \mathbb{P}_k^s$ 与 $\mathbb{P}_k^{rs+r+s}$ 中由 (2.2.1) 定义的代数子集等同起来. 此外还可见 $U_{pq} = \{(c_{00} : \cdots : c_{rs}) \in \mathbb{P}_k^{rs+r+s} | c_{pq} \neq 0\}$ 与 $\mathbb{P}_k^r \times \mathbb{P}_k^s$ 的交为 $\{(a, b) \in \mathbb{P}_k^r \times \mathbb{P}_k^s | a_p \neq 0, b_q \neq 0\}$, 故同构于 $\mathbb{A}_k^{r+s}$. 我们称上述映射 $\mathbb{P}_k^r \times \mathbb{P}_k^s \to \mathbb{P}_k^{rs+r+s}$ 为 塞格莱嵌入.

例 2.2.1　塞格莱嵌入 $\mathbb{P}_k^1 \times \mathbb{P}_k^1 \to \mathbb{P}_k^3$ 的象为二次曲面 $X_0 X_3 = X_1 X_2$, 直观上这是一个单叶双曲面.

塞格莱嵌入将 $\mathbb{P}_k^r \times \mathbb{P}_k^s$ 等同于一个射影代数簇, 从而将任意拟射影子集 $X \subset \mathbb{P}_k^r$ 和 $Y \subset \mathbb{P}_k^s$ 的积 $X \times Y$ 等同于一个拟射影代数集. 注意从 $X \times Y$ 到 X 和 Y 分别有投射 $\mathrm{pr}_1 \colon X \times Y \to X$ 和 $\mathrm{pr}_2 \colon X \times Y \to Y$.

定义 2.2.1　一个从 X 到 $X \times Y$ 的 X-截口 是指一个闭嵌入 $i \colon X \to X \times Y$ 使得 $\mathrm{pr}_1 \circ i = \mathrm{id}_X$. 一个从 X 到 Y 的 拟射影态射 (在没有疑问时可简称态射) f

是一个 X-截口 $i_f\colon X\to X\times Y$ 和投射 $\mathrm{pr}_2\colon X\times Y\to Y$ 的合成，而闭代数子集 $i_f(X)\subset X\times Y$ 称为 f 的 图, 记为 Γ_f (粗略地说 $\Gamma_f=\{(x,y)\in X\times Y|f(x)=y\}$).

若态射 $f\colon X\to Y$ 有逆 (即存在态射 $g\colon Y\to X$ 使得 $g\circ f=\mathrm{id}_X$, $f\circ g=\mathrm{id}_Y$), 则称 f 为 同构. 若 (对某个正整数 N) 存在闭嵌入 $j\colon X\to\mathbb{P}_k^N\times Y$ 使得 $f=\mathrm{pr}_2\circ j$, 则称 f 为 射影的；若 (对某个正整数 N) 存在闭嵌入 $j\colon X\to\mathbb{A}_k^N\times Y$ 使得 $f=\mathrm{pr}_2\circ j$, 则称 f 为 仿射的；若 f 既是射影的又是仿射的，则称 f 为 有限的.

事实上，f 是有限的当且仅当对任意仿射开子集 $U\subset Y$, $f^{-1}(Y)$ 也是仿射的，而且 $f^{-1}(Y)$ 的函数环作为 U 的函数环上的模是有限生成的 (证明见引理 4.2.ii)).

例 2.2.2　$\mathbb{P}_k^{n-1}$ 的 k-自同构可以如下刻画. 记 $GL_n(k)$ 为 $\mathbb{A}_k^n$ (坐标为 $X_0,\cdots,X_{n-1}$) 中所有线性变换组成的群，称为 k 上的 一般线性群, 它同构于 k 上的所有非奇异 $n\times n$ 矩阵的乘法群，而它的中心 $C\cong\{\lambda I|\lambda\in k^\times\}\cong k^\times$. 易见任一线性变换 $T=(t_{ij})\in GL_n(k)$ $(i,j=0,\cdots,n-1)$ 给出 $k[X_0,\cdots,X_{n-1}]$ 的一个自同构

$$X_i\mapsto\sum_{j=0}^{n-1}t_{ij}X_j\qquad(0\leqslant i\leqslant n-1)\tag{2.2.2}$$

从而给出 $\mathbb{P}_k^{n-1}$ 的一个 k-自同构

$$(a_0:\cdots:a_{n-1})\mapsto\Big(\sum_{j=0}^{n-1}t_{0j}a_j:\cdots:\sum_{j=0}^{n-1}t_{(n-1)j}a_j\Big)\tag{2.2.3}$$

(我们常用 (2.2.3) 这样的表达式直观地说明一个态射.) 这样 $GL_n(k)$ 作用于 $\mathbb{P}_k^{n-1}$ 上，而 T 给出单位自同构当且仅当 $T\in C$. 令 $PGL_n(k)=GL_n(k)/C$, 称为 k 上的 射影线性群, 它可以看做 P_k^{n-1} 的 (保持射影空间结构的) 变换群 (参见附录 B.4 节), 可以证明它就是 $\mathbb{P}_k^{n-1}$ 的所有 k-自同构组成的群. 我们注意，若在 U_i 中采用仿射坐标 x_{ij}, 则 (2.2.2) 在 U_i 上可表为

$$x_{ij}\mapsto\frac{\sum_{l=0}^{n-1}t_{jl}x_{il}}{\sum_{l=0}^{n-1}t_{il}x_{il}}\qquad(j\neq i)\tag{2.2.4}$$

即为 分式线性变换.

例 2.2.3　对任意 $n,d>0$, 令 $f_0,\cdots,f_r$ 为 $X_0,\cdots,X_n$ 的 d 次单项式全体,

其中 $r = \binom{n+d}{n} - 1$. 这些单项式给出一个态射

$$\begin{aligned} f\colon \mathbb{P}_k^n &\to \mathbb{P}_k^r \\ (a_0,\cdots,a_n) &\mapsto (f_0(a_0,\cdots,a_n),\cdots,f_r(a_0,\cdots,a_n)) \end{aligned}$$

不难验证 f 是一个闭嵌入, 称为 *d-重嵌入*. f 由齐次坐标环的一个同态 ϕ 诱导, 其中 ϕ 将 $\mathbb{P}_k^r$ 的齐次坐标分别映到 $f_0,\cdots,f_r$.

例如令 $n=1, d=2$, 就得到闭嵌入 $\mathbb{P}_k^1 \to \mathbb{P}_k^2$ $((a_0,a_1) \mapsto (a_0^2, a_0a_1, a_1^2))$, 它的象是由方程

$$Y_0\,Y_2 = Y_1^2 \tag{2.2.5}$$

定义的二次曲线 C, 故有同构 $f\colon \mathbb{P}_k^1 \to C$. 注意 C 的齐次坐标环为 $k[Y_0,Y_1,Y_2]\ /(Y_0Y_2 - Y_1^2)$, 故态射 $f^{-1}\colon C \to \mathbb{P}_k^1$ 是不能由齐次坐标环的同态来给出的 (因为 Y_0,Y_1,Y_2 都对应于 $\mathbb{P}_k^1$ 的坐标的二次多项式).

设 $k=\mathbb{C}$. 我们注意, 在同构 f 之下, $\mathbb{P}_k^1$ 的有理点 (即坐标为有理数的点) 与 C 的有理点一一对应. 由此就很容易地得到二次不定方程 $xy = z^2$ 的所有有理数解 (详见例 4.4.1).

和仿射的情形 (见 1.2 节) 一样, 我们可以定义拟射影代数集的纤维积. 设 $f\colon X \to S$, $g\colon Y \to S$ 为拟射影代数集的态射, 注意它们的图 $\Gamma_f \subset X \times S$, $\Gamma_g \subset Y \times S$. 由塞格莱嵌入, 在 $X \times Y \times S \times S$ 中有局部闭代数子集 $\Gamma_f \times \Gamma_g$ 和闭代数子集 $X \times Y \times \Delta(S)$ ($\Delta\colon S \to S \times S$ 为对角态射), 它们的交 $T = (\Gamma_f \times \Gamma_g) \cap (X \times Y \times \Delta(S))$ 也是 $X \times Y \times S \times S$ 的局部闭代数子集 (两个闭代数子集的交由两者的定义方程合起来给出). 注意 $X \cong \Gamma_f$, $Y \cong \Gamma_g$, 所以 T 可以看做 $X \times Y$ 的闭代数子集, 称为 X 和 Y 在 S 上的 *纤维积*, 记为 $X \times_S Y$. 作为集合 $X \times_S Y = \{(x,y) \in X \times Y | f(x) = g(y)\}$. 从 $X \times Y$ 到 X 和 Y 的投射分别诱导投射 $\mathrm{pr}_1\colon X \times_S Y \to X$ 和 $\mathrm{pr}_2\colon X \times_S Y \to Y$, 满足 $f \circ \mathrm{pr}_1 = g \circ \mathrm{pr}_2$. 不难验证下面的性质 (或参见 2.4 节).

(*) 对拟射影代数集的任意态射 $\phi_1\colon Z \to X$ 和 $\phi_2\colon Z \to Y$, 若 $f \circ \phi_1 = g \circ \phi_2$, 则存在惟一态射 $\phi\colon Z \to X \times_S Y$ 使得 $\phi_1 = \mathrm{pr}_1 \circ \phi$, $\phi_2 = \mathrm{pr}_2 \circ \phi$.

我们常记 $\phi = (\phi_1, \phi_2)$. 特别地, 若 $X = Y = Z$, $f = g$ 且 $\phi_1 = \phi_2 = \mathrm{id}_X$ (即单位态射 $X \to X$), 则 $\phi\colon X \to X \times_S X$ 称为 *对角态射*, 记为 Δ.

设 $f\colon X \to S$ 为拟射影代数集的态射. 和 1.2 节一样, 对任一点 $s \in S$, 记 $\{s\}$

为一个点 s 组成的 S 的代数子集，$i\colon\{s\}\to S$ 为嵌入态射 (为闭嵌入), 则我们可以将 $f^{-1}(s)$ 与 $X_s=X\times_S\{s\}$ 等同起来，称为 X (或 f) 在 s 上的*纤维*.

除态射外，在代数几何中还要研究“有理映射”.

设 $f\colon X\to Y$ 为代数闭域 k 上的代数簇的态射. 若 $f(X)$ 在 Y 中 (按察理斯基拓扑) 稠密 (此时我们称 f 为*支配的*), 则 $f(X)$ 包含 Y 的一个非空开子集 (参见文献 [12] Ⅷ.3), 故 f 诱导一个 k 的扩域的单同态 $K(Y)\to K(X)$ (因为有理函数域可由任一开子集决定). 但反过来，一个 k-单同态 $K(Y)\to K(X)$ 未必由一个态射 $X\to Y$ 诱导，例如当 X 是 Y 的开子集时有 $K(X)\cong K(Y)$ 但未必有态射 $Y\to X$.

设 X,Y 为 k 上的代数簇而 $\phi\colon K(Y)\to K(X)$ 为 k-代数同态. 任取 Y 的一个仿射开子集 U_0, 它的函数环记为 B, 则 B 为 k 上的有限生成代数，故可取它作为 k-代数的一组生成元 $y,\cdots,y_n$. 在 X 中任取一个非空仿射开子集 U', 令 A' 为 U' 的函数环，则 $\mathrm{q.f.}(A')\cong K(U')\cong K(X)$. 易见可取非零元 $a\in A'$ 使得 $\phi(y_1),\cdots,\phi(y_n)\in A=A'_a$, 并记 $U=U'_a$, 则 ϕ 诱导一个 k-代数同态 $\phi_0\colon B\to A$, 这等价于一个态射 $f\colon U\to U_0\hookrightarrow Y$, 而 f 给出的有理函数域同态 $K(Y)\to K(U)\cong K(X)$ 正是 ϕ. 这就是说，任一 k-代数同态 $K(Y)\to K(X)$ 给出 X 的一个非空开子集到 Y 的支配态射. 反之，任一从 X 的一个非空开子集到 Y 的支配态射给出一个 k-代数同态 $K(Y)\to K(X)$.

一个从 X 的某个开子集 U 到 Y 的态射 f 称为一个从 X 到 Y 的*有理映射*, 记为 $f\colon X\dashrightarrow Y$. 上面我们看到一个支配有理映射 $X\dashrightarrow Y$ 等价于一个 k-代数同态 $K(Y)\to K(X)$. 特别地，一个 k-代数同构 $K(Y)\to K(X)$ 给出的有理映射 $f\colon X\dashrightarrow Y$ 称为一个*双有理等价*, 此时若 f 是一个态射 (即可以定义为 X 到 Y 的态射) 则称之为*双有理态射*.

若 $f\colon X\dashrightarrow Y$ 是支配的且 $[K(X):K(Y)]<\infty$, 则由上面的讨论可见存在 Y 的稠密开子集 U 使得 f 在 $f^{-1}(U)$ 上的限制是有限的 (参见文献 [5] 习题 Ⅱ.3.7), 此时我们称 f 为*一般有限的*, 而称 $[K(X):K(Y)]$ 为 f 的*次数*, 记为 $\deg(f)$.

例 2.2.4 以 $\mathbb{P}_k^n$ 中的任一点为中心可以将整个空间 (除这个点外)“投影”在一个超平面上. 为简单起见不妨 (通过线性变换) 取投影中心为 $(1,0,\cdots,0)$, 超平面为 $H_0=\{X_0=0\}$, 这样中心投影就是将点 $(a_0,\cdots,a_n)$ 映到 $(a_1,\cdots,a_n)$, 它可以看做一个有理映射 $\mathbb{P}_k^n\dashrightarrow H_0\cong\mathbb{P}_k^{n-1}$.

更一般地，可以将空间投影到任意子空间，例如可以定义 $p\colon \mathbb{P}_k^n \dashrightarrow \mathbb{P}_k^{n-r}$，将 $(a_0,\cdots,a_n)$ 映到 $(a_r,\cdots,a_n)$ $(0<r<n)$. 注意 p 在子空间 $V=\{X_r=\cdots=X_n=0\}$ 上是没有定义的，它是一个有理映射而不是态射. 对任意拟射影子簇 $X\subset\mathbb{P}_k^n$，p 给出有理映射 $X\dashrightarrow\mathbb{P}_k^{n-r}$，且当 $X\cap V=\varnothing$ 时它是态射.

引理 2.2.1　设 $X\subset\mathbb{P}_k^n$ 是 $d<n-1$ 维拟射影代数簇，则可以将 X 双有理地投影到一个 $d+1$ 维子空间中，而且存在 X 到一个 d 维子空间的 (有理) 投影 p 使得 p 是一般有限的和可分的 (即 p 诱导函数域的可分扩张). 不仅如此，这些 $d+1$ 维和 d 维子空间几乎可以任意选择，即除了一些特殊子空间外都可以选用，且 p 的次数对几乎所有选择都是一样的 (称为 X 的*次数*，记为 $\deg X$).

证*　不妨设 X 与 $U=\mathbb{P}_k^n-H_0\cong\mathbb{A}_k^n$ 的交非空 (其中 H_0 为超平面 $\{X_0=0\}$)，则 $K(X)$ 由 U 的坐标函数 $x_1,\cdots,x_n$ 在 k 上生成，且为可分生成的 (因为 X 是几何整的，参见文献 [12] 推论 X VI.2.2). 令 $L=k(t_{ij}|1\leqslant i\leqslant d+1,1\leqslant j\leqslant n)$，$X_L=X\otimes_k L$ (为 L 上的代数簇)，则 $\mathrm{tr.deg}(K(X_L)/L)=\mathrm{tr.deg}(K(X)/k)=d$. 令

$$y_i=\sum_{j=1}^n t_{ij}x_j\in K(X_L)\quad(1\leqslant i\leqslant d+1) \tag{2.2.6}$$

由本原元素定理的证明可知 $y_1,\cdots,y_d$ 在 L 上代数无关，$K(X_L)=L(y_1,\cdots,y_{d+1})$ 且 y_{d+1} 在 $L'=L(y_1,\cdots,y_d)$ 上是可分的 (见习题 3). 令 $m=[K(X_L):L']$，则有 m 次首一可分不可约多项式 $f\in L'[T]$ 使得 $f(y_{d+1})=0$. 令 $R=k[t_{ij}|1\leqslant i\leqslant d+1,1\leqslant j\leqslant n]$，则有 R 上的 $d+1$ 元多项式 $f_0,f_1,\cdots,f_{n+2}$，使得 $x_i=f_i(y_1,\cdots,y_{d+1})/f_0(y_1,\cdots,y_{d+1})$ $(1\leqslant i\leqslant n)$，且 $f=f_{n+1}/f_0$，$f'=f_{n+2}/f_0$. 令 g 为 $f_0,\cdots,f_{n+2}$ 的分母、分子的系数中出现的所有 R 的非零元的积，由于 k 是无限域，存在一组 $a_{ij}\in k$ $(1\leqslant i\leqslant d+1,1\leqslant j\leqslant n)$ 使得

$$g(a_{11},\cdots,a_{(d+1)n})\neq 0 \tag{2.2.7}$$

令 $\bar{y}_i=\sum\limits_{j=1}^n a_{ij}x_j\in K(X)\,(1\leqslant i\leqslant d+1)$，$K=k(\bar{y}_1,\cdots,\bar{y}_d)$，则有 $x_i=f_i(\bar{y}_1,\cdots,\bar{y}_{d+1})/f_0(\bar{y}_1,\cdots,\bar{y}_{d+1})$ $(1\leqslant i\leqslant n)$，故 $K(X)=k(\bar{y}_1,\cdots,\bar{y}_{d+1})$，且 $[K(X):K]\leqslant m$. 另一方面，令 $Y=\mathrm{Spec}(L[y_1,\cdots,y_d])$，则 $K(X_L)\supset L'$ 给出 $\mathrm{Spec}(R)$-有理映射

* 证明中有一些较复杂的技术性细节，且采用了一些概形的记号，初次阅读时若有困难可暂时略过.

$\phi\colon X_L \dashrightarrow Y$, 而 $\mathrm{Spec}(K(X)) \to \mathrm{Spec}(K)$ 可以看做 ϕ 在点 $t_{ij} = \bar{y}_1, \cdots, y_d = \bar{y}_d$ 上的纤维, 故其次数不小于 ϕ 的次数 (参见文献 [12] 习题 Ⅷ.9), 即 $[K(X) : K] \geqslant m$, 从而 $[K(X) : K] = m$. 由此还可见 $\bar{y}_{d+1}$ 在 K 上的定义多项式就是在 f 中将 t_{ij} 代以 a_{ij} 所得的多项式, 故 $\bar{y}_{d+1}$ 在 K 上可分.

对 $\mathbb{P}^n_k$ 的坐标做线性变换 $X'_i = \sum\limits_{j=0}^{n} a_{ij} X_j \ (0 \leqslant i \leqslant n)$, 其中的 a_{ij} 除上面已给定的以外, $a_{0j} = a_{j0} = \delta_{0j}$, 其余 a_{ij} 可任选, 只要使

$$\det(a_{ij}) \neq 0 \tag{2.2.8}$$

即可. 令 $V \subset \mathbb{P}^n_k$ 为子空间 $X'_0 = \cdots = X'_{d+1} = 0$, $V' \subset \mathbb{P}^n_k$ 为子空间 $X'_0 = \cdots = X'_d = 0$, $W \subset \mathbb{P}^n_k$ 为任一与 V 不相交的 $d+1$ 维子空间 (其中的点以 $X'_0, \cdots, X'_{d+1}$ 为坐标), $W' \subset \mathbb{P}^n_k$ 为任一与 V' 不相交的 d 维子空间 (其中的点以 $X'_0, \cdots, X'_d$ 为坐标), 则从 V 到 W 的投影为

$$(1, x_1, \cdots, x_n) \mapsto (1, \sum_{j=0}^{n} a_{1j} x_j, \cdots, \sum_{j=0}^{n} a_{(d+1)j} x_j) \tag{2.2.9}$$

故由上述这在 X 上给出双有理等价, 类似地从 V' 到 W' 的投影给出 X 的 m 次可分有理映射. 最后注意对 V, V' 的选择只需满足 (2.2.7) 和 (2.2.8), 而对 W (W') 的惟一要求是与 V (V') 不相交. 证毕.

例如, 由定义不难验证 $\mathbb{P}^n_k$ 中由一个 m 次齐次多项式定义的超曲面若为代数簇, 则其次数为 m (参见例 3.3.2).

注 2.2.1 拟射影代数簇的次数也可以用希尔伯特多项式来定义 (参见文献 [5] p.52). 注意次数是与嵌入 $X \hookrightarrow \mathbb{P}^n_k$ 有关的, 例如二重嵌入 (例 2.2.3) 将 $\mathbb{P}^1_k$ 映成 $\mathbb{P}^2_k$ 中的二次曲线.

注 2.2.2 上面给出的引理 2.2.1 的证明是代数的, 这有助于说明如何将一个代数几何问题用代数语言叙述; 在下一章我们将看到引理 2.2.1 的几何证明及次数的另一个定义.

2.3 层的概念

对于一个仿射代数集, 由于它的几何结构由代数函数环完全确定, 我们通常只需研究它的代数函数环, 其他性质如局部函数等都可以由代数函数环得出. 但对于

一般的拟射影代数集，情况却完全不同. 例如，定义在 $\mathbb{P}_k^n$ 上的代数函数只有常数 (即 k 的元), 由此并不能得到关于局部函数的任何知识. 所以在一般情形我们不仅要考虑整个代数集上的代数函数，还要考虑各开子集上的代数函数.

详言之，设 X 为代数闭域 k 上的拟射影代数集，则对任意 (察理斯基) 开子集 $U \subset X$, 所有在 U 上有定义的局部函数组成一个环 (k-代数), 记为 $\mathcal{O}_X(U)$. 只有知道了所有 $\mathcal{O}_X(U)$ 才能说知道了有关 X 的所有函数. 这些 $\mathcal{O}_X(U)$ 之间是有相互关系的：若 U' 为 U 的开子集，则 $\mathcal{O}_X(U)$ 中的函数可以限制在 U' 上成为 $\mathcal{O}_X(U')$ 中的函数，这样我们就有一个 "限制映射" $\rho_{UU'}: \mathcal{O}_X(U) \to \mathcal{O}_X(U')$, 易见它是 k-代数同态 (注意 $\rho_{UU'}$ 不一定是单射，例如若 X 是两个互不相交的非空开子集 U_1 和 U_2 的并，则在 $\mathcal{O}_X(X)$ 中有一个函数在 U_1 上等于 1 而在 U_2 上等于 0, 这个非零函数在 U_2 上的限制为 0). 我们说所有函数环 $\mathcal{O}_X(U)$ 及所有限制映射 $\rho_{UU'}$ 合起来组成一个 "层"$\mathcal{O}_X$.

为了较直观地理解层的概念，我们先举一些层的例子. 为简单起见，设 X 为代数簇. 假设对每个开集 $U \subset X$ 已给定了 $K(X)$ 的一个 k-子代数 $\mathcal{F}(U)$ (例如上面的 $\mathcal{O}_X(U)$), 而且对任意两个开子集 $U' \subset U$ 有 $\mathcal{F}(U) \subset \mathcal{F}(U')$, 令 $\rho_{UU'}: \mathcal{F}(U) \to \mathcal{F}(U')$ 为包含映射，则对任意三个开子集 $U'' \subset U' \subset U$ 有

$$\rho_{UU''} = \rho_{U'U''} \circ \rho_{UU'}: \mathcal{F}(U) \to \mathcal{F}(U'') \tag{2.3.1}$$

如果对 X 的任一族开子集 $\{U_i | i \in I\}$ 有

$$\mathcal{F}(\bigcup_{i\in I} U_i) = \bigcap_{i\in I} \mathcal{F}(U_i) \tag{2.3.2}$$

则我们说所有 $\mathcal{F}(U)$ 合起来给出 X 上的一个*层* $\mathcal{F}$. 对 $\mathcal{F}(U) = \mathcal{O}_X(U)$, (2.3.1) 和 (2.3.2) 显然满足.

例 2.3.1　设 k 为代数闭域而 $X = \mathbb{P}_k^n$ (齐次坐标为 $X_0, \cdots, X_n$), 我们知道 $K(X)$ 的非零元为 $X_0, \cdots, X_n$ 的同次齐次多项式的商. 令 Σ_d 为 $X_0, \cdots, X_n$ 的所有 d 次齐次单项式的集合. 对任意开集 $U \subset X$, 令 $\mathcal{O}_X(d)(U)$ 为 $\{F/X_0^d | F \in \Sigma_d\}$ 在 $K(X)$ 中生成的 $\mathcal{O}_X(U)$-子模 (即所有 F/X_0^d 以 $\mathcal{O}_X(U)$ 的元为系数的有限线性组合), 则对任意两个开子集 $U' \subset U$, 显然有 $\mathcal{O}_X(d)(U) \subset \mathcal{O}_X(d)(U')$ (因为 $\mathcal{O}_X(U) \subset \mathcal{O}_X(U')$). 令 H_0 为超平面 $\{X_0 = 0\}$, 则我们还可以将 $\mathcal{O}_X(d)(U)$ 理解为 "在 $U - H_0$ 中无极点而在 $U \cap H_0$ 中至多有 d 阶极点的有理函数全体", 由此易见条件 (2.3.2)

对 $\mathcal{F}(U)=O_X(d)(U)$ 成立，故由定义所有 $O_X(d)(U)$ 合起来组成一个层 $O_X(d)$ (显然 $O_X(0)=O_X$).

另一方面，对任意开集 U 令 $O_X(-d)(U)\subset O_X(U)$ 为 $O_X(U)$ 中所有在 $U\cap H_0$ 上有至少 d 阶零点的函数全体，则所有 $O_X(-d)(U)$ 组成一个层 $O_X(-d)$. 由于对每个开集 U 有 $O_X(-d)(U)\subset O_X(U)$, 我们可以说 $O_X(-d)$ 是 O_X 的 *子层*, 而所有包含映射 $O_X(-d)(U)\hookrightarrow O_X(U)$ 合起来给出一个层的 *同态* $O_X(-d)\to O_X$.

由 2.1 节我们可以看到，对每个开集 $U_i=\{X_i\neq 0\}$, $O_X(U_i)$ 为多项式环 $k[x_{ij}|0\leqslant j\leqslant n, j\neq i]$, 其中 $x_{ij}=X_i^{-1}X_j$. 由此易见 $O_X(d)(U_i)=x_{i0}^{-d}O_X(U_i)$ $(0\leqslant i\leqslant n)$.

设 G 为 $X_0,\cdots,X_n$ 的 d 次齐次多项式. 对任意开集 $U\subset X$, 令 $\mathcal{F}(U)$ 为 $\{F/G|F\in\Sigma_d\}$ 在 $K(X)$ 中生成的 $O_X(U)$-子模 (即所有 F/G 以 $O_X(U)$ 的元为系数的有限线性组合), 则所有 $\mathcal{F}(U)$ 合起来也给出 X 上的一个层. 对任意 U 有 $O_X(U)$-模同构

$$(G/I_0^d)\cdot:\mathcal{F}(U)\xrightarrow{\simeq}O_X(d)(U) \tag{2.3.3}$$

它们合起来给出一个层的可逆同态 $\mathcal{F}\to O_X(d)$, 即层的 *同构*. 因此，在同构的意义下，我们可以把 $O_X(d)$ 看做 “ d 次齐次形的层”，例如 $O_X(1)$ 由 $X_0,\cdots,X_n$ “生成”，且生成元满足关系 $X_j=x_{ij}X_i$ $(0\leqslant i,j\leqslant n)$ (这有些费解，在对层有更多的了解后才会完全明白).

在上面的几个例子中，每个 $\mathcal{F}(U)$ 都是 $O_X(U)$-模，它们称为 “ O_X-模层”. 下面是 O_X-模层的另一个例子.

例 2.3.2 设 X 为 k 上的代数簇， $Y\subset X$ 为局部闭子集. 对任一开集 $U\subset X$, $O_X(U)$ 中的函数可以限制在 U 的局部闭子集 $U\cap Y$ 上，这样就有一个限制映射 $q_U: O_X(U)\to O_Y(U\cap Y)$. 易见 q_U 是 k-代数同态，故 $\mathcal{I}_Y(U)=\ker(q_U)$ 是 $O_X(U)$ 的理想. 不难验证所有 $\mathcal{I}_Y(U)$ 组成一个 O_X-模层 $\mathcal{I}_Y$, 称为 Y 的 *理想层* (注意 $\mathcal{I}_Y$ 是 O_X 的子层).

在一般情形，一个代数集 X 上的 (阿贝尔群) 层 $\mathcal{F}$ 是这样定义的：首先，对每个开集 $U\subset X$ 有一个阿贝尔 (加法) 群 $\mathcal{F}(U)$；其次，对任两个开子集 $U'\subset U\subset X$ 有一个阿贝尔群同态 $\rho_{UU'}: \mathcal{F}(U)\to\mathcal{F}(U')$, 使得 (2.3.1) 对任意三个开子集 $U''\subset U'\subset U$

成立；再次，对 X 的任一开子集 U 及其任一开覆盖 $\{U_i|i\in I\}$ (即 $U=\bigcup_{i\in I}U_i$) 有正合列

$$0\to\mathcal{F}(U)\xrightarrow{f}\prod_{i\in I}\mathcal{F}(U_i)\xrightarrow{g}\prod_{i,j\in I}\mathcal{F}(U_i\cap U_j) \tag{2.3.4}$$

其中，$g(\prod_{i\in I}s_i)=\prod_{i,j\in I}(\rho_{U_i(U_i\cap U_j)}(s_i)-\rho_{U_j(U_i\cap U_j)}(s_j))$, $f(s)=\prod_{i\in I}\rho_{UU_i}(s)$.

对任意两个开子集 $U'\subset U$ 及任意 $s\in\mathcal{F}(U)$, 我们常记 $s|_{U'}=\rho_{UU'}(s)$.(2.3.4) 的正合性可以这样理解：

i) 对任意 $s\in\mathcal{F}(U)$, 若 $s|_{U_i}=0$ $(\forall i\in I)$, 则 $s=0$；

ii) 对任意一组 $s_i\in\mathcal{F}(U_i)$ $(\forall i\in I)$, 若 $s_i|_{U_i\cap U_j}=s_j|_{U_i\cap U_j}$ $(\forall i,j\in I)$, 则存在 $s\in\mathcal{F}(U)$ 使得 $s|_{U_i}=s_i$ $(\forall i\in I)$.

$\mathcal{F}(U)$ 也常记为 $\Gamma(U,\mathcal{F})$, 它的元称为 $\mathcal{F}$ 在 U 上的 *截口*, 特别地，$\Gamma(X,\mathcal{F})$ 的元称为 $\mathcal{F}$ 的 *整体截口*.

对任一点 $x\in X$, 令

$$\mathcal{F}_x=\varinjlim_{\text{开集}U\ni x}\mathcal{F}(U) \tag{2.3.5}$$

(它可以看做 $\mathcal{F}$ 的在 x 附近有定义的局部截口全体的集合), 称为 $\mathcal{F}$ 在点 x 的 *茎*. 特别地，若 $\mathcal{F}=\mathcal{O}_X$, 则它在一点 x 的茎 $\mathcal{O}_{X,x}$ 可以这样给出：任取一个包含 x 的仿射开子集 $U\subset X$, 令 R 为 U 的函数环，则 x 对应于 R 的一个极大理想 P, 易见 $\mathcal{O}_{X,x}\cong R_P$. 注意它是局部环，记它的极大理想为 $m_x=PR_P$, 而 $\mathcal{O}_{X,x}/m_x\cong k$.

如果每个 $\mathcal{F}(U)$ 是 $\mathcal{O}_X(U)$-模，且每个 $\rho_{UU'}$ 是 $\mathcal{O}_X(U)$-模同态，则我们说 $\mathcal{F}$ 是 *$\mathcal{O}_X$-模层*. 此时对任一点 $x\in X$, $\mathcal{F}_x$ 是 $\mathcal{O}_{X,x}$-模. 对任意一个子集 $S\in\Gamma(X,\mathcal{F})$, $\mathcal{F}$ 中包含 S 的最小子模层称为 S *生成的* 子模层. 特别地，若 S 生成的子模层为 $\mathcal{F}$, 则称 S *生成* $\mathcal{F}$. 例如对 $X=\mathbb{P}_k^n$, $\mathcal{O}_X(1)$ 由 $X_0,\cdots,X_n$ 生成.

设 $\mathcal{F},\mathcal{G}$ 为 X 上的两个层，则从 $\mathcal{F}$ 到 $\mathcal{G}$ 的一个 *同态* ϕ 是指对每个开集 $U\subset X$ 有一个阿贝尔群同态 ϕ_U: $\mathcal{F}(U)\to\mathcal{G}(U)$, 使得对任两个开子集 $U'\subset U\subset X$ 下图交换

$$\begin{array}{ccc}\mathcal{F}(U) & \xrightarrow{\phi_U} & \mathcal{G}(U)\\ \downarrow{\scriptstyle\rho_{UU'}} & & \downarrow{\scriptstyle\rho_{UU'}}\\ \mathcal{F}(U') & \xrightarrow{\phi_{U'}} & \mathcal{G}(U')\end{array} \tag{2.3.6}$$

可逆的同态称为 *同构*.

设 $\phi: \mathcal{F} \to \mathcal{G}$ 为层同态. 对每个开集 $U \subset X$ 令 $\mathcal{K}(U) = \ker(\phi_U)$, 则易见所有 $\mathcal{K}(U)$ 及所有 $\rho_{UU'}$ 在 $\mathcal{K}(U)$ 上的限制组成 $\mathcal{F}$ 的一个子层 $\mathcal{K}$, 称为 ϕ 的 *核*, 记为 $\ker(\phi)$.

设 X, Y 为 k 上的代数集, $f: X \to Y$ 为态射. 设 $\mathcal{F}$ 为 X 上的层. 对任意开集 $U \subset Y$, 令 $f_*\mathcal{F}(U) = \mathcal{F}(f^{-1}(U))$ (注意 $f^{-1}(U)$ 为 X 的开子集), 不难验证所有 $f_*\mathcal{F}(U)$ 组成 Y 上的一个层 $f_*\mathcal{F}$. 注意任意开集 $U \subset Y$ 上的任一函数 g 给出 $f^{-1}(U)$ 上的一个函数 $g \circ f$, 这就给出一个映射 $O_Y(U) \to O_X(f^{-1}(U)) = f_*O_X(U)$, 它显然是环同态, 所有这些环同态合起来给出一个层同态 $f^{\#}: O_Y \to f_*O_X$ (注意: 不能写成 $O_Y \to O_X$, 因为 O_Y 和 O_X 是两个 **不同的** 代数集上的层, 它们之间的同态是没有意义的).

在例 2.3.1 中, 我们看到 $O_X(d)$ 和 O_X 在每个 U_i 上的限制是同构的 (因为有 $O_X(U_i)$-模同构 $O_X(U_i) \to O_X(d)(U_i)$, 将 1 映到 x_{i0}^{-d}). 在一般情形, 一个 O_X-模层 $\mathcal{F}$ 称为 *可逆层*, 如果它局部同构于 O_X, 换言之, 存在 X 的开覆盖 $\{U_i|i \in I\}$, 使得 $\mathcal{F}$ 与 O_X 在每个 U_i 上的限制都同构. 对任两个 $i, j \in I$, 我们有同构 $\phi_i: \mathcal{F}\big|_{U_i} \to O_X\big|_{U_i}$ 和 $\phi_j: \mathcal{F}\big|_{U_j} \to O_X\big|_{U_j}$, 从而在 $U_i \cap U_j$ 上就有一个 $O_X\big|_{U_i \cap U_j}$ 的自同构 $\phi_j \circ \phi_i^{-1}$. 注意对任意开集 U, $O_X\big|_U$ 的自同构只能由乘以一个 $O_X(U)$ 的可逆元得到. 设在 $U_i \cap U_j$ 上 $\phi_j \circ \phi_i^{-1}$ 由乘以 a_{ij} 给出 ($\forall i, j \in I$), 则对任意 $i, j, l \in I$, 在 $O_X(U_i \cap U_j \cap U_l)$ 中有

$$a_{ij} a_{jl} = a_{il} \tag{2.3.7}$$

(这是因为 $(\phi_l \circ \phi_j^{-1}) \circ (\phi_j \circ \phi_i^{-1}) = \phi_l \circ \phi_i^{-1}$, 这里我们简记 $a_{ij}\big|_{U_i \cap U_j \cap U_l}$ 为 a_{ij}, 等等). 反之, 若 X 有一个开覆盖 $\{U_i|i \in I\}$, 且对每两个 $i, j \in I$ 给定 $O_X(U_i \cap U_j)$ 的一个可逆元 a_{ij}, 使得 (2.3.7) 对任意 $i, j, l \in I$ 成立, 则由此定义了 X 上的一个可逆层.

更一般地, 一个 O_X-模层 $\mathcal{F}$ 称为秩 n 的 *局部自由层*, 如果它局部同构于 O_X^n, 换言之, 存在 X 的开覆盖 $\{U_i|i \in I\}$, 使得 $\mathcal{F}$ 与 O_X^n 在每个 U_i 上的限制都同构. 对任两个 $i, j \in I$, 我们有同构 $\phi_i: \mathcal{F}\big|_{U_i} \to O_X^n\big|_{U_i}$ 和 $\phi_j: \mathcal{F}\big|_{U_j} \to O_X^n\big|_{U_j}$, 从而在 $U_i \cap U_j$ 上就有一个 $O_X^n\big|_{U_i \cap U_j}$ 的自同构 $\phi_j \circ \phi_i^{-1}$. 注意对任意开集 U, $O_X^n\big|_U$ 的自同构由一个系数在 $O_X(U)$ 中的可逆 $n \times n$ 矩阵给出. 设在 $U_i \cap U_j$ 上 $\phi_j \circ \phi_i^{-1}$ 由矩阵 A_{ij} 给出 ($\forall i, j \in I$), 则对任意 $i, j, l \in I$, 在 $O_X(U_i \cap U_j \cap U_l)$ 上有

$$A_{ij} A_{jl} = A_{il} \tag{2.3.8}$$

(参看上面可逆层的情形). 反之, 若 X 有一个开覆盖 $\{U_i|i \in I\}$, 且对每两个 $i, j \in I$

给定一个系数在 $O_X(U_i\cap U_j)$ 中的可逆 $n\times n$ 矩阵 A_{ij}, 使得 (2.3.8) 对任意 $i,j,l\in I$ 成立, 则由此定义了 X 上的一个秩 n 局部自由层.

设 $f\colon Y\to X$ 为态射, $\mathcal{L}$ 为 X 上的秩 n 局部自由层. 取 X 的开覆盖 $\{U_i|i\in I\}$ 使得 $\mathcal{L}\big|_{U_i}\cong O_X^n|_{U_i}$ $(\forall i\in I)$, 则由上所述 $\mathcal{L}$ 由一组 $O_X(U_i\cap U_j)$ 上的可逆矩阵 A_{ij} $(\forall i,j\in I)$ 给出, 而且对任意 $i,j,l\in I$ 有关系式 (2.3.8). 对任意 $i,j\in I$, 同态 $f^{\#}\colon O_X\to f_*O_Y$ 将 A_{ij} 映成 $O_Y(f^{-1}(U_i\cap U_j))$ 上的可逆矩阵, 记为 B_{ij}. 显然对任意 $i,j,l\in I$ 有 $B_{ij}B_{jl}=B_{il}$. 注意所有 $f^{-1}(U_i)$ 组成 Y 的一个开覆盖, 故所有 B_{ij} 合起来给出 Y 上的一个秩 n 局部自由层, 称为 $\mathcal{L}$ 在 Y 上的*拉回*, 记为 $f^*\mathcal{L}$. 特别地, 若 $\mathcal{F}$ 为 X 上的可逆层, 则 $f^*\mathcal{L}$ 为 Y 上的可逆层, 例如若 $X=\mathbb{P}_k^n$, 则 Y 上有可逆层 $f^*O_X(d)$. 在下一节我们将看到拉回的更一般情形.

引理 2.3.1　设 $X=\mathbb{P}_k^n$, Y 为 k 上的拟设影代数集, $\mathcal{L}$ 为 Y 上的可逆层, 则给出一个态射 $f\colon Y\to X$ 使得 $f^*O_X(1)\cong\mathcal{L}$ 等价于给出 $\mathcal{L}$ 的一组生成元 $s_0,\cdots,s_n\in\Gamma(Y,\mathcal{L})$.

证明见下节引理 2.4.4.

2.4　概形 *

我们注意上面的定义已经将通常的空间概念大大推广了, 特别是允许有幂零函数, 所以一个函数并不一定能由其在各点的值决定. 我们后面 (例 4.4.4.v)) 将看到, 引进幂零函数的原因并非纯粹技术性的, 而是确实给出了新的很有意义的几何对象. 为了避免与通常的空间概念混淆, 我们引入*概形*的概念.

为了定义概形, 我们先来复习并加深层的概念 (参见文献 [12] 例 XII.1.1).

定义 2.4.1　一个拓扑空间 T 上的一个*阿贝尔群预层* (简称*预层*) $\mathcal{F}$ 是指对每个开集 $U\subset T$ 给定一个阿贝尔群 $\mathcal{F}(U)$, 以及对任两个开集 $U'\subset U\subset T$ 给定群同态 (“限制映射”) $\rho_{UU'}\colon\mathcal{F}(U)\to\mathcal{F}(U')$ (常记 $\rho_{UU'}(s)=s\big|_{U'}$), 满足 “相容性条件”: 对任意三个开集 $U''\subset U'\subset U\subset T$ 有

$$\rho_{UU''}=\rho_{U'U''}\circ\rho_{UU'}\tag{2.4.1}$$

* 本节的内容是对前三节若干概念的推广和加深. 如同 1.3 节, 对代数几何仅希望作一般了解的读者可略过, 初次阅读时若有困难亦可暂时略过.

$\mathcal{F}(U)$ 中的元称作 $\mathcal{F}$ 在 U 上的*截口*, 有时也将 $\mathcal{F}(U)$ 记为 $\Gamma(U,\mathcal{F})$. 对任一点 $s \in S$, 定义 $\mathcal{F}$ 在 s 点的茎$\mathcal{F}_s = \varinjlim_{\text{开集}U\ni s} \mathcal{F}(U)$ (它可以看做 $\mathcal{F}$ 的在 s 附近有定义的局部截口全体的集合, 关于直极限可参看文献 [12] 例XI.2.1.iii)). 若 $\mathcal{F},\mathcal{G}$ 为 T 上的两个预层, 一个从 $\mathcal{F}$ 到 $\mathcal{G}$ 的*同态* f 是指一族群同态 $f_U: \mathcal{F}(U) \to \mathcal{G}(U)$, 使得对任意开子集 $U' \to U$, 相容性条件 $f_{U'} \circ \rho_{UU'} = \rho_{UU'} \circ f_U$ 成立.

一个预层 $\mathcal{F}$ 称为*层*, 如果对任意开集 $U \subset T$ 及 U 的任一开覆盖 $\{U_i|i \in I\}$, $\mathcal{F}$ 还满足条件

i) 对任意 $s \in \mathcal{F}(U)$, 若 $s\big|_{U_i} = 0$ $(\forall i \in I)$, 则 $s = 0$;

ii) 对任意一组 $s_i \in \mathcal{F}(U_i)$ $(\forall i \in I)$, 若 $s_i\big|_{U_i\cap U_j} = s_j\big|_{U_i\cap U_j}$ $(\forall i,j \in I)$, 则存在 $s \in \mathcal{F}(U)$ 使得 $s\big|_{U_i} = s_i$ $(\forall i \in I)$.

用范畴的语言说, 若将拓扑空间 T 看做一个小范畴, 则 T 上的一个预层就是 T 到阿贝尔群范畴的一个反变函子 (参见 5.2 节). 另一方面, 层的条件 i), ii) 可以表述为: 对任一开集 $U \subset T$ 及其任一开覆盖 $\{U_i|i \in I\}$ 有正合列

$$0 \to \mathcal{F}(U) \xrightarrow{f} \prod_{i\in I} \mathcal{F}(U_i) \xrightarrow{g} \prod_{i,j\in I} \mathcal{F}(U_i \cap U_j) \tag{2.4.2}$$

其中, $g(\prod_{i\in I} s_i) = \prod_{i,j\in I} (\rho_{U_i(U_i\cap U_j)}(s_i) - \rho_{U_j(U_i\cap U_j)}(s_j))$, $f(s) = \prod_{i\in I} \rho_{UU_i}(s)$.

对任意预层 $\mathcal{F}$, 我们可以构造一个典范的*伴随层* $\mathcal{F}^+$ 如下: 对任一开集 U, 令 $\Phi(U) = \prod_{x\in U} \mathcal{F}_x$, 则不难看出 Φ 是一个层. 令 $\mathcal{F}^+(U)$ 为 $\Phi(U)$ 中局部常值截口全体组成的子集 (即 $\mathcal{F}^+(U) = \{s \in \Phi(U)|$ 存在 U 的开覆盖 $\{U_i|i \in I\}$ 及 $s_i \in \mathcal{F}(U_i)$ $(i \in I)$ 使得对任意 $x \in U_i$ 有 $s_x = (s_i)_x\}$). 不难验证 $\mathcal{F}^+$ 是一个层, 且存在同态 $\theta: \mathcal{F} \to \mathcal{F}^+$, 在任意 $x \in T$ 上 θ 诱导同构 $\mathcal{F}_x \cong \mathcal{F}^+_x$. (注意为构造 $\mathcal{F}^+$ 只需要在 T 的一个拓扑基 $\{U_i|i \in I\}$ 上给出所有 $\mathcal{F}(U_i)$ 即可.) 易见若 $\mathcal{F}$ 是层则 θ 是同构, 故 $\mathcal{F}^+$ 具有如下性质: 对 T 上的任意层 $\mathcal{G}$ 及任一同态 $\phi: \mathcal{F} \to \mathcal{G}$, 存在惟一同态 $\psi: \mathcal{F}^+ \to \mathcal{G}$ 使得 $\phi = \psi \circ \theta$ (因 ϕ 诱导 $\psi: \mathcal{F}^+ \to \mathcal{G}^+ \cong \mathcal{G}$).

若 $\phi: \mathcal{F} \to \mathcal{G}$ 是阿贝尔群层的同态, 则易见所有 $\ker(\phi_U)$ 组成一个层, 记为 $\ker(\phi)$; 但所有 $\operatorname{coker}(\phi_U)$ 组成的预层 $\mathcal{H}$ 未必是层, 我们定义 $\operatorname{coker}(\phi) = \mathcal{H}^+$. 不难验证 (习题 11) T 上的一个阿贝尔群层的同态列 $0 \to \mathcal{F} \to \mathcal{G} \to \mathcal{H} \to 0$ 为正合 (即 $\mathcal{F} \cong \ker(\mathcal{G} \to \mathcal{H})$, 而 $\mathcal{H} \cong \operatorname{coker}(\mathcal{F} \to \mathcal{G})$) 当且仅当对任一 $x \in T$, $0 \to \mathcal{F}_x \to \mathcal{G}_x \to \mathcal{H}_x \to 0$ 正合; 此时有正合列 $0 \to \Gamma(T,\mathcal{F}) \to \Gamma(T,\mathcal{G}) \to \Gamma(T,\mathcal{H})$,

用范畴的语言说 Γ 是 "左正合函子" (参见文献 [12] p.106), 但 Γ 一般不是右正合的 (即 $\Gamma(T,\mathcal{G}) \to \Gamma(T,\mathcal{H})$ 不一定是满射).

设 $f\colon X \to Y$ 为拓扑空间的连续映射, $\mathcal{F}$ 为 X 上的层, 则易见 f 诱导一个 Y 上的层 $f_*\mathcal{F}$, 它的定义是对每个开集 $U \subset Y$, $f_*\mathcal{F}(U) = \mathcal{F}(f^{-1}(U))$.

引理 2.4.1　设 R 为环, $S = \mathrm{Spec}R$ (有关谱的记号参见 1.3 节), M 为 R-模, 则存在 S 上的层 $\tilde{M}$, 使得对任意 $a \in R$ 有 $\tilde{M}(S_a) \cong M_a$.

证　对任意 $a \in R$ 令 $\mathcal{F}(S_a) = R_a$. 若 $U = S_a \supset S_b = U'$, 则 $V(a) \subset V(b)$, 故 $b \in \sqrt{(a)}$, 即存在正整数 n 使得 $c = b^n \in (a)$, 从而 $R_b = R_c$ 是 R_a 的局部化. 令 $\rho_{UU'}\colon M_a \to M_b$ 为典范同态, 显然 (2.4.1) 对任意三个形如 S_a 的开子集 $U'' \subset U' \subset U$ 成立. 由于所有 S_a 组成一个拓扑基, 由上面伴随层的构造可从所有 $\mathcal{F}(S_a)$ 得到一个层 $\tilde{M}$. 我们来验证 $\tilde{M}(S_a) \cong M_a$ $(\forall a \in R)$, 换言之对 S_a 的任一开覆盖 $\{U_i = S_{a_i} | i \in I\}$ 及任一组 $\{m_i \in M_{a_i} | i \in I\}$ 使得 $m_i|_{U_i \cap U_j} = m_j|_{U_i \cap U_j}$ $(\forall i, j \in I$, 注意 $U_i \cap U_j = S_{a_i a_j})$, 存在惟一 $m \in M_a$ 使得 $m|_{U_i} = m_i$ $(\forall i \in I)$. 由上所述所有 M_{a_i} 都是 R_a-模, 而所有开集 U_i 都在 $S_a = \mathrm{Spec}(R_a)$ 中, 故不妨取 R_a 代替 R, 即设 $R_a = R$.

$\{U_i | i \in I\}$ 为 S 的一个开覆盖等价于没有一个素理想 $p \subset S$ 包含所有的 a_i, 换言之所有 a_i 生成 R 的单位理想. 故存在一个有限和 $\sum\limits_{i \in J} c_i a_i = 1$ $(c_i \in R)$, 其中 $J \subset I$ 为有限集. 由此可见 $\{U_i | i \in J\}$ 为 R 的开覆盖, 故不妨设 I 为有限集. 对每一 $i \in I$ 可取 $s_i \in M$ 及正整数 r 使得 $m_i = a_i^{-r} s_i$, 不妨对所有 i 取相同的 r. 由所有 m_i 的相容性 (即 $m_i|_{U_i \cap U_j} = m_j|_{U_i \cap U_j}$), 可取 t (足够大) 及 s_i $(\forall i \in I)$ 使得

$$(a_i a_j)^t (a_j^r s_i - a_i^r s_j) = 0 \qquad (\forall i, j) \tag{2.4.3}$$

将每个 m_i 重新表为 $m_i = a_i^{-r-t}(a_i^t s_i)$, 改记 $a_i^t s_i$ 为 s_i, $r + t$ 为 r, 则 (2.4.3) 改为

$$a_j^r s_i = a_i^r s_j \qquad (\forall i, j) \tag{2.4.4}$$

由于 R 中没有一个素理想 p 包含所有 a_i^r, 所有 a_i^r 生成 R 的单位理想, 故可取 $c_i \in R$ 使得 $\sum\limits_{i \in I} c_i a_i^r = 1$. 令 $m = \sum\limits_{i \in I} c_i s_i$, 则有

$$a_i^r m = \sum_{j \in I} c_j a_i^r s_j = \sum_{j \in I} c_j a_j^r s_i = s_i \tag{2.4.5}$$

故 m 在 R_{a_i} 中的象为 $a_i^{-r}s_i = m_i$.

若 $m' \in M$ 满足 $m'|_{U_i} = 0\ (\forall i \in I)$, 则可取 r 使得 $a_i^r m' = 0\ (\forall i \in I)$, 像上面那样取 $c_i \in R$ 使得 $\sum\limits_{i\in I} c_i a_i^r = 1$, 则得 $m' = \sum\limits_{i\in I} c_i a_i^r m' = 0$. 由此可知上面的 m 是惟一的. 证毕.

特别地, 若 $M = R$, 我们记 $\tilde{R} = O_S$, 称为 S 的 *结构层*. 称 (S, O_S) (或 S) 为一个 *仿射概形*.

注 2.4.1 由引理 2.4.1 的证明可见, 一个仿射概形的任一开覆盖必有有限的子覆盖, 所以我们说仿射概形是 *拟紧的*, 但不说它是紧致的, 因为察理斯基拓扑只满足很弱的分离性公理 (甚至不满足 T_1 公理), 在察理斯基拓扑下的 (与通常的定义一致的) 紧致性需要另想办法定义.

若 $X = \mathrm{Spec}A$ 为另一个谱而 $f: X \to S$ 为态射 (由一个环同态 $R \to A$ 诱导), 则由层的定义易见 f 诱导一个 S 上的环层同态 $f^{\#}: O_S \to f_*O_X$.

定义 2.4.2 设 X 是一个拓扑空间, 带有一个环层 O_X. 若有 X 的一个开覆盖 $\{U_i | i \in I\}$ 使得每个 $(U_i, O_X|_{U_i})$ 同构于一个仿射概形, 则称 X 为 *概形*. 设 (Y, O_Y) 为另一个概形, 则一个从 (Y, O_Y) 到 (X, O_X) 的 *态射* 是指一个拓扑空间的连续映射 $f: Y \to X$ 及一个环层同态 $f^{\#}: O_X \to f_*O_Y$, 使得存在 X 的仿射开覆盖 $\{X_i | i \in I\}$ 和 Y 的仿射开覆盖 $\{Y_i | i \in I\}$, f 将每个 Y_i 映到 X_i, 且 $(f, f^{\#})$ 在 (Y_i, O_{Y_i}) 上的限制给出仿射概形的态射 $(Y_i, O_{Y_i}) \to (X_i, O_{X_i})$.

对任意开集 $U \subset X$, $O_X(U)$ 可以看做在 U 上有定义的代数函数全体组成的环. 而 O_X 在一点 $x \in X$ 的茎 $O_{X,x}$ 可以看做在 $x \in X$ 附近的局部函数环, 注意它是一个局部环.

由引理 2.4.1 (及结构层的定义) 易得:

推论 2.4.1 设 X, Y 为概形, 其中 Y 是仿射的, 则一个态射 $X \to Y$ 等价于一个环同态 $\Gamma(Y, O_Y) \to \Gamma(X, O_X)$. 特别地, 对于仿射概形, 概形态射的定义与谱态射的定义一致.

注 2.4.2 设 X, Y 为概形, $\{U_i | i \in I\}$ 为 X 的一个开覆盖, $f_i: U_i \to Y$

$(\forall i \in I)$ 为态射使得对任意 $i, j \in I$, $f_i|_{U_i \cap U_j} = f_j|_{U_i \cap U_j}$(换言之所有 f_i 是相容的), 则由概形的定义不难验证存在惟一态射 $f\colon X \to Y$ 使得 $f|_{U_i} = f_i\ (\forall i \in I)$.(首先由点集拓扑的讨论可由所有 f_i 得到一个连续映射 $f\colon X \to Y$, 然后由层的定义易见所有 $f_i^{\#}\colon O_Y \to f_{i*}O_{U_i}$ 合起来给出一个层同态 $f^{\#}\colon O_Y \to f_* O_X$.)

例 2.4.1　设 R 为环, $S = \mathrm{Spec}R$, 我们可以仿照 2.1 节的方法建立 S 上的射影概形 $\mathbb{P}_S^n$ 如下: 对 $i = 0, \cdots, n$ 令 $A_i = R[x_{ij} | 0 \leqslant j \leqslant n, j \neq i]$, 其中 x_{ij} 为独立变元, 并记 $x_{ii} = 1$. 令 $U_i = \mathrm{Spec}(A_i)$. 对任意 $j \neq i$, 令 $U_{ij} = (U_i)_{x_{ij}} = \mathrm{Spec}(A_i[x_{ij}^{-1}])$, 则所有 U_{ij} 组成 U_i 的一个察里斯基开覆盖. 通过同构

$$A_i[x_{ij}^{-1}] \to A_j[x_{ji}^{-1}]$$

$$x_{ij} \mapsto x_{ji}^{-1},\ x_{ik} \mapsto x_{jk}x_{ji}^{-1}\ \ (k \neq i, j)$$

将 $U_{ij} \subset U_i$ 与 $U_{ji} \subset U_j$ 等同起来, 这样这些谱 $U_i\ (0 \leqslant i \leqslant n)$ 就 "粘" 成了一个拓扑空间, 记为 $\mathbb{P}_R^n$ 或 $\mathbb{P}_S^n$ (若 R 为代数闭域 k, 这里 $\mathbb{P}_k^n$ 的意义与 2.1 节有所不同, 它包含 A_i 的所有素理想而不仅是极大理想, 参见 1.3 节).

如同 2.1 节那样, 我们还可以用另一种方法建立 $\mathbb{P}_R^n$. 令 $A = R[X_0, \cdots, X_n]$, 考虑 A 的所有不包含 $(X_0, \cdots, X_n)$ 的分次素理想, 它们组成的集合记为 $\mathbf{Proj}(A)$. 对任一分次理想 $I \subset A$, 记 $V(I) = \{P \in \mathbf{Proj}(A) | P \supset I\}$, 并称以这些 $V(I)$ 为闭集的拓扑为察里斯基拓扑. 记 $V(I)$ 的余集为 $U(I)$, 且对任意齐次多项式 $f \neq 0 \in A$ 记 $V(I)_f = V(I) \cap U(f)$. 于是和 2.1 节一样可以建立同胚 $U_i \to U(X_i)\ (0 \leqslant i \leqslant n)$, 它们合起来将 $\mathbf{Proj}(A)$ 和上面定义的 $\mathbb{P}_R^n$ 等同起来. 和 2.1 节一样, 对任意分次理想 $I \subset A$ 可以给出 $V(I)$ 的几何结构 $\mathbf{Proj}(A/I)$, 称为 R 上的一个 *射影概形*. 称射影概形的 (察里斯基) 开子概形为 *拟射影概形*. 注意 $\mathbf{Proj}(A)$ 中的拟射影概形作为子集是 *局部闭的*, 即为开集和闭集的交.

注 2.4.3　对任意分次环 B 可以仿照上面的方法定义一个概形 $\mathbf{Proj}(B)$.

一个概形称为 *诺特的*, 如果它有一个由诺特环的谱组成的有限开覆盖. 对概形也可以使用 "闭子概形"、"闭嵌入" 等术语, 以及 "约化的"、"几何整的"、"维数"、K-点 (K 为域) 等术语, 因为约化性等是局部性质 (参见 1.3 节). 例如, $\mathbb{P}_K^n$ 的 K-点组成射影空间 P_K^n (见 2.1 节的记号), 而 $\mathbb{P}_{\mathbb{C}}^n$ 的闭点可以看做 $\mathbb{P}_{\mathbb{Q}}^n$ 的 $\mathbb{C}$-点.

注意若态射 $f\colon X\to Y$ 为集合的单射且 $f(X)\subset Y$ 为闭集，则 f 为闭嵌入当且仅当 $f^{\#}\colon O_Y\to f_*O_X$ 为满同态.

例 2.4.2 令 $f\colon\mathbb{P}^1_{\mathbb{Q}}\to\mathbb{P}^2_{\mathbb{Q}}$ 为二重嵌入 (即 $(a_0,a_1)\mapsto(a_0^2,a_0a_1,a_1^2)$, 见例 2.2.3). 通过适当的 ($\mathbb{Q}$ 上的) 线性变换，不妨设 f 的象是由方程

$$Z_0^2+Z_1^2=Z_2^2 \tag{2.4.6}$$

定义的二次曲线，故 $\mathbb{P}^1_{\mathbb{Q}}$ 与曲线 (2.4.6) 在 $\mathbb{Q}$ 上同构，特别地 f 给出 $\mathbb{P}^1_{\mathbb{Q}}$ 的有理点 (即 $\mathbb{Q}$-点) 到曲线 (2.4.6) 的有理点的一一对应. 由此即可得到不定方程 $x^2+y^2=z^2$ 的所有有理数解. 实际上二次不定方程的有理解都可以这样得出 (见例 4.4.1).

如果固定一个“基”概形 S, 则一个 *S-概形* 是指一个概形 X 连同一个态射 $\pi\colon X\to S$. 若 (X,π_X) 和 (Y,π_Y) 是两个 S-概形，则从 (X,π_X) 到 (Y,π_Y) 的一个 *S-态射* 是指一个态射 $f\colon X\to Y$ 使得 $\pi_Y\circ f=\pi_X$. 我们经常固定一个基 S 而考虑所有 S 上的概形及所有 S-态射. 这种所谓“相对性原则”主要是出于纤维丛和数论等方面的需要.

在 1.3 节中我们看到谱的纤维积, 对概形也可以定义纤维积 (亦称“拉回”)：设 (X,π_X) 和 (Y,π_Y) 为 S-概形，分别取 X,Y,S 的仿射开覆盖 $\{X_i|i\in I\}$, $\{Y_i|i\in I\}$, $\{S_i|i\in I\}$ 使得 $\pi_X(X_i)\subset S_i$, $\pi_Y(Y_i)\subset S_i$ $(\forall i\in I)$, 则所有 $X_i\times_{S_i}Y_i$ “粘”成一个概形 $X\times_SY$, 具有投射 $\mathrm{pr}_1\colon X\times_SY\to X$ 和 $\mathrm{pr}_2\colon X\times_SY\to Y$, 满足 $\pi_X\circ\mathrm{pr}_1=\pi_Y\circ\mathrm{pr}_2$, 且有下面的性质:

(*) 对概形的任意态射 $\phi_1\colon Z\to X$ 和 $\phi_2\colon Z\to Y$, 若 $\pi_X\circ\phi_1=\pi_Y\circ\phi_2$, 则存在惟一态射 $\phi\colon Z\to X\times_SY$ 使得 $\phi_1=\mathrm{pr}_1\circ\phi$, $\phi_2=\mathrm{pr}_2\circ\phi$.

我们常记 $\phi=(\phi_1,\phi_2)$. 特别地，若 $X=Y=Z$, $f=g$ 且 $\phi_1=\phi_2=\mathrm{id}_X$ (即单位态射 $X\to X$), 则 $\phi\colon X\to X\times_SX$ 称为*对角态射*, 记为 Δ .

如果 Δ 是闭嵌入，则称 π_X 是*分离的*, 我们一般只研究分离态射. (若拓扑空间的积都带有积拓扑，则对角映射为闭嵌入就等价于豪斯道夫分离性公理 (T_2 公理). 但对于察里斯基拓扑， $X\times Y$ 的拓扑一般不是 X 与 Y 的拓扑的积. 事实上, 察里斯基拓扑连公理 T_1 也不满足. 但通过假定 Δ 为闭嵌入，可以把公理 T_2 变相地加到概形中，所以我们把它称作分离性公理.)

若 π_Y 是分离的而 $f\colon X\to Y$ 是 S-态射，则 $(\mathrm{id}_X,f)\colon X\to X\times_SY$ 为闭嵌入,

因为 (易见) 下图是拉回

$$\begin{array}{ccc} X & \xrightarrow{(\mathrm{id}_X,f)} & X\times_S Y \\ \downarrow{\scriptstyle f} & & \downarrow{\scriptstyle f\times_S \mathrm{id}_Y} \\ Y & \xrightarrow{\Delta} & Y\times_S Y \end{array} \tag{2.4.7}$$

而闭嵌入经过基变换仍是闭嵌入 (习题 8.iii)). 称 (id_X, f) (或其象 Γ_f) 为 f 的 *图*.

例 2.4.3　易见对任意 $S = \mathrm{Spec}(R)$ 有 $\mathbb{P}^n_{\mathbb{Z}} \times S \cong \mathbb{P}^n_S$.

仿照 2.1 节的方法，我们可以用塞格莱嵌入来定义 $\mathbb{P}^n_S$ 和 $\mathbb{P}^m_S$ 在 S 上的纤维积，从而得到闭嵌入 $\mathbb{P}^n_S \times_S \mathbb{P}^m_S \hookrightarrow \mathbb{P}^{mn+m+n}_S$.

设 $f\colon X \to S$ 为概形态射. 对 S 的任一子概形 T, $X \times_S T$ 作为集合与 $f^{-1}(T)$ 一致，故我们以后将 $X \times_S T$ 看做 $f^{-1}(T)$ 的概形结构. 特别地，对任一点 $s \in S$, 任取 s 的一个仿射开邻域 $U = \mathrm{Spec}(R) \subset S$, 则 s 对应于 R 的一个素理想 P. 令 $\kappa(s) = R_P/PR_P$, 则可将 $\kappa(s)$ 看做 S 的函数在 s 点的取值组成的域，易见它与 U 的取法无关，且有诱导态射 $i_s\colon \mathrm{Spec}(\kappa(s)) \to S$, 故我们可将 $\mathrm{Spec}(\kappa(s))$ 看做子集 $\{s\} \subset S$ 的概形结构，从而将 $f^{-1}(s)$ 与 $X_s = X \times_S \mathrm{Spec}(\kappa(s))$ 等同起来，称为 X (或 f) 在 s 上的 *纤维* (注意这与 1.3 节中纤维的定义一致).

定义 2.4.3　一个态射 $f\colon X \to Y$ 称为 *仿射的* (*射影的*), 如果对某个 n 存在闭嵌入 $i\colon X \to \mathbb{A}^n_{\mathbb{Z}} \times Y$ ($i\colon X \to \mathbb{P}^n_{\mathbb{Z}} \times Y$) 使得 $f = \mathrm{pr}_2 \circ i$. 不难验证仿射态射和射影态射都是分离的. 如果 f 既是仿射的又是射影的，则称 f 是 *有限的*.

引理 2.4.2　设 $f\colon X \to Y$ 为诺特概形的态射.

i) 若 f 是射影的，则 f 是闭映射.

ii) f 是有限的当且仅当对任意仿射开子概形 $U = \mathrm{Spec}(R) \subset Y$ 有 $X \times_Y U = \mathrm{Spec}(A)$, 其中 A 作为 R-模是有限生成的.

iii) 若 f 是射影的，则 f 是有限的当且仅当任意点 $y \in Y$ 的原象是有限集.

证　i) 由于闭嵌入都是闭映射，不难看出只需证明对任意 $S = \mathrm{Spec}(R)$ (R 为诺特环), 投射 $\rho\colon T = \mathbb{P}^n \times S \to S$ 是闭映射. 为此只需证明对任意 $P \in T$ 及任意 $q \supset p = \rho(P)$ (视为 R 中的素理想), 存在 $Q \in \overline{\{P\}}$ ($\{P\}$ 的闭包) 使得 $\rho(Q) = q$ (参见引理 1.3.1). 令 $A = R[X_0, \cdots, X_n]$, 并将 P 看做 A 中不包含 $(X_0, \cdots, X_n)$ 的分

次素理想, 则有 $\dim((A/P)_p) > 0$. 注意 $(A/P) \otimes_R \kappa(q) \neq 0$, 因为 $(X_0, \cdots, X_n)$ 在 $(A/P) \otimes_R \kappa(q)$ 中生成一个极大理想. 由 1.3 节 (或参看文献 [12] 推论X.3.2) 可知

$$\dim((A/P) \otimes_R \kappa(q)) \geqslant \dim((A/P)_p) > 0 \tag{2.4.8}$$

故存在包含 $q(R/p)_q$ 的非极大分次素理想 $Q' \subset (A/P)_q$ (参见文献 [12] 习题 IX.7), 而 Q' 在 A 中的原象 $Q \in V(P) = \overline{\{P\}}$ 且 $\rho(Q) = q$.

ii) 必要性: 不妨设 $Y = \mathrm{Spec}(R)$, $X = \mathrm{Spec}(A)$, 而 f 为一个闭嵌入 $i: X \hookrightarrow \mathbb{A}^n \times Y \cong \mathrm{Spec}(R[x_1, \cdots, x_n])$ 和投射 $\mathbb{A}^n \times Y \to Y$ 的合成 (故有满同态 $R[x_1, \cdots, x_n] \to A$). 将 $\mathbb{A}^n$ 看做 $\mathbb{P}^n$ 的子集 (在 $\mathbb{P}^n$ 中取齐次坐标 $X_0, \cdots, X_n$ 而令 $\mathbb{A}^n$ 为开子集 $X_0 \neq 0$, $x_i = X_i/X_0$ $(1 \leqslant i \leqslant n)$), 则 i 给出嵌入 $i': X \to \mathbb{P}^n_R$. 由于 f 是射影的, 投射 $\mathrm{pr}_2: X \times_Y \mathbb{P}^n_R \to \mathbb{P}^n_R$ 也是射影的 (基变换), 而 i' 的图 $\phi = (\mathrm{id}_X, i'): X \to X \times_Y \mathbb{P}^n_R$ 为闭嵌入, 故 $i' = \mathrm{pr}_2 \circ \phi$ 是射影的, 从而由 i) 可知 i' 是闭嵌入. 设 $i'(X)$ 由分次理想 $I \subset B = R[X_0, \cdots, X_n]$ 给出, 则因 $i'(X)$ 中的点都满足 $X_0 \neq 0$, B 中任一包含 I 和 X_0 的分次素理想必包含 $X_1, \cdots, X_n$. 故存在 $m > 0$ 使得 $X_i^m \in (X_0, I)$ (参见文献 [12] 习题 IX.7), 换言之存在 $c_i \in B$, $b_i \in I$ 使得 $X_i^m = c_i X_0 + b_i$ $(1 \leqslant i \leqslant n)$. 由于 X_i^m 是齐次的, 我们可取 c_i, d_i 为齐次的. 由此可见 A 作为 R-模由所有单项式 $x_1^{i_1}, \cdots, x_n^{i_n}$ $(i_1, \cdots, i_n < m)$ 在 A 中的象生成, 故为有限生成的 R-模.

充分性: 仍不妨设 $Y = \mathrm{Spec}(R)$, $X = \mathrm{Spec}(A)$, 且像上面一样取闭嵌入 $i: X \to \mathbb{A}^n_R$ 及开嵌入 $\mathbb{A}^n_R \to \mathbb{P}^n_R$. 记 a_i 为 x_i 在同态 $R[x_1, \cdots, x_n] \to A$ 下的象 $(1 \leqslant i \leqslant n)$. 令 $I = \{h \in B \text{ 齐次} | h(1, a_1, \cdots, a_n) = 0\}$, $V = V(I) \subset \mathbb{P}^n_R$, 则显然 $i(X) = V \cap \mathbb{A}^n_R$, 故我们只需证明 $V \subset \mathbb{A}^n_R$, 换言之 $\mathbb{P}^n_R$ 中没有一个齐次素理想 P 既包含 I 又包含 X_0. 注意诺特环上有限生成的模的任意子模是有限生成的 (参见附录 A.1 节), 由 a_i 的所有幂生成的子模是有限生成的, 故存在 $g(x) = x^m + c_1 x^{m-1} + \cdots + c_m \in R[x]$ 使得 $g(a_i) = 0$, 从而 $X_i^m + c_1 X_i^{m-1} X_0 + \cdots + c_m X_0^m \in I$. 若 $X_0 \in P$ 且 $I \subset P$, 则有 $X_i^m \in P$, 从而 $X_i \in P$ $(0 \leqslant i \leqslant n)$, 这与 $\mathbb{P}^n_R$ 的定义矛盾.

iii) 必要性由 ii) 是显然的, 以下证明充分性.

不妨设 X 是 $\mathbb{P}^n_Y$ 的闭子概形 (而 f 为闭嵌入 $X \to \mathbb{P}^n_Y$ 与投射 $\mathbb{P}^n_Y \to Y$ 的合成). 对任一点 $y \in Y$, 由于 $f^{-1}(y)$ 是有限集, 可取 $\mathbb{P}^n_{\{y\}}$ 的一个次数足够大的超曲面 $f(X_0, \cdots, X_n) = 0$, 不经过 X_y 的任一点, 其中 f 的系数在 $\kappa(y)$ 中 (习题 7). 任取 y 的一个开邻域 $Y' = \mathrm{Spec}(R) \subset Y$ 使得 f 的系数都是 R 的元素的象, 则有 $d = \deg(f)$ 次齐次多项式 $\tilde{f} \in R[X_0, \cdots, X_n]$, 它在 $\kappa(y)[X_0, \cdots, X_n]$ 中的象为

f. 令 $V \subset \mathbb{P}^n_R$ 为 $\tilde{f}$ 的零点集，$i_d\colon \mathbb{P}^n_R \to \mathbb{P}^r_R$ $(r = \binom{n+d}{n} - 1)$ 为 d 重嵌入，则 V 为 $\mathbb{P}^r_R$ 的一个超平面在 i_d 下的原象，故 $U = \mathbb{P}^n_R - V$ 为 $\mathbb{P}^n_R$ 的仿射开子集，从而 $X' = U \cap X$ 为 $f^{-1}(Y')$ 的仿射开子集且 $f^{-1}(y) \subset X'$. 注意 $W = X - X'$ 为 X 的闭子集，故由 i) 可知 $f(W)$ 为 Y 的闭子集. 由于 $y \notin f(W)$, 可取 y 的一个仿射开邻域 $U_y = \mathrm{Spec}(R') \subset Y' - f(W)$, 从而 $f^{-1}(U_y) = U_y \times_{Y'} X' \to U_y$ 为仿射的，故为有限的. 证毕.

在引理 2.4.1 中的层 $\tilde{M}$ 称为 S 上的 *拟凝聚层*, 若 R-模 M 为有限生成的 (或平坦的，局部自由的，秩 1 局部自由的), 则称 $\tilde{M}$ 为 *凝聚层* (或平坦层，局部自由层，*可逆层*).

定义 2.4.4　一个概形 X 上的层 $\mathcal{F}$ 称为 *拟凝聚的* (或 *凝聚的*, 平坦的，局部自由的，*可逆的*), 如果 X 有一个仿射开覆盖使得 $\mathcal{F}$ 在其中每个开集上的限制是拟凝聚的 (或凝聚的，平坦的，局部自由的，可逆的).

例 2.4.4　设 $f\colon X \to S$ 为态射. f 的一个 *截口* 是指一个态射 $s\colon S \to X$ 使得 $f \circ s = \mathrm{id}_S$ (参见定义 2.2.1). 若 $U \subset S$ 为开子概形，则 $f|_{f^{-1}(U)}\colon f^{-1}(U) \to U$ 的截口称为 f 在 U 上的 *局部截口*. 易见 f 在 S 的所有开集上的所有局部截口组成 S 上的一个层，记为 $\mathcal{S}ect_f$ (我们在下面的例 2.4.6 中将看到这里 "截口" 一词的用法与层的截口一致). 在一般情形 $\mathcal{S}ect_f$ 不一定是拟凝聚层，但在一些重要的特殊情形 (如下面的向量丛) $\mathcal{S}ect_f$ 是拟凝聚的.

设 $f\colon X \to Y$ 为概形的态射. 若 $\mathcal{F}$ 为 X 上的拟凝聚层，则由引理 2.4.1 不难验证 $f_*\mathcal{F}$ 为 Y 上的拟凝聚层. 另一方面，若 $\mathcal{G}$ 为 Y 上的拟凝聚层，则不难验证 $\mathcal{G}$ 在 X 上给出一个拟凝聚层 $f^*\mathcal{G}$, 它在任意仿射开子集 $U = \mathrm{Spec}(B) \subset Y$ 及任意仿射开子集 $\mathrm{Spec}(A) \subset f^{-1}(U)$ 上由 $\widetilde{\mathcal{O}_S(U) \otimes_B A}$ 给出，称为 $\mathcal{G}$ 在 X 上的 *拉回*. 当 $\mathcal{G}$ 是凝聚层时 $f^*\mathcal{G}$ 也是凝聚层.

若 $\mathcal{F}, \mathcal{G}$ 为 X 上的拟凝聚层，一个从 $\mathcal{F}$ 到 $\mathcal{G}$ 的 *$\mathcal{O}_X$-同态* 是指一个同态 $f\colon \mathcal{F} \to \mathcal{G}$, 使得对每个开子集 $U \subset X$, f_U 是 $\mathcal{O}_X(U)$-模同态. 此时易见 $\ker(f)$ 和 $\mathrm{coker}(f)$ 也是拟凝聚的. 特别地，若 $g\colon Y \to X$ 为概形的态射，则 $g^{\#}\colon \mathcal{O}_X \to g_*\mathcal{O}_Y$ 为 $\mathcal{O}_X$-同态，故 $\mathcal{O}_X$ 中的理想层 $\mathcal{I} = \ker(g^{\#})$ 是拟凝聚的. 记 $Hom_{\mathcal{O}_X}(\mathcal{F}, \mathcal{G})$ 为所有从 $\mathcal{F}$ 到 $\mathcal{G}$ 的 $\mathcal{O}_X$-同态全体组成的阿贝尔加法群. 由此还可以定义两个拟凝聚层 $\mathcal{F}, \mathcal{G}$ 的

O_X-同态层 $\mathcal{H}om_{O_X}(\mathcal{F},\mathcal{G})$, 其中 $\mathcal{H}om_{O_X}(\mathcal{F},\mathcal{G})(U) = Hom_{O_U}(\mathcal{F}|_U,\mathcal{G}|_U)$ ($\mathcal{F}|_U$ 为 $\mathcal{F}$ 在 U 上的限制). 易见 $\mathcal{H}om_{O_X}(\mathcal{F},\mathcal{G})$ 也具有拟凝聚层结构.

对 X 上的两个拟凝聚层 $\mathcal{F},\mathcal{G}$, 不难验证存在 X 上的一个拟凝聚层 $\mathcal{H}$ 使得在每个仿射开子概形 $U = \mathrm{Spec}(A) \subset X$ 上有 $\mathcal{H}(U) \cong \mathcal{F}(U) \otimes_A \mathcal{G}(U)$, 称 $\mathcal{H}$ 为 $\mathcal{F}$ 和 $\mathcal{G}$ 在 O_X 上的张量积, 记为 $\mathcal{F} \otimes_{O_X} \mathcal{G}$, 它也具有拟凝聚层结构. 若 $\mathcal{F},\mathcal{G}$ 都是平坦 (或局部自由, 可逆) 的, 则 $\mathcal{F} \otimes_{O_X} \mathcal{G}$ 也是平坦 (或局部自由, 可逆) 的. 特别地, 若 $\mathcal{F}$ 是可逆的, 则 $\mathcal{F}^\vee = \mathcal{H}om_{O_X}(\mathcal{F}, O_X)$ 也是可逆的且 $\mathcal{F} \otimes_{O_X} \mathcal{F}^\vee \cong O_X$, 故 X 上所有可逆层的同构类按张量积组成一个阿贝尔群, 称为 X 的 *皮卡群*, 记为 $\mathrm{Pic}(X)$, 其中单位元为 O_X 而 $\mathcal{F}$ 的逆元为 $\mathcal{F}^\vee$ (这就是将秩 1 局部自由层称为可逆层的原因).

例 2.4.5 设 $S = \mathrm{Spec}(R)$, 其中 R 为戴德金环, 则 S 的皮卡群 G 就是秩 1 局部自由 R-模的同构类按张量积组成的群. 由于任一秩 1 局部自由 R-模可以嵌入 R 作为一个理想, 所以 G 同构于 R 的理想类群 (两个非零理想 $I, J \subset R$ 属于同一类当且仅当存在 $a \in \mathrm{q.f.}(R)$ 使得 $J = aI$). 若 R 为代数整数环, 则 G 为有限群; 而当 R 为椭圆曲线的函数环 $\mathbb{C}[x,y]/(y^2 - x(x-1)(x-\lambda))$ 时, G 为无限群且有一个自然的代数群结构 (称为该椭圆曲线的 *雅可比簇*, 参见 5.4 节).

例 2.4.6 设 $S = \mathrm{Spec}R$, $X = \mathbb{P}^n_R$, 则 X 上的齐次坐标的所有 m 次齐次型组成一个可逆层 $O_X(m)$ (参见例 2.3.1). 我们有 $O_X(m) \cong O_X(1)^{\otimes_{O_X} m}$, $O_X(-1) \cong O_X(1)^\vee = \mathcal{H}om_{O_X}(O_X(1), O_X)$, 而 $\Gamma(X, O_X(1)) \cong R^{\oplus n+1}, \Gamma(X, O_X) \cong R$, $\Gamma(X, O_X(-1)) = (0)$. 事实上, 若 R 是域, 则 X 上的每个可逆层都同构于某个 $O_X(m)$ (参见文献 [5] Corollary Ⅱ.6.17), 从而 $\mathrm{Pic}(X) \cong \mathbb{Z}$, 即 X 的皮卡群为由 $O_X(1)$ 生成的自由群.

设 F 为齐次坐标环 $A = R[X_0, \cdots, X_n]$ 中的 m 次齐次多项式, 即 $\Gamma(X, O_X(1))$ 的一个非零元, 则 F 给出一个 O_X-模层同态 $F\cdot: O_X \to O_X(m)$, 其对偶为一个同态 $O_X(-m) \to O_X$, 易见它的象就是闭子概形 $V(F)$ 的理想层.

若 $\mathcal{F}$ 是 X 上的凝聚层, 我们记 $\mathcal{F}(m) = \mathcal{F} \otimes_{O_X} O_X(m)$. 设 $s \in \mathcal{F}(U_i)$ 为 $\mathcal{F}$ 在开子集 $U_i = U(X_i)$ 上的一个截口, 则由凝聚层的定义及引理 2.4.1 的证明可知存在 r 使得 $X_i^r s$ 可以提升到 $\Gamma(X, \mathcal{F}(r))$, 故存在 m 使得 $\mathcal{F}(m)$ 由 $\Gamma(X, \mathcal{F}(m))$ 生成, 换言之有满同态 $\Gamma(X, \mathcal{F}(m)) \otimes_R O_X \to \mathcal{F}(m)$.

若 $Y \subset X$ 为子概形, 则在没有疑问时也将 $O_X(m)$ 在 Y 上的拉回记为 $O_Y(m)$.

但注意对 d 重嵌入 $i_d\colon X \to \mathbb{P}_R^r = Z$ $(r = \binom{n+d}{n} - 1)$ 有 $i_d^* O_Z(1) \cong O_X(d)$.

设 R 为局部环, 则 $\Gamma(X, O_X(1)) \cong RX_0 \oplus \cdots \oplus RX_n$, 这给出满同态 $\rho\colon O_X^{\oplus n+1} \to O_X(1)$. 设 $s\colon S \to X$ 为 $X \to S$ 的一个截口, 则可对 $X_0, \cdots, X_n$ 做适当的 R-线性变换使得 $\mathrm{im}(s) \subset U(X_0)$, 从而 s 对应于 $R[x_1, \cdots, x_n]$ $(x_i = X_i/X_0)$ 的一个理想 $(x_i - c_i | c_i \in R, 1 \leqslant i \leqslant n)$, 而这对应于齐次理想 $(X_0, X_i - c_i X_0 | 1 \leqslant i \leqslant n) \subset A$, 由此可见 $X \to S$ 的一个截口等价于一个满同态

$$RX_0 \oplus \cdots \oplus RX_n \to R \tag{2.4.9}$$

即 $\Gamma(X, O_X(1))^\vee$ 的一个元. 这就是说我们有自然的一一对应

$$\{X \to S \text{ 的截口 }\} \leftrightarrow \Gamma(X, O_X(1))^\vee$$

特别地, 若 $R = k$ 为代数闭域, 任意闭点 $x \in X$ 可以看做 $X \to S$ 的一个截口, 此时 (2.4.9) 是一个满同态 $\rho_x\colon k^{n+1} \to k$, 它给出 x 的齐次坐标. 另一方面, 设 $t \neq 0 \in \Gamma(X, O_X(1))$, 则 t 给出单同态 $O_X \to O_X(1)$, 由 $\otimes_{O_X} O_X(-1)$ 可知这等价于单同态 $\cdot t\colon O_X(-1) \to O_X$, 从而给出一个理想层, 易见它定义的闭子概形就是 $t \in A$ 定义的超平面.

例 2.4.7　设 M 为有限生成的 R-模, $S = \mathrm{Spec}(R)$, 记 $\mathbb{A}(M) = \mathrm{Spec}(S^R(M))$ (参见附录 A.2 节), $\mathbb{P}(M) = \mathbf{Proj}(S^R(M))$ (见注 2.4.3). 易见 $\mathbb{A}(M) \to S$ 的一个截口 $S \to \mathbb{A}(M)$ 等价于一个 R-满同态 $M \to R$. 由于对称代数是典范的 (参见文献 [12] 例XI.1.3.iii)), 对任意概形 S 上的任意凝聚层 $\mathcal{M}$ 都可以通过将所有 $\mathbb{A}(\mathcal{M}(U))$ $(U \subset S$ 为仿射开子集) 粘合以得到一个 S-概形 $\mathbb{A}(\mathcal{M})$ (不难将 $\mathbb{A}(\mathcal{M})$ 构造为某个 $\mathbb{P}_S^n$ 的局部闭子概形, 细节从略), 及将所有 $\mathbb{P}(\mathcal{M}(U))$ 粘合以得到一个 S-概形 $\mathbb{P}(\mathcal{M})$.

令 $\mathcal{N} = \mathcal{M}^\vee = \mathcal{H}om_{O_S}(\mathcal{M}, O_S)$. 由上所述投射 $p\colon \mathbb{A}(\mathcal{M}) \to S$ 在任意开子集 $U \subset S$ 上的一个局部截口等价于 $\mathcal{N}(U)$ 的一个元 (即层 $\mathcal{N}$ 在 U 上的一个截口). 由此得 $\mathcal{S}ect_p \cong \mathcal{N}$ (参见例 2.4.4).

此外, 对任意基变换 $f\colon T \to S$ 有 $\mathbb{A}(\mathcal{M}) \times_S T \cong \mathbb{A}(f^*\mathcal{M})$ (注意后者为 T 上的概形) 及 $\mathbb{P}(\mathcal{M}) \times_S T \cong \mathbb{P}(f^*\mathcal{M})$.

引理 2.4.3　设 R 为诺特环, $S = \mathrm{Spec}(R)$, X 为 S 上的射影概形, $\mathcal{F}$ 为 X 上的凝聚层, 则 $\Gamma(X, \mathcal{F}) = \mathcal{F}(X)$ 为有限生成的 R-模.

由于本书内容的限制，我们仅对 R 为某个域上的有限生成代数的情形给出证明，对一般的 R 可以用同调的方法证明 (参见文献 [5] Theorem Ⅲ.5.2).

证 令 $\mathcal{A} = O_X \oplus \mathcal{F}$, 除 O_X-模层结构外我们再赋予 $\mathcal{A}$ 一个环层结构，为此只需对 $\mathcal{F}$ 的任意截口 $a, b \in \mathcal{F}(U)$ 规定 $ab = 0$ 即可 (这样 $\mathcal{A}(U)$ 由 $O_X(U)$ 添加幂零元生成). 定义概形 X'：其拓扑空间与 X 的相同，而将结构函数层换为 $\mathcal{A}$ (X' 可以看做 $\mathbb{A}(\mathcal{F})$ 的闭子概形). $\mathcal{A}$ 的 O_X-代数层结构给出态射 $p: X' \to X$, 由引理 2.4.2.ii) 可见 p 是有限的，故 $X' \to S$ 是射影的 (参见习题 8.i), iv)). 我们只需证明 $\Gamma(X', O_{X'})$ 是有限生成的 R-模即可，故不妨用 X' 代替 X, 从而只需考虑 $\mathcal{F} = O_X$ 的情形.

注意 $A = \Gamma(X, O_X)$ 具有 R-代数结构，这样 $X \to S$ 就分解为两个态射 $f: X \to T = \mathrm{Spec}(A)$ 和 $g: T \to S$ 的合成 (这称为 *Stein 分解*).

设 $\phi: T \to \mathbb{A}^n_S$ 为任一 S-态射, 令 $j: \mathbb{A}^n_S \to \mathbb{P}^n_S$ 为一个开嵌入, 则 $\psi = j \circ \phi \circ f: X \to \mathbb{P}^n_S$ 是射影的 (习题 8.ii)), 故为闭映射 (引理 2.4.2.i)), 从而 $\mathrm{im}(\psi) \to S$ 也是射影的，故为有限的. 换言之， A 中的任何有限生成的 R-代数是有限生成的 R-模. 特别地，设 $t \in T$ 对应于素理想 $P \subset A$ 而 $R' = \mathrm{im}(R \to A/P)$, 可见 A/P 中的任一元素在 R' 上是整的，故由域上有限生成代数的整闭包有限性定理 (参见文献 [12] 定理 Ⅳ.2.1, A/P 是有限生成的 R-模.

现在我们对 X 用诺特归纳法 (参见文献 [12] p.68), 即假定对 X 的任意真闭子概型 Y, $\Gamma(Y, O_Y)$ 是有限生成的 R-模. 若 A 是整环，则由上所述 A 是有限生成的 R-模. 若 A 非整环，任取零因子 $a \in A$, 令 $\mathcal{I} \subsetneq O_X$ 为 a 的零化子，则有正合列

$$0 \to O_X/\mathcal{I} \xrightarrow{a\cdot} O_X \to O_X/(aO_X) \to 0 \tag{2.4.10}$$

故有正合列

$$0 \to \Gamma(X, O_X/\mathcal{I}) \to \Gamma(X, O_X) \to \Gamma(X, O_X/(aO_X)) \tag{2.4.11}$$

由归纳法假设 $\Gamma(X, O_X/\mathcal{I})$ 和 $\Gamma(X, O_X/(aO_X))$ 是有限生成的 R-模，从而 $A = \Gamma(X, O_X)$ 为有限生成的 R-模. 证毕.

由引理 2.4.3 可知, 若 $R = K$ 为域而 X 为射影 K-概形, 则对 X 上的任意凝聚层 $\mathcal{F}$, $\Gamma(X, \mathcal{F})$ 为有限维 K-线性空间，其维数记为 $h^0(\mathcal{F})$. 特别地， $A = \Gamma(X, O_X)$ 为有限秩 K-代数, 故为阿廷环，而一个阿廷环为有限多个局部阿廷环的直积 (参见文献 [12] 习题 Ⅲ.3). 若 A 的直因子多于一个，则有非幂零元 $a, b \in A$ 使得 $ab = 0$

且 $a+b=1$, 故 X 为两个不相交的非空闭子集 X_a 和 X_b 的并; 而若 A 有幂零元, 则 X 不是约化的. 特别地, 若 X 是 K 上的射影代数簇, 则有 $\Gamma(X,O_X)\cong K$ (因为 $\Gamma(X,O_X)\otimes_K k\cong\Gamma(X\otimes_K k,O_{X\otimes_K k})\cong k$, 其中 k 为 K 的代数闭包), 这与紧致复流形上的情形类似 (紧致复流形上的整体解析函数必为常数).

引理 2.4.4　设 R 为诺特环, $S=\mathrm{Spec}(R)$, $X=\mathbb{P}^n_S$, Y 为 S-概形, $\mathcal{L}$ 为 Y 上的可逆层, 则给出一个 S-态射 $f\colon Y\to X$ 使得 $f^*O_X(1)\cong\mathcal{L}$ 等价于给出一个满同态 $O_Y^{\oplus n+1}\to\mathcal{L}$.

证　我们有 $X=\mathbf{Proj}(A)$, 其中 $A=R[X_0,\cdots,X_n]$. 若给定一个 S-态射 $f\colon Y\to X$ 使得 $f^*O_Y(1)\cong\mathcal{L}$, 由于 $O_X(1)$ 由 $X_0,\cdots,X_n$ 生成, $f^*O_Y(1)$ 由 $f^*(X_0),\cdots,f^*(X_n)$ 生成, 这就给出一个满同态 $O_Y^{\oplus n+1}\to\mathcal{L}$.

反之, 给定一个满同态 $O_Y^{\oplus n+1}\to\mathcal{L}$ 相当于给定 $n+1$ 个截口 $s_0,\cdots,s_n\in\Gamma(Y,\mathcal{L})$, 它们生成 $\mathcal{L}$. 为方便起见, 对任一截口 $s\in\Gamma(Y,\mathcal{L})$ 及任一点 $y\in Y$, 记 $\bar{s}_y$ 为 s 在 $\mathcal{L}\otimes_{O_y}\kappa(y)$ 中的象. 若 $U=\mathrm{Spec}(B)\subset Y$ 为仿射开子概形使得 $\mathcal{L}|_U\cong O_U$, 而截口 $s|_U\in\mathcal{L}(U)$ 在这个同构之下对应于 $t\in O_U(U)$, 则对任意 $y\in U$, $\bar{s}_y=0$ 当且仅当 $y\in V(t)$, 由此可见 $U(s)=\{y\in Y|\bar{s}_y\neq 0\}$ 为 Y 中的开集. 由于 $s_0,\cdots,s_n$ 生成 $\mathcal{L}$, 对任意 $y\in Y$ 都有一个 $(\bar{s}_i)_y\neq 0$, 故所有 $U(s_i)$ 组成 Y 的一个开覆盖, 而在 $U(s_i)$ 上有同构 $O_{U(s_i)}\xrightarrow{\cong}\mathcal{L}|_{U(s_i)}$ 将 1 映到 $s_i|_{U(s_i)}$, 故可以定义截口 $s_j/s_i\in O_Y(U(s_i))$ $(0\leqslant j\leqslant n)$. 定义 R-代数同态 $\phi_i\colon R[X_0/X_i,\cdots,X_n/X_i]\to O_Y(U(s_i))$ 将 X_j/X_i 映到 s_j/s_i $(0\leqslant i\leqslant n)$, 则由推论 2.4.1, 每个 ϕ_i 给出一个 S-态射 $f_i\colon U(s_i)\to U(X_i)\subset X$. 注意所有 f_i 是相容的, 即 $f_i|_{U(s_i)\cap U(s_j)}=f_j|_{U(s_i)\cap U(s_j)}$ $(0\leqslant i,j\leqslant n)$, 故由注 2.4.2 可见所有 f_i 合起来给出一个 S-态射 $f\colon Y\to X$, 且易见 f 诱导的层同态 $O_Y^{\oplus n+1}\to\mathcal{L}$ 就是所给的满同态. 证毕.

习　题

1. 利用例 2.4.2 给出不定方程 $x^2+y^2=z^2$ 的整数解公式. (若 (x,y,z) 为一组互素的整数解, 则存在互素的整数 m,n 使得 $z=\pm(m^2+n^2)$, 而 x,y 中一个等于 $2mn$, 另一个等于 m^2-n^2. 反之, 若 m,n 为互素的整数且其中一个是偶数, 则上述公式给出一组互素的整数解.)

2. 求不定方程 $y^2z = xyz + x^3$ 的所有整数解. (提示: 取三重嵌入 $\mathbb{P}^1_{\mathbb{Q}} \to \mathbb{P}^3_{\mathbb{Q}}$, 再将它的象投射到一个平面上, 得到一条平面三次曲线. 参见例 2.4.2 和习题 1.)

3. 设 K 为完全域, $L = K(a_1, \cdots, a_n)$ 为扩域, $\text{tr.deg.}(L/K) = d$. 令 $L' = L(t_{ij}|1 \leqslant i \leqslant d+1, 1 \leqslant j \leqslant n)$, 其中 t_{ij} 为独立变元 (即在 L 上代数无关), $K' = K(t_{ij}|1 \leqslant i \leqslant d+1, 1 \leqslant j \leqslant n)$, $u_i = \sum\limits_{j=1}^{n} t_{ij}a_j$ $(1 \leqslant i \leqslant d+1)$. 证明 $L' = K'(u_1, \cdots, u_{d+1})$ 且 $L' \supset K(u_1, \cdots, u_d)$ 为可分扩张. (提示: 参看一般的抽象代数教科书上本原元素定理的证明.)

4. 设 X, Y, S 为 R-概形而 $f: X \to S$, $g: Y \to S$ 为 R-态射, $\Delta: S \to S \times_R S$ 为对角态射, 证明 $X \times_S Y \subset X \times_R Y$ 为闭子概形 $\Delta(S) \subset S \times_R S$ 在 $f \times_R g$ 下的原象, 详言之, 若 $\mathcal{I} \subset O_{S \times_R S}$ 为 $\Delta(S)$ 的定义理想层, 则 $(f \times_R g)^*\mathcal{I}$ 为 $O_{X \times_R Y}$ 中的理想层, 它定义的闭子概形即为 $X \times_S Y$.

5. 设 M 为戴德金环 R 上局部自由秩 n 的模, 证明 $M \cong \wedge^n_R M \oplus R^{\oplus n-1}$, 故由 $\text{Spec}(R)$ 的皮卡群即可对有限生成局部自由 R-模作同构分类. (提示: 注意 R 上局部自由秩 1 的模都是由两个元生成的.)

6. 设 $\mathcal{F}$ 为诺特概形 S 上的凝聚层. 对任意 $s \in S$ 令 $r_{\mathcal{F}}(s) = \text{rank}_{\kappa(s)}(\mathcal{F}_s \otimes_{O_s} \kappa(s))$. 证明 $r_{\mathcal{F}}$ 是 S 上的上半连续函数 (参见第 1 章习题 5).

7. 设 $X \subset \mathbb{P}^n_K$ 为域 K 上的拟射影概形, $T \subset X$ 为有限子集. 证明存在 $d > 0$ 及 K 上的 $n+1$ 元 d 次齐次多项式 f 使得任意 $P \in T$ 都满足 $f(P) \neq 0$.

8. 证明关于拟射影概形的下述断言:

   i) 对任意态射 $f: X \to Y$ 与 $g: Y \to Z$, 若 f 和 g 都是射影的, 则 $g \circ f$ 亦然.

   ii) 设 X 为 S-射影概形而 $f: X \to Y$ 为 S-态射, 则 f 为射影的.

   iii) 设态射 $f: X \to S$ 为射影的 (仿射的, 闭嵌入或有限的), 则对任意态射 $T \to S$, $f \times_S \text{id}_T: X \times_S T \to Y \times_S T$ 也是射影的 (仿射的, 闭嵌入或有限的).

   iv) 一个态射 $f: X \to S$ 为射影的当且仅当对任意仿射开子概形 $U \subset S$, $f|_{f^{-1}(U)}$ 为射影的.

9. 证明在 Stein 分解 (见引理 2.4.3 的证明) 中 $f: X \to T$ 是满射.

10. 对概形上的凝聚层可以定义张量代数、对称代数和外代数 (参见附录 A.2 节). 设 $0 \to \mathcal{E} \to \mathcal{F} \to \mathcal{G} \to 0$ 为概形 X 上的局部自由层的正合列, 其中 $\mathcal{E}$ 和 $\mathcal{G}$ 的秩

分别为 m, n. 证明 $\wedge_{O_X}^{m+n}\mathcal{F} \cong \wedge_{O_X}^{m}\mathcal{E} \otimes_{O_X} \wedge_{O_X}^{n}\mathcal{G}$. (提示：局部这是平凡的，故只要验证这个同构是"典范的"，即与 X 的态射可交换.)

11. 设 T 为拓扑空间，$0 \to \mathcal{F} \to \mathcal{G} \to \mathcal{H} \to 0$ 为 T 上的阿贝尔群层同态列. 证明：

 i) $0 \to \mathcal{F} \to \mathcal{G} \to \mathcal{H} \to 0$ 为正合列当且仅当对任一 $x \in T$, $0 \to \mathcal{F}_x \to \mathcal{G}_x \to \mathcal{H}_x \to 0$ 正合.

 ii) 若 $0 \to \mathcal{F} \to \mathcal{G} \to \mathcal{H}$ 是左正合列 (即 $\mathcal{F} \cong \ker(\mathcal{G} \to \mathcal{H})$), 则 $0 \to \Gamma(T, \mathcal{F}) \to \Gamma(T, \mathcal{G}) \to \Gamma(T, \mathcal{H})$ 为左正合列. (但若 $0 \to \mathcal{F} \to \mathcal{G} \to \mathcal{H} \to 0$ 为正合列，$0 \to \Gamma(T, \mathcal{F}) \to \Gamma(T, \mathcal{G}) \to \Gamma(T, \mathcal{H}) \to 0$ 不一定正合.)

12. 设 X 为域 K 上的射影代数簇，证明 $\Gamma(X, O_X) \cong K$ (换言之"在 X 上处处有定义的代数函数必为常数"). (提示：先化为 K 是代数闭域的情形，再用引理 2.4.3.)

第 3 章　平坦性与光滑性

3.1　纤维丛与平坦态射

拓扑学中的纤维丛是指局部平凡族. 详言之, 一个拓扑空间的连续映射 $f\colon X \to S$ 称为 S 上的一个 *纤维丛*, 如果存在一个拓扑空间 F, 使得对任一点 $s \in S$ 有一个开邻域 $U \subset S$ 及一个同胚 $\phi\colon f^{-1}(U) \xrightarrow{\cong} F \times U$, 满足 $f|_{f^{-1}(U)} = \mathrm{pr}_2 \circ \phi$. 此时 F 称为这个纤维丛的 *纤维*.$F \times S$ 当然是一个纤维丛, 称为 *平凡的* 纤维丛. 一般的纤维丛虽然局部 (即在足够小的开集 $U \subset S$ 上) 结构和 $F \times S$ 一样, 但整体结构却可能不同. 例如设 S 为圆周, F 为线段, 则有两个熟知的纤维丛, 一是环带, 另一是默比乌斯带 (图 3.1.1). 这两个纤维丛是显然不同的, 因为前者是双侧的而后者是单侧的.

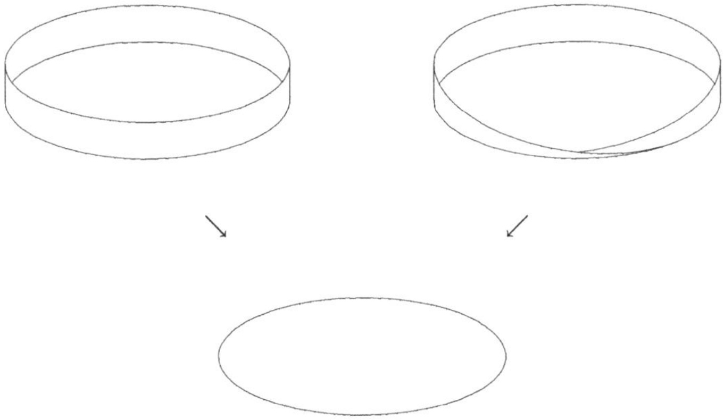

图 3.1.1

在代数几何中也会遇到类似的情形, 特别是向量丛的情形.

例 3.1.1　设 k 是代数闭域, $S = \mathbb{P}^1_k$, 齐次坐标为 $(X_0 : X_1)$, $T = \mathbb{A}^2_k$, 坐标为 x_0, x_1, 则 $T \times_k S \cong \mathbb{A}^2_S$ 为 S 上的平凡平面丛, 它有一个子丛

$$L = \{(x_0, x_1, X_0 : X_1) | x_0 X_0 + x_1 X_1 = 0\} \subset T \times_k S \tag{3.1.1}$$

这是 S 上的一个非平凡直线丛.

在 $k = \mathbb{C}$ 的情形, 为了直观地理解 L, 我们考虑它的实点集 (即坐标为实数的

点集). 注意 S 的实点集为 $P^1_{\mathbb{R}}$ (见 2.1 节的记号), 它同胚于圆; 而 L 的实点集组成 $P^1_{\mathbb{R}}$ 上的一个实直线丛, 它像默比乌斯带那样, 是单侧的. 与此对照, 一个平凡实直线丛 $\mathbb{R}\times P^1_{\mathbb{R}}$ 则为圆柱面, 是双侧的.

例 3.1.2 设 X 为代数闭域 k 上的拟射影代数集, $\mathcal{F}$ 为 X 上的秩 n 局部自由层 (见 2.3 节). 取 X 的开覆盖 $\{U_i|i\in I\}$ 使得 $\mathcal{F}\big|_{U_i}\cong O_X^n\big|_{U_i}$ $(\forall i\in I)$, 对任两个 $i,j\in I$, 我们有同构 $\phi_i\colon\mathcal{F}\big|_{U_i}\to O_X^n\big|_{U_i}$ 和 $\phi_j\colon\mathcal{F}\big|_{U_j}\to O_X^n\big|_{U_j}$, 而 $O_X^n\big|_{U_i\cap U_j}$ 在 $U_i\cap U_j$ 上的自同构 $\phi_j\circ\phi_i^{-1}$ 由一个系数在 $O_X(U_i\cap U_j)$ 中的可逆 $n\times n$ 矩阵 A_{ij} 给出 $(\forall i,j\in I)$, 且对任意 $i,j,l\in I$, 在 $O_X(U_i\cap U_j\cap U_l)$ 上有 (见 2.3 节的 (2.3.8) 式)

$$A_{ij}A_{jl}=A_{il}\tag{3.1.2}$$

而 $\mathcal{F}$ 在同构之下由所有矩阵 A_{ij} 惟一决定. 令 $T_i=\mathbb{A}_k^n\times U_i$ $(\forall i\in I)$. 对任意 $j\neq i\in I$, 简记 $T_i\big|_{U_i\cap U_j}=T_i\times_{U_i}(U_i\cap U_j)$ (即 $U_i\cap U_j$ 在 T_i 中的原象), 则 A_{ij} 定义了一个 (线性) 同构

$$f_{ij}\colon T_j\big|_{U_i\cap U_j}\to T_i\big|_{U_i\cap U_j}\tag{3.1.3}$$

且对任意 $i,j,l\in I$, 在 $T_l\big|_{U_i\cap U_j\cap U_l}$ 上有

$$f_{ij}\circ f_{jl}=f_{il}\tag{3.1.4}$$

由此可知所有 T_i 按 (3.1.3) "粘" 成一个代数集 T, 它是 X 上的一个纤维丛 (习题 8), 每个点 $x\in X$ 上的纤维为 n 维向量空间, 所以叫做 *向量丛*.(我们也可以像例 3.1.1 那样将 T 作为一个平凡丛的子丛构造出来, 但构造方法要更复杂些, 这里从略, 参见例 2.4.7.)

若 $f\colon Y\to X$ 为代数集的态射, 则易见 $T\times_X Y$ 为 Y 上的向量丛, 它对应的局部自由层为 $f^*\mathcal{F}$.

特别地, 若 $\mathcal{F}$ 为可逆层 (即 $n=1$), 则 T 称为 *直线丛*. 例如对 $X=\mathbb{P}_k^n$, 每个 $O_X(d)$ 给出一个直线丛. 例 3.1.1 中的直线丛 L 就是由 $O_S^{(1)}$ 给出的.

但对一般情形, 像拓扑学中那样的纤维丛定义在代数几何中并不很合适, 我们来看一个典型例子.

例 3.1.3 在 $S=\mathbb{C}-\{0,1\}$ 上的平凡射影空间丛 $\mathbb{P}_{\mathbb{C}}^2\times S$ 中, 由方程 $X_2^2X_0=X_1(X_1-X_0)(X_1-\lambda X_0)$ (λ 为 S 的坐标变量) 定义的代数子集 X 给出一个子丛

$f: X \to S$, 它在拓扑意义下是环面丛 (即它的纤维是像救生圈那样的环面), 但在代数几何与复几何中它不是局部平凡的. 事实上, f 的纤维为 $\mathbb{P}^2_{\mathbb{C}}$ 中的三次光滑曲线 (即所谓 "椭圆曲线"). 两个点 $\lambda, \lambda' \in S$ 上的纤维 (解析或代数) 同构当且仅当 λ' 等于 $\lambda, 1/\lambda, 1-\lambda, 1/(1-\lambda), \lambda/(\lambda-1)$ 或 $1-1/\lambda$. 所以对任何开子集 $U \subset S$, $f^{-1}(U)$ 都不同构于 U 与某个代数集的积, 换言之 $X \to S$ 作为代数曲线族或作为黎曼曲面族不是局部平凡的.

为了适应多方面 (如分类学、变形理论、数论等) 的应用, 在代数几何中需要推广纤维丛的概念. 经过长时期的探索, 今天人们知道平坦态射是纤维丛在代数几何中的一种很好的推广.

设 $f: X \to S$ 为拟射影代数集的态射, 则对任一点 $s \in S$ 有纤维 X_s (见 2.2 节), 所以 f 给出 "一族纤维", 以 S 的点为 "参变量". 但并非所有态射都可以看做纤维丛, 我们来看两个例子.

例 3.1.4 设 S 为 X-Y 平面, X 为三维空间中的二次曲面 $xz = y$, $f: X \to S$ 为投射. 对于一点 $P = (x, y) \in S$, 若 $x \neq 0$, 则 $f^{-1}(P)$ 为一点, 但若 $x = y = 0$, 则 $f^{-1}(P)$ 为一条直线. 这种情况称为 "爆发", 即某个纤维的维数特别大, 大于 f 的相对维数 (即 $\dim(X) - \dim(S)$). 显然不应把这样的态射看做纤维丛.

例 3.1.5 仍设 S 为 X-Y 平面, X 为三维空间中的平面 $z = 1$ 外加一点 $(0, 0, 2)$, $f: X \to S$ 为投射. 对于一点 $P = (x, y) \in S$, 若 $x \neq 0$, 则 $f^{-1}(P)$ 为一点, 但若 $x = y = 0$, 则 $f^{-1}(P)$ 为两点. 这种情况称为 "挠" (若令 R, A 分别为 S 和 X 的函数环, 则 A 作为 R-模是有挠的, 即有非零元 $a \in A$ 使得 $\mathrm{Ann}_R(a) \neq 0$), 此时某个纤维的 "次数" 特别大. 这样的态射也不应看做纤维丛.

上面两个例子都是典型的不平坦态射.

平坦性是一个不很直观的概念: 一个环 R 上的模 M 称为*平坦模*, 如果对任意 R-模的单同态 $\phi: N' \hookrightarrow N$, 诱导同态 $\phi \otimes_R \mathrm{id}_M: N' \otimes_R M \to N \otimes_R M$ 是单同态 (参见附录 A.2 节). 设 $\mathcal{F}$ 为一个代数集 S 上的 $\mathcal{O}_S$-模层, 若任一点 $s \in S$ 上的茎 $\mathcal{F}_s$ 是 $\mathcal{O}_{S,s}$ 上的平坦模, 则称 $\mathcal{F}$ 在 S 上是*平坦的*. 一个代数集的态射 $f: X \to S$ 称为*平坦的*, 如果对任意 $x \in X$, $\mathcal{O}_{X,x}$ 是平坦 $\mathcal{O}_{S,f(x)}$-模 (此时亦称 X 在 S 上平坦).

关于平坦模的许多命题 (参见附录 A.2 节) 可以翻译成几何的语言, 例如由引

理 A.2.1 及 A.3 节可得

引理 3.1.1　设 S 为代数闭域 k 上的拟射影代数集，X, Y 为 S 上的代数集(即给定了态射 $X \to S$ 和 $Y \to S$).

i) S 上的可逆层是平坦的.

ii) 开嵌入是平坦态射.

iii) 平坦态射的合成是平坦态射.

iv) $\mathbb{A}_k^n \times_k S$ 和 $\mathbb{P}_k^n \times_k S$ 在 S 上平坦.

v) 若 S 和 X 都是仿射的，其函数环分别为 R, A, 则 X 在 S 上平坦当且仅当 A 为平坦 R-模.

vi) X 在 S 上平坦当且仅当 X 有一个开覆盖 $\{X_i | i \in I\}$, 其中每个 X_i 在 S 上平坦.

vii) 若态射 $X \to S$ 平坦则态射 $\mathrm{pr}_2: X \times_S Y \to Y$ 平坦 (简言之"基变换保持平坦性").

viii) 设 X, Y 在 S 上平坦，$f: X \to Y$ 为 S-态射. 若对任一点 $s \in S$, f 在 s 上的纤维 $f_s: X_s \to Y_s$ 平坦，则 f 平坦.

ix) 设 X 在 S 上平坦，$f: Y \to X$ 为闭嵌入，其理想层为 $\mathcal{I}$ $(= \ker(O_X \to f_*O_Y))$. 若 $\mathcal{I} \to O_X$ 在任意点 $s \in S$ 上的纤维 $\mathcal{I}/p\mathcal{I} \to O_X/pO_X$ ($p \subset O_S$ 为 $\{s\}$ 的定义理想层) 是单射，则 Y 在 S 上平坦.

x) 若 $X \to S$ 是平坦满射且 S 是连通的，则 X 在 S 上的所有纤维具有相同的维数.

xi) 若 X 在 S 上是有限的，则 $f: X \to S$ 平坦当且仅当 f_*O_X 是 (有限秩) 局部自由 O_S-模层.

xii) 若 $X \to S$ 平坦则 $X \to S$ 是开映射.

例如例 1.2.2 中的 $\hat{f}$ 不是开映射，故不是平坦的.

设 S 是连通代数集而 $f: X \to S$ 是有限态射. 对任一点 $s \in S$, 记 $\deg X_s = \dim_k \Gamma(X_s, O_{X_s})$, 称为纤维 X_s 的*次数*. 由引理 3.1.1.xi) 可知当 f 为有限平坦态射时，f_*O_X 是局部自由的 O_S-模层，故 $\deg X_s$ 是 s 的局部常值函数. 特别地，若 S 是连通的，则存在正整数 d 使得 f_*O_X 是局部自由秩 d 的 O_S-模层，称 d 为 f 的*次数*, 此时对每一点 $s \in S$ 都有 $\deg X_s = d$. 这推广了 2.2 节中次数的定义.

例 3.1.6 设 S, X 为代数闭域 k 上的代数簇, $f\colon X \to S$ 是有限平坦态射, 次数为 $d = \deg f = [K(X) : K(S)]$ (见 2.2 节). 则由上所述, 对任一点 $s \in S$ 有 $\deg X_s = d$. 注意 X_s 是仿射的, 令 B 为 X_s 的函数环, 则 B 作为 k-向量空间是 d 维的. 由阿廷环的结构 (参见文献 [12] Ⅲ.2) 可知 $B \cong B_1 \times \cdots \times B_r$, 其中 $B_1, \cdots, B_r$ 为阿廷局部环, 它们的剩余类域都同构于 k, 而 $\dim_k B_1 + \cdots + \dim_k B_r = \dim_k B = d$.

由上所述及引理 3.1.1.x) 可见, 若 f 是平坦的, 则 f 的许多性质 (如相对维数、次数以及下面将看到的一些其他的量) 在基变换下保持, 特别地在纤维上保持, 即纤维 X_s 的维数是 $s \in S$ 的局部常值函数, 而当 $f\colon X \to S$ 有限时纤维次数 $\deg X_s$ 也是 s 的局部常值函数.

由于上述原因, 我们对广义纤维丛的一个基本要求就是平坦性. 而在很多情形下, 仅有平坦性就够了. 例如例 3.1.3 中的方程在 $\lambda = 0$ 或 1 时也是有定义的, 从而定义了 $\mathbb{C}$ 上的一个曲线族, 它是平坦的, 但不是拓扑意义下的纤维丛, 因为在 0 和 1 上的纤维是退化的 (有奇点的) 三次曲线, 其拓扑结构不是环面, 而是伪球面. 在代数几何中常研究推广了的纤维丛 (平坦态射), 其中可以有这类 "退化的纤维".

平坦性迄今仍是一个有些神秘性的概念, 主要是因为没有内在定义 (仅在一些特殊情形有内在的等价条件). 下面的例子说明平坦性有时很复杂.

例 3.1.7 设 k 为域, $X \cong Y \cong \mathbb{A}_k^3$, 其坐标分别为 x_1, x_2, x_3 和 y_1, y_2, y_3. 对 1, 2, 3 的任一置换 σ, 在 $X \times_k Y$ 中定义子簇 $H_\sigma = \{x_1 = y_{\sigma 1}, x_2 = y_{\sigma 2}, x_3 = y_{\sigma 3}\}$, 则由引理 3.1.1.xi) 可见每个 H_σ 在 X 上平坦, $\bigcup_\sigma H_\sigma$ 也在 X 上平坦, 但 $H_{(1)} \cup H_{(123)} \cup H_{(132)}$ 却在 X 上不平坦. 这个例子不属于上述爆发情形 (见例 3.1.4) 或有挠情形 (见例 3.1.5).

3.2 除子

设 X 为代数闭域 k 上的拟射影代数集, $Y \subset X$ 为 (察理斯基) 闭子集, 由理想层 $\mathcal{I}_Y$ 定义. 若 $\mathcal{I}_Y$ 局部处处由一个非零因子生成 (换言之 $\mathcal{I}_Y$ 是可逆层), 则称 Y 为 X 的一个*有效除子*. 更一般地, 设 $f\colon X \to S$ 是拟射影代数集的平坦态射, 一个闭子集 $Y \subset X$ 称为一个 *S-有效除子*, 如果 Y 在 S 上平坦且 Y 的定义理想层 $\mathcal{I}_Y$ 是可逆层.

例 2.1.1 中的平面代数曲线是有效除子的一个例子, 更一般地, 射影空间 $\mathbb{P}_k^n$

中的超曲面 (即由一个非零齐次多项式定义的代数子集) 为有效除子. 例 2.2.1 中塞格莱嵌入的象和例 2.2.3 中二重嵌入的象也是有效除子. 例 3.1.1 中的直线子丛 $L \subset T \times_k S$ 和例 3.1.3 中的 $X \subset \mathbb{P}^2_{\mathbb{C}} \times S$ 都是 S-有效除子的例子. 此外, 对任意 $f: X \to S$, $\mathcal{O}_X$ 本身可以看做自己的理想层, 它定义的闭子集是空集, 但满足 S-有效除子的定义, 称为 *零除子*.

例 3.2.1　设 X 为仿射代数簇, 其函数环 R 为戴德金环, 则 X 的任意真闭代数子集都是有效除子, 因为 R 的非零理想都是秩 1 局部自由 R-模 (参见附录 A.1 节). 设 $I \subset R$ 为非零理想, 则 $V(I)$ 由有限多个点 $P_1, \cdots, P_n$ 组成, 且有惟一分解 $I = P_1^{r_1}, \cdots, P_n^{r_n}$, 故除子 $D = V(I)$ 由点集 $\{P_1, \cdots, P_n\}$ 和 $r_1, \cdots, r_n$ 惟一决定 (参见 4.1 节), 我们常形式地记 $D = r_1P_1 + \cdots + r_nP_n$ (这和下面的除子加法的意义是一致的), 并称 $d = r_1 + \cdots + r_n$ 为除子 D 的 *次数*. 注意 $V(I)$ 的函数环为 $R/I \cong (R/P_1^{r_1}) \times \cdots \times (R/P_n^{r_n})$, 故 $d = \dim_k(R/I) = \dim_k(R/P_1^{r_1}) + \cdots + \dim_k(R/P_n^{r_n})$, 即 $V(I)$ 在 k 上的次数 (参见例 3.1.6).

由引理 3.1.1.viii) 我们有

引理 3.2.1　设 $\pi: X \to S$ 是代数闭域 k 上的拟射影代数集的平坦态射, 闭子集 $Y \subset X$ 的定义理想层为可逆层, 则 Y 为 X 中的 S-有效除子当且仅当任意点 $s \in S$ 上的纤维 Y_s 为 X_s 中的有效除子.

若 $D \subset X$ 为 S-有效除子, 其定义理想层为 $\mathcal{I}_D$, 则记 $\mathcal{O}_X(D) = \mathcal{I}_D^{-1}$ (即 $\mathcal{H}om_{\mathcal{O}_X}(\mathcal{I}_D, \mathcal{O}_X)$, 详见 2.4 节).

设 X 为 k 上的射影簇, $D \subset X$ 为有效除子, $\mathcal{I}_D$ 为 D 的理想层. 对包含同态 $\mathcal{I}_D \to \mathcal{O}_X$ 作张量积 $\otimes_{\mathcal{O}_X}\mathcal{O}_X(D)$ (关于层的张量积见 2.4 节), 则得一个同态 $i: \mathcal{O}_X \to \mathcal{O}_X(D)$, 这等价于一个非零截口

$$t = i(1) \in \Gamma(X, \mathcal{O}_X(D)) \tag{3.2.1}$$

反之, 设 $\mathcal{L}$ 为 X 上的可逆层, 记 $L = \Gamma(X, \mathcal{L})$, 则一个非零截口 $t \in L$ 等价于一个单同态 $t\cdot: \mathcal{O}_X \to \mathcal{L}$, 对此作张量积 $\otimes_{\mathcal{O}_X}\mathcal{L}^{-1}$, 则得一个单同态

$$i_t: \mathcal{L}^{-1} \to \mathcal{O}_X \tag{3.2.2}$$

它将 $\mathcal{L}^{-1}$ 嵌入 $\mathcal{O}_X$ 作为一个理想层 $\mathcal{I}_t$. 由于 $\mathcal{I}_t$ 是可逆层, 它定义的闭子集 $D_t \subset X$

是一个有效除子，而 $\mathcal{O}_X(D_t)\cong\mathcal{L}$. 设 $t'\in L$ 是另一个非零截口，注意 $\mathcal{L}$ 是可逆层，若在非空开集 $U\subset X$ 上 $\mathcal{L}$ 平凡 (即 $\mathcal{L}|_U\cong\mathcal{O}_U$), 则存在 $f\in K(U)^*=K(X)^*$ 使得在 $\mathcal{L}(U)$ 中有 $t'=ft$；而若 $\mathcal{L}$ 在非空开集 $U'\subset X$ 上也平凡，则在 $\mathcal{L}(U')$ 中也有 $t'=ft$, 这是因为 $t'=ft$ 在 $\mathcal{L}(U\cap U')$ 中成立. 由此得 $\mathcal{I}_{t'}=f\mathcal{I}_t$ (这个等式可以这样理解：若 $U=\mathrm{Spec}(R)$ 为 X 的非空开子集，则在 q.f.$(R)=K(X)$ 中有 R-子模等式 $\mathcal{I}_{t'}(U)=f\mathcal{I}_t(U)$). 特别地，$\mathcal{I}_{t'}=\mathcal{I}_t$ 当且仅当 $f\in\Gamma(X,\mathcal{O}_X^*)=k^*$. 对此也可以这样理解：两个截口 $t,t'\in L$ 给出同一个除子 D 当且仅当它们给出同一个理想层，而这又等价于 $t\mathcal{O}_X=t'\mathcal{O}_X\subset\mathcal{L}$. 注意 $\mathcal{O}_X$ 的自同态环

$$Hom_{\mathcal{O}_X}(\mathcal{O}_X,\mathcal{O}_X)\cong\mathcal{H}om_{\mathcal{O}_X}(\mathcal{O}_X,\mathcal{O}_X)(X)\cong\mathcal{O}_X(X)\cong k \tag{3.2.3}$$

所以同构 $t\mathcal{O}_X\to t'\mathcal{O}_X$ 由乘以一个 k^* 的元给出. 总之我们有

引理 3.2.2 设 X 为代数闭域 k 上的射影簇，$\mathcal{L}$ 为 X 上的可逆层，$L=\Gamma(X,\mathcal{L})$, 则有一一对应

$$\{\text{有效除子 } D\subset X \text{ 使得} \mathcal{O}_X(D)\cong\mathcal{L}\}\leftrightarrow(L-\{0\})/k^* \tag{3.2.4}$$

其中一个有效除子 $D\subset X$ 所对应的 $(L-\{0\})/k^*$ 的元由 (3.2.1) 中的截口 t 给出，而 L 中的一个非零截口 t 所对应的有效除子的理想层由 (3.2.2) 的象给出.

(3.2.4) 式左边的集合称为 $\mathcal{L}$ 所给出的*线性系*, 记为 $|\mathcal{L}|$. 注意 L 是 k 上的有限维线性空间 (引理 2.4.3), 令 $n=\dim_k L$, $V=Hom_k(L,k)$, 则 (3.2.4) 的右边可以看做 $n-1$ 维射影空间 $\mathbb{P}(V)\cong\mathbb{P}_k^{n-1}$ ($\mathbb{P}(V)$ 的定义见 2.4 节), 从而有一一对应

$$|\mathcal{L}|\leftrightarrow\mathbb{P}(V)\cong\mathbb{P}_k^{n-1} \tag{3.2.5}$$

即线性系 $|\mathcal{L}|$ 中的除子可以用 $\mathbb{P}_k^{n-1}$ 中的点来代表. 两个除子 $D,D'\subset X$ 称为*线性等价的*, 如果 $\mathcal{O}_X(D)\cong\mathcal{O}_X(D')$ (显然这是一个等价关系). 因此一个线性系就是有效除子的一个线性等价类.

例 3.2.2 设 $X=\mathbb{P}_k^n$, $A=k[X_0,\cdots,X_n]$ 为 X 的齐次坐标环，$f\in A$ 为 m 次齐次元，$H\subset X$ 为 f 定义的超曲面，则 H 为 X 中的有效除子. 由例 2.3.1, 我们可以将 f 看做 $\Gamma(X,\mathcal{O}_X(m))$ 中的截口，从而 f 给出同态

$$\mathcal{O}_X\to\Gamma(X,\mathcal{O}_X(m))\otimes_K\mathcal{O}_X\to\mathcal{O}_X(m) \tag{3.2.6}$$

将 O_X 的每个局部截口 s 映成 fs. 由 (3.2.6) 作张量积 $\otimes_{O_X}O_X(-m)$ 得到一个 (单) 同态 $i_f\colon O_X(-m)\to O_X$, 由上所述 H 的理想层 $\mathcal{I}_H=\mathrm{im}(i_f)\subset O_X$, 故 $\mathcal{I}_H\cong O_X(-m)$, 从而 $O_X(H)\cong O_X(m)$. 反之，由例 2.3.1 我们知道 X 上的每个可逆层都同构于某个 $O_X(m)$, 故由引理 3.2.2 可知 X 中的有效除子即为超曲面.

对于 $\mathcal{L}=O_X(m)$, 线性系 $|\mathcal{L}|$ 由 X 中的所有 m 次超曲面组成.

设 $Y\subset X$ 为射影代数簇，则嵌入 $i\colon Y\to X$ 给出同态 $i^*\colon\Gamma(X,O_X(m))\to\Gamma(Y,O_Y(m))$. 由引理 3.2.2 可知，若 $i^*(f)\neq 0$, 则它给出 Y 的一个有效除子 H', 满足 $O_Y(H')\cong O_Y(m)$. 作为一个集合 H' 是 f 在 Y 上的零点集，即 $H\cap Y$. 用代数集 (或概形) 的语言可表达为 $H'=H\times_X Y$. 若 $\dim(Y)>0$, 则 $H\cap Y\neq\varnothing$, 故若 $Y\not\subset H$ (即 $i^*(f)\neq 0$, 换言之 f 在 Y 上不恒等于 0) 则 $i^*(f)$ 给出 Y 的非零有效除子.

设 D,D' 为代数簇 X 中的两个有效除子，分别由可逆理想层 $\mathcal{I}_D$ 和 $\mathcal{I}_{D'}$ 给出，则理想层 $\mathcal{I}_D\mathcal{I}_{D'}$ 也是可逆的，它所定义的有效除子称为 D 与 D' 的和，记为 $D+D'$. 显然有效除子的加法满足交换律和结合律，而零除子为加法的零元. 此外加法还满足消去律，即若 $D_1+D_2=D_1+D_3$ 则 $D_2=D_3$. 由此我们可以将有效除子的集合扩充成一个阿贝尔加法群：对 X 中的任两个有效除子 D_1,D_2, 将它们的形式差 D_1-D_2 称为一个*除子*, 并规定两个除子 D_1-D_2 和 $D_1'-D_2'$ 相等当且仅当 $D_1+D_2'=D_2+D_1'$, 由消去律易见相等的定义是合理的 (即 "相等" 是一个等价关系), 这样就可以定义除子的加法

$$(D_1-D_2)+(D_1'-D_2')=(D_1+D_1')-(D_2+D_2') \tag{3.2.7}$$

从而所有除子组成一个加法群 $\mathrm{Div}(X)$, 称为 X 的*除子群*, 而所有有效除子组成 $\mathrm{Div}(X)$ 的一个子半群，记为 $\mathrm{Div}_+(X)$.

例如对例 3.2.1 的情形，一个除子可以理解为 R 的一个分式理想 $\prod_i P_i^{r_i}$, 其中 $P_i\subset R$ 为非零素理想而 $r_i\in\mathbb{Z}$ (参见文献 [12] 习题 IV.3), 当所有 $r_i\geqslant 0$ 时它是有效除子，换言之，有效除子就是 R 的非零理想.

仍设 D,D' 为代数簇 X 中由理想层 $\mathcal{I}_D,\mathcal{I}_{D'}$ 定义的有效除子. 由于 $\mathcal{I}_D$ 和 $\mathcal{I}_{D'}$ 是可逆层，我们有同构

$$\mathcal{I}_D\otimes_{O_X}\mathcal{I}_{D'}\cong\mathcal{I}_D\mathcal{I}_{D'}=\mathcal{I}_{D+D'} \tag{3.2.8}$$

换言之

$$O_X(D+D')\cong O_X(D)\otimes_{O_X}O_X(D') \tag{3.2.9}$$

所有 X 上的可逆层以张量积 $\otimes_{O_X}$ 为乘法组成一个阿贝尔群 $\mathrm{Pic}(X)$, 称为 X 的皮卡群 (详见 2.4 节). 令 $\Phi_0\colon \mathrm{Div}_+(X)\to \mathrm{Pic}(X)$ 为映射 $D\mapsto O_X(D)$, 则 (3.2.9) 说明 $\Phi_0(D)+\Phi_0(D')=\Phi_0(D+D')$, 由此可将 Φ_0 扩张成一个群同态

$$\Phi\colon \mathrm{Div}(X)\to \mathrm{Pic}(X) \tag{3.2.10}$$

将除子 $D-D'$ 映到 $O_X(D)\otimes_{O_X}O_X(D')^{-1}$. 事实上, 对任意拟射影簇 X, Φ 是满同态 (习题 9). 注意对任意可逆层 $\mathcal{L}$,

$$\Phi_0^{-1}(\mathcal{L})=\{D\in \mathrm{Div}_+(X)|O_X(D)\cong\mathcal{L}\}=|\mathcal{L}| \tag{3.2.11}$$

下面我们考虑一般的基 S 上的除子 *. 首先来看如何推广引理 3.2.2.

给定 k-代数集的态射 $f\colon X\to S$ 及 X 上的可逆层 $\mathcal{L}$, 一个截口 $t\in\Gamma(X,\mathcal{L})$ 什么时候给出 X 的一个 S-有效除子呢? 和上面一样, t 等价于一个 O_X-模层同态 $t\cdot\colon O_X\to\mathcal{L}$, 而这又等价于 (通过 $\otimes_{O_X}\mathcal{L}^{-1}$) 一个 O_X-模层同态 $i_t\colon \mathcal{L}^{-1}\to O_X$, 它的象 $i_t(\mathcal{L}^{-1})$ 是 O_X 的理想层, 从而定义一个闭子集 $D\subset X$. 对一点 $s\in S$, 记 $\mathcal{L}_s$ 为 $\mathcal{L}$ 在纤维 X_s 上的拉回. 由引理 3.1.1.ix), D 在 S 上平坦当且仅当对任一点 $s\in S$, i_t 在纤维 X_s 上诱导的同态 $\mathcal{L}_s^{-1}\to O_{X_s}$ 是单射, 而这又等价于 t 在 X_s 上的纤维 $t_s\in\Gamma(X_s,\mathcal{L}_s)$ 没有局部零化子 (即对任意开集 $U\subset X_s$, 不存在非零元 $a\in O_{X_s}(U)$ 使得 $at_s=0$). 如果这一条件满足, 则 i_t 为单射 (参见引理 A.2.1.vii)), 即 $i_t(\mathcal{L}^{-1})$ 是可逆层, 从而 D 是 S-有效除子. 反之, 若 D 是 S-有效除子, 则由引理 3.1.1.ix) 可见上述条件满足 (即对任一点 $s\in S$, $t_s\in\Gamma(X_s,\mathcal{L}_s)$ 没有局部零化子).

若 $t'\in\Gamma(X,\mathcal{L})$ 也定义一个 S-有效除子 D', 则有 $O_X(D)\cong O_X(D')$, 此时我们说 D' 和 D **线性等价**. 而 $D=D'$ 当且仅当 $\mathrm{im}(i_t)=\mathrm{im}(i_{t'})$, 或 $O_Xt=O_Xt'\subset\mathcal{L}$, 换言之 $t'=ut$, 其中 $u\in\Gamma(X,O_X)$ 为单位. 上面有效除子加法的定义也可以推广到 S-有效除子, 从而定义 S-除子群.

设 S 是仿射的, 其函数环为 R, 而 f 是射影的. 由引理 2.4.3, $L=\Gamma(X,\mathcal{L})$ 是有限生成的 R-模. 设 L 是局部自由的, 则 t 的所有纤维非零当且仅当 $t\cdot\colon R\to L$

* 本节中以下内容虽不涉及概形等较深的或有较强技术性的概念, 但仍需花费较多的功夫 (如自己做一些计算和推导, 发挥空间想像力等) 才能充分理解. 初次阅读时若有困难, 可先仅作一些粗略的了解.

是单射且 $L/(Rt)$ 是局部自由的 (参见引理 A.2.1.v), vii)), 而这又等价于 t 诱导的同态 $V = Hom_R(L,R) \to R$ 是满的. 设对任意点 $s \in S$, 纤维 X_s 是代数簇, 且同态 $L/(pL) \to \Gamma(X_s,\mathcal{L}_s)$ 为同构, 其中 $p \subset R$ 为 s 所对应的极大理想 (事实上, 若 $L/(pL) \to \Gamma(X_s,\mathcal{L}_s)$ 是满射则它是同构, 参见文献 [5] Theorem Ⅲ.12.11), 则由引理 3.2.1 可知 t 给出一个 S-有效除子当且仅当 t 的所有纤维非零.

现在我们再来考虑 X 是 k 上的射影代数簇的情形. 设 $\mathcal{L}$ 为 X 上的可逆层, 像上面一样记 $L = \Gamma(X,\mathcal{L})$, $\dim_k L = n$, $V = Hom_k(L,k)$, 并记 $S = \mathbb{P}(V) \cong \mathbb{P}_k^{n-1}$. 每个截口 $t \in L$ 给出一个 O_X-模层同态 $t\cdot : O_X \to \mathcal{L}$, 它们合起来给出一个 O_X-模层同态

$$O_X^n \cong L\otimes_k O_X \to \mathcal{L} \tag{3.2.12}$$

另一方面, 由于 $O_S(1)$ 由 V 生成, 我们有局部自由层的满同态

$$O_S^n \cong V\otimes_k O_S \twoheadrightarrow O_S(1) \tag{3.2.13}$$

对 (3.2.13) 取对偶 (即取 $\mathcal{H}om_{O_X}(\cdot,O_X)$) 得单同态

$$O_S(-1) \hookrightarrow L\otimes_k O_S \cong O_S^n \tag{3.2.14}$$

由 (3.2.12) 和 (3.2.14), 我们得到 $X\otimes_k S$ 上局部自由层的同态

$$\mathrm{pr}_2^* O_S(-1) \to \mathrm{pr}_2^*(L\otimes_k O_S) \cong L\otimes_k O_{X\otimes_k S} \cong \mathrm{pr}_1^*(L\otimes_k O_X) \to \mathrm{pr}_1^*\mathcal{L} \tag{3.2.15}$$

再做张量积 $\otimes_{O_S} O_S(1)$, 我们得到 $X\otimes_k S$ 上的一个可逆层同态

$$\phi\colon O_{X\otimes_k S} \to \mathrm{pr}_1^*\mathcal{L}\otimes_{O_S} O_S(1) \tag{3.2.16}$$

对任一点 $s \in S$, (3.2.16) 在 s 上的纤维可以看做一个 X 上的可逆层同态 $\phi_s\colon O_X \to \mathcal{L}$, 注意 s 对应于一个 k-同态 $V \to k$, 即 L 的一个元 $\tilde{s}$, 易见 $\phi_s(1) = \tilde{s}$. 由此可知 (3.2.16) 定义了 $X\times_k S$ 中的一个 S-有效除子 D, 它在任一点 $s \in S$ 上的纤维 $D_s \subset X$ 为 $\tilde{s} \in L$ 定义的有效除子, 满足 $O_X(D_s) \cong \mathcal{L}$, 换言之 D_s 是 (3.2.5) 中 s 所对应的 $|\mathcal{L}|$ 中的元.

设 T 为 k 上的仿射代数集, 其函数环为 R, 而 $D' \subset X\times_k T$ 为 T-有效除子, 满足

$$O_{X\times_k T}(D') \cong \mathrm{pr}_1^*\mathcal{L} \tag{3.2.17}$$

则由上所述 D' 对应于一个满同态

$$V \otimes_k R \cong \Gamma(X \times_k T, \mathrm{pr}_1^* \mathcal{L})^\vee \to R \tag{3.2.18}$$

由例 2.4.6 可见这又对应于 $\mathrm{pr}_2\colon S \times_k T = \mathbb{P}_T^{n-1} \to T$ 的一个截口，或一个 k-态射 $T \to S$.

我们注意对一般的 T, 条件 (3.2.17) 是有些过于苛刻了，实际上我们只需要 D' 在每个点 $t \in T$ 上的纤维 D'_t 都满足 $O_X(D'_t) \cong \mathcal{L}$, 为此只需要存在一个 T 上的可逆层 $\mathcal{F}$ 使得

$$O_{X \times_k T}(D') \cong \mathrm{pr}_1^* \mathcal{L} \otimes_{O_{X \times_k T}} \mathrm{pr}_2^* \mathcal{F} \tag{3.2.19}$$

所有这样的 T-有效除子的集合记为 $|\mathcal{L}/T|$. 由上面的讨论可见，若 D' 满足 (3.2.19), 则 (3.2.18) 应换为一个满同态

$$V \otimes_k O_T \cong (\mathrm{pr}_{1*} \mathrm{pr}_1^* \mathcal{L})^\vee \to \mathcal{F} \tag{3.2.20}$$

它也对应于 $\mathrm{pr}_2\colon S \times_k T = \mathbb{P}_T^{n-1} \to T$ 的一个截口，或一个 k-态射 $T \to S$. 反之，一个 k-态射 $T \to S$ 给出 pr_2 的一个截口，由例 2.4.6 不难验证这样一个截口 $\zeta\colon T \to S \times_k T$ 给出一个满同态 (3.2.20), 其中 $\mathcal{F} = \zeta^* \mathrm{pr}_1^* O_S(1)$ (为 T 上的可逆层).

综上所述我们有

命题 3.2.1 设 X 为域 k 上的射影代数簇， $\mathcal{L}$ 为 X 上的可逆层， $L = \Gamma(X, \mathcal{L}) \cong k^n$, $V = Hom_k(L, k)$, $S = \mathbb{P}(V) \cong \mathbb{P}_k^{n-1}$. 令 $D \subset X \times_k S$ 为 (3.2.16) 定义的 S-有效除子. 则对任意仿射 k-代数集 T 有典范一一对应

$$|\mathcal{L}/T| \leftrightarrow \{k\text{-态射 } T \to S\}$$

其中一个 k-态射 $\tau\colon T \to S = \mathbb{P}_k^{n-1}$ 所对应的除子为 $\mathrm{id}_X \times_k \tau\colon X \times_k T \to X \times_k S$ 和 $D \hookrightarrow X \times_k S$ 的拉回；而一个 T-有效除子 $D' \in |\mathcal{L}/T|$ 所对应的 k-态射 $T \to S$ 由 (3.2.20) 给出. 特别地有一一对应 $|\mathcal{L}| \leftrightarrow S$, 它与 (3.2.5) 一致.

用分类学的术语说， $S \cong \mathbb{P}_k^{n-1}$ 是 X 上满足 $O_X(D') \cong \mathcal{L}$ 的有效除子的 “精细模空间”，或者说 S “代表” X 上的线性系 $|\mathcal{L}|$, 而称 D 为 S 上的 “泛除子” (参见 5.2 节).

例 3.2.3 设 $X = \mathbb{P}_k^n$, $\mathcal{L} = O_X(d)$, 则 $\Gamma(X, \mathcal{L}) \cong k^{\oplus r}$, 其中 $r = \binom{n+d}{d}$, 故 X 上 d 次超曲面 (即 d 次除子) 的精细模空间同构于 $\mathbb{P}_k^{r-1}$.

3.3　相交数

设 k 为代数闭域，C_1, C_2 为 $X = \mathbb{P}_k^2$ 中的两条 (不同的) 代数曲线 (即 1 维闭子簇), 次数分别是 d_1, d_2 (即分别由 d_1, d_2 次齐次方程定义，参见引理 2.2.1 及例 3.2.2). 我们下面将看到，若 C_1, C_2 在它们的任一交点都不相切，则 $C_1 \cap C_2$ 有 $d_1 d_2$ 个点. 若 C_1, C_2 在某一点 P 相切，我们需要引入“相交重数”的概念以使上述结果仍成立.

注意 $C_1 \times_X C_2$ 作为一个集合是 $C_1 \cap C_2$. 由引理 2.4.2 可知 $C_1 \times_X C_2$ 在 k 上是有限的, 设它的函数环为 A, 则 A 为有限秩 k-代数 (为阿廷环). 由于 $C_1 \cap C_2$ 是有限集，可取一条直线 L 使得 $C_1 \cap C_2 \cap L = \varnothing$, 即 $C_1 \cap C_2 \subset U = X - L$. 注意 U 是仿射的, 设 R 为 U 的函数环, 则由例 3.1.6 和例 3.2.1 可知 $A \cong (R/P_1^{r_1}) \times \cdots \times (R/P_n^{r_n})$, 其中 $P_1, \cdots, P_r$ 为 R 的极大理想，对应于 $C_1 \cap C_2$ 的所有点，而 $C_1 \times_X C_2$ 在 k 上的次数为 $\dim_k A = r_1 + \cdots + r_n$. 我们称 r_i 为 C_1 和 C_2 在交点 P_i 处的 相交重数, 注意 $r_i = \dim_k A_{P_i} = l_A(A_{P_i})$ (即 A_{P_i} 的长度，参见附录 A.1 节).

更一般地, 设 X 为 k 上的拟射影代数集, $Y_1, Y_2 \subset X$ 为闭子集使得 $\dim(Y_1 \times_X Y_2) = 0$. 令 A 为 $Y_1 \times_X Y_2$ 的函数环，则 $\dim_k A < \infty$. 对任一点 $P \in Y_1 \cap Y_2$, 我们定义 Y_1, Y_2 在 P 点的 相交重数 为 $l_A(A_P) = \dim_k A_P$, 记为 $i(Y_1, Y_2, P)$. 由阿廷环的结构 (参见文献 [12] Ⅲ.2) 有 $A \cong \prod_{P \in Y_1 \cap Y_2} R_P$, 故有

$$\dim_k A = \sum_{P \in Y_1 \cap Y_2} i(Y_1, Y_2, P) \tag{3.3.1}$$

注 3.3.1　相交重数的定义与一元函数零点重数的定义是一致的. 例如设多项式 $f(x)$ 的最低次项为 x^n, 则 0 为 $f(x)$ 的 n 重零点，而这个零点可以理解为两条平面曲线 $y = f(x)$ 和 $y = 0$ 的交点，由定义易见点 $(0,0)$ 是这两条曲线的 n 重交点.

Bézout 定理　设曲线 $C_1 \neq C_2 \subset \mathbb{P}_k^2$ 的次数分别为 d_1, d_2, 则

$$\sum_{P \in C_1 \cap C_2} i(C_1, C_2, P) = d_1 d_2 \tag{3.3.2}$$

证　仍记 $X = \mathbb{P}_k^2$, 注意 C_1, C_2 可以看做 X 的有效除子且 $\dim(C_1 \cap C_2) = 0$, 由 (3.3.1) 可见 (3.3.2) 左边等于 $C_1 \times_X C_2$ 在 k 上的次数.

令 Y_1 和 Y_2 分别为 X 中 d_1 次和 d_2 次有效除子的模空间，$\mathcal{C}_1, \mathcal{C}_2$ 分别为 $X \times_k Y_1$ 和 $X \times_k Y_2$ 中的泛除子 (见 3.2 节), 则 C_1, C_2 分别对应于两个点 $y_1 \in Y_1$ 和 $y_2 \in Y_2$ (命题 3.2.1). 令 $Y = Y_1 \times_k Y_2$, 则在 $X \times_k Y$ 中有两个 Y-有效除子 $\mathcal{C}_1' = \mathcal{C}_1 \times_k Y_2$ 和 $\mathcal{C}_2' = \mathcal{C}_2 \times_k Y_1$(可以理解为 X 中除子对 (D_1, D_2) 的一个族). 令 $\mathcal{D} = \mathcal{C}_1' \times_{X \times_k Y} \mathcal{C}_2'$, 则 $\mathcal{D}$ 在点 $(y_1, y_2) \in Y_1 \times_k Y_2 = Y$ 上的纤维为 $C_1 \times_X C_2$.

注意对任意两个有效除子 $D_1, D_2 \subset X$, $D_1 \cap D_2$ 的维数为 0 当且仅当 D_1 的定义多项式在 D_2 上不是零因子, 而这又等价于 $D_1 \cap D_2$ 是 D_1 中的有效除子. 由习题 7 可知有一个开子集 $T \subset Y$ 使得 $D_1 \cap D_2$ 为有限集当且仅当 (D_1, D_2) 对应于 T 中的点, 而且 $\mathcal{D} \times_Y T$ 在 T 上平坦. 由引理 2.4.2.iii) 可知 $\mathcal{D} \times_Y T$ 在 T 上有限, 故由引理 3.1.1.xi) 可见 $\mathcal{D} \times_Y T$ 在 T 上的所有纤维有相同的次数. 特别地, 若取 D_1 为 d_1 条直线的并而 D_2 为 d_2 条直线的并, 且这 $d_1 + d_2$ 条直线没有 3 条共点, 则 $D_1 \cap D_2$ 的点数 (即 $D_1 \times_X D_2$ 的次数) 显然为 $d_1 d_2$, 故 $C_1 \times_X C_2$ 在 k 上的次数也等于 $d_1 d_2$, 即 (3.3.2) 式成立. 证毕.

注 3.3.2 Bézout 定理有一个代数的证明, 方法是利用希尔伯特多项式直接计算, 不需要很强的工具 (参见例如文献 [5] I.7). 上述证明则是几何的, 需要用到纤维丛的概念, 但想法很直观: 由于相交次数只与两条曲线的次数有关, 只需选两条容易计算的曲线来算一下即可.

注 3.3.3 在 Bézout 定理的叙述中, “曲线” C_1 和 C_2 不必是约化的或不可约的, 只要是 $\mathbb{P}_k^2$ 的除子即可 (但 $C_1 \cap C_2$ 须为有限集, 见定理的证明). 例如它们可以是齐次多项式 X_2^2 或 $X_0 X_1$ 定义的代数子集, 这可以理解为 “退化的曲线”.

例 3.3.1 (古典的“九点定理”) 设 k 为代数闭域, $P_1, \cdots, P_8 \in X = \mathbb{P}_k^2$, 其中没有 4 点共线, 没有 7 点共二次曲线, 则存在惟一点 $P_9 \in X$, 使得 X 中过 $P_1, \cdots, P_8$ 的任意三次曲线 (包括退化的) 都过 P_9 (注: P_9 可能等于 $P_1, \cdots, P_8$ 之一, 例如 $P_9 = P_1$, 此时任两条过 $P_1, \cdots, P_8$ 的三次曲线在 P_1 点相切).

我们先来证明关于二次曲线的一个命题: 设 5 个点 P_1, P_2, P_3, P_4, $P_5 \in X$ 中没有 4 点共线, 则 X 中有惟一的二次曲线 (可能是退化的) 经过这 5 个点. 由例 3.2.3 可知 X 中所有二次曲线 (包括退化的) 的模空间 $Y \cong \mathbb{P}_k^5$ (齐次坐标为 $Y_0, Y_1, \cdots, Y_5$). 由定义不妨设 Y 中一点 $y = (b_0 : b_1 : b_2 : b_3 : b_4 : b_5)$ 所对应的二

次曲线为

$$C_y\colon\ b_0X_0^2+b_1X_1^2+b_2X_2^2+b_3X_0X_1+b_4X_0X_2+b_5X_1X_2=0 \tag{3.3.3}$$

为方便起见我们将 Y 中的点 y 称为二次曲线，即其代表的二次曲线 C_y. 设 P_1 点的坐标为 (a_0,a_1,a_2). 若二次曲线 C_y 过 P_1, 则由 (3.3.3) 得

$$b_0a_0^2+b_1a_1^2+b_2a_2^2+b_3a_0a_1+b_4a_0a_2+b_5a_1a_2=0 \tag{3.3.4}$$

这是 b_0,b_1,b_2,b_3,b_4,b_5 满足的一个非平凡线性齐次方程，故 Y 中过 P_1 的二次曲线组成一个超平面 H_4. 类似地，Y 中过 P_1,P_2 的二次曲线组成一个 3 维平面 $H_3\subset H_4$. 过 P_1,P_2,P_3 的二次曲线组成 H_3 中的一个余维数不大于 1 的平面 $H_2\subset H_3$, 欲验证 $\dim(H_2)=2$ 只需验证 $H_2\neq H_3$, 即存在一条过 P_1,P_2 的二次曲线不过 P_3, 这很容易，只需过 P_1,P_2 各取一条不过 P_3 的直线即可. 过 P_1,P_2,P_3,P_4 的二次曲线组成 H_2 中的一个余维数不大于 1 的子空间 $H_1\subset H_2$, 欲验证 $\dim(H_1)=1$, 即 $H_1\neq H_2$, 注意由所设直线 P_1P_2, P_1P_3 和 P_2P_3 不能都过 P_4, 不妨设 P_1P_2 不过 P_4, 任取一条过 P_3 不过 P_4 的直线与 P_1P_2 合起来即组成一条不过 P_4 的二次曲线. 最后，过 $P_1,\cdots,P_5$ 的二次曲线组成子空间 $H_0\subset H_1$, 若 $P_1,\cdots,P_5$ 中没有 3 点共线，则同样的讨论可得 $\dim(H_0)=0$；否则任取过其中 3 点的一条直线 l, 由所设另两点不在 l 上，任取过其中一点而不过另一点的直线与 l 组成二次曲线，仍得 $\dim(H_0)=0$, 总之恰存在一条过 $P_1,\cdots,P_5$ 的二次曲线.

现在考虑三次曲线 (包括退化的)，由例 3.2.3 可知它们的模空间 $Z\cong\mathbb{P}_k^9$. 逐次用上面关于二次曲线的讨论法，不难证明过 $P_1,\cdots,P_7$ 的三次曲线组成 Z 中的一个二维平面 H_2. 令 $H_1\subset H_2$ 为过 $P_1,\cdots,P_8$ 的三次曲线组成的子空间，我们来证明 $\dim(H_1)=1$. 若 $P_1,\cdots,P_8$ 中有 3 点共线，不妨设 P_1,P_2,P_3 共直线 l . 由上面关于二次曲线的命题，可取二次曲线 C_0 过 P_4,P_5,P_6,P_7 但不过 P_8 . 由 l 和 C_0 组成的三次曲线不在 H_1 中，这给出 $\dim(H_1)=1$. 若 $P_1,\cdots,P_8$ 中没有 3 点共线，令 C 为过 $P_1,\cdots,P_5$ 的 (惟一) 二次曲线，则由所设 P_6,P_7,P_8 不能都在 C 上，不妨设 $P_8\notin C$, 于是 C 和直线 P_6P_7 组成的三次曲线不在 H_1 中，仍给出 $\dim(H_1)=1$.

H_1 中必有非退化的三次曲线，因为退化情形只能是由一条二次曲线和一条直线组成，由所设或者二次曲线过 $P_1,\cdots,P_8$ 中的 6 个点而直线过其余 2 个点，或者二次曲线过 $P_1,\cdots,P_8$ 中的 5 个点而直线过其余 3 个点，由上面关于二次曲线

的命题可见这样的退化三次曲线只有有限多条，而 H_1 中的三次曲线有无限多条. 任取两条非退化三次曲线 $C_1, C_2 \in H_1$，则 $C_1 \cap C_2$ 是有限集. 取三次齐次多项式 $F_1, F_2 \in K[X_0, X_1, X_2]$ 分别定义 C_1, C_2，则由 $\dim(H_1) = 1$ 可见 H_1 中的任意曲线由形如 $aF_1 + bF_2$ 的多项式定义；另一方面，由 Bézout 定理可知 C_1 与 C_2 的交点个数 (连重数) 为 $3 \cdot 3 = 9$，即它们除 $P_1, \cdots, P_8$ 外还有一个公共点 P_9 (若 $P_9 = P_1$ 则 C_1 与 C_2 在 P_1 的相交重数为 2，此时 C_1 和 C_2 在 P_1 点相切，参见下节例 3.4.2)，显然所有 H_1 中的曲线都过 P_9. 这就证明了九点定理.

利用九点定理很容易证明例 0.4 中的后两个定理：对巴斯加定理 (图 0.3)，令 C_1 为二次曲线与 PQ 组成的三次曲线，C_2 为 AB, CD, EF 三条直线组成的三次曲线，C_3 为 BC, DE, FA 三条直线组成的三次曲线，则 C_1, C_2, C_3 都过 8 个点 A, B, C, D, E, F, P, Q，故它们有另一公共点 R；对图 0.4，令 C_1 为其中的三次曲线，C_2 为 AD, BC, HI 三条直线组成的三次曲线，C_3 为 BD, CH, AI 三条直线组成的三次曲线，则 C_1, C_2, C_3 都过 8 个点 A, B, C, D, E, G, H, I，故它们有另一公共点 F. 注意上述证明完全是组合性的.

相交重数的概念可以推广到很一般的情形 (详见 3.5 节). 例如设 $X \subset \mathbb{P}_k^m$ 是 n 维 d 次非奇异 (定义见 3.4 节) 射影代数簇，$H \subset \mathbb{P}_k^m$ 是次数分别为 $d_1, \cdots, d_n$ 的 n 个超曲面的交且为 $m-n$ 维，$\dim(X \cap H) = 0$，则

$$\sum_{p \in H \cap X} i(X, H, p) = d_1 \cdots d_n d \tag{3.3.5}$$

(见命题 3.5.2).

例 3.3.2 设超曲面 $H_1, \cdots, H_{m-n} \subset \mathbb{P}_k^m$ 的次数分别为 $d_1, \cdots, d_{m-n}$，它们的交 X 的维数是 n，而 $m-n$ 维平面 $H \subset \mathbb{P}_K^m$ 与 X 的交是 0 维的，则 (3.3.5) 式右边等于 $d_1 \cdots d_{m-n}$，故 X 的次数为 $d_1 \cdots d_{m-n}$. 此时我们称 X 为一个*完全交*.

若 $X \subset \mathbb{P}_k^n$ 不是完全交，则 X 的次数的计算可能较为复杂. 例如在 $\mathbb{P}_k^3$ 中，三个多项式 $X_0X_3 - X_1X_2$, $X_1X_3 - X_2^2$, $X_0X_2 - X_1^2$ 定义一条曲线 C，它不能由两个多项式定义. 实际上 C 是一个 3 重嵌入 $\mathbb{P}_k^1 \to \mathbb{P}_k^3$ 的象，故 C 的次数是 3.

例 3.3.3 设超曲面 $H_1, \cdots, H_n \subset \mathbb{P}_k^n$ 分别由齐次多项式 $F_1, \cdots, F_n$ 给出，它们的次数分别为 $d_1, \cdots, d_n$. 若它们的交是有限集，则由 (3.3.5) 可知它们的交点个数 (计入重数) 为 $d_1, \cdots, d_n$. 令 $f_i(x_1, \cdots, x_n) = F_i(1, x_1, \cdots, x_n)$ $(1 \leqslant i \leqslant n)$，则上

述结果说明， n 个多项式方程组成的方程组 $f_1=\cdots=f_n=0$ 的公共解 (连重数) 至多有 $d_1\cdots d_n$ 组.

对一般的多项式方程组都可以用上面的想法估计解的组数，即先化为齐次方程组再利用射影空间的相交性质. 但在一般情形需要考虑到方程的个数可能多于 n 个，要判断交点个数是否有限，以及处理在无穷远超平面上的交点，这些问题的解决较为复杂 (参见例 0.1).

相交数概念的进一步推广和深入研究建立了 *相交理论*, 它是代数几何中最重要的支柱之一.

3.4　切空间

切空间是几何学的一个基本概念，在代数几何中也起着重要作用.

在微分几何中, 一个流形在其一点处的一个切向量可以定义为一个在该点的导数 (或在该点附近有定义的导数在该点的取值)；在一点处的所有切向量组成的线性空间称为流形在该点的切空间 (这里的切空间是抽象意义的，不是流形作为某个线性空间的子集的切空间)；而流形在该点的微分空间可以定义为切空间的对偶. 所有各点的切空间组成一个向量丛 (切丛). 但在代数几何中 (尤其是在概形的定义中) 常是“先有函数后有空间” (例如仿射代数集可以由它的函数环的极大理想集给出), 切空间和微分空间的定义次序也要反过来.

首先我们来定义微分. 由于在一般域上不能用取极限的方法定义导数，我们采用 19 世纪末德国学派的方法，基本想法是：设 x 是代数集的一个局部函数，它的微分是一个新变量 dx, 而 $dx^2=0$. 我们记 $x'=x+dx$, 它可以看做 x 的一个“无穷小”变化，而微分 $dx=x'-x$, 从而对任意代数函数 $f(x)$, 可以定义 $df=f(x')-f(x) \pmod{dx^2}$, 这和传统的定义是一致的，因为在 x 是实或复变量的情形， $f(x+\Delta x)-f(x)=f'(x)\Delta x+O(\Delta x^2)$ 而 $df=f'(x)dx$. 如果我们把 x 和 x' 看做 x 的两个“拷贝”，就可以得到下面这样的定义 (参见附录 A.4 节).

设 X 是代数闭域 k 上的仿射代数集，函数环为 R . 令 $A=R\otimes_k R$, $\mu\colon A\to R$ 为同态 $\mu(a\otimes_k b)=ab$, $I=\ker(\mu)$, 则 I 由所有 $1\otimes_k x-x\otimes_k 1$ $(x\in R)$ 生成. 我们将 $1\otimes_k x$ 和 $x\otimes_k 1$ 分别看做 x 的两个“拷贝” (相当于上面的 x' 和 x), 则可记 $dx=1\otimes_k x-x\otimes_k 1 \pmod{I^2}$. 于是我们记 $\Omega^1_{R/k}=I/I^2$, 称为 R 的 *微分模*, 而从 R 到 $\Omega^1_{R/k}$ 有一个 *微分映射* d, 将 $x\in R$ 映到 $1\otimes_k x-x\otimes_k 1$ 在 $\Omega^1_{R/k}$ 中的象. 注

意 d 是 k-线性的但一般不是 R-线性的，且满足 $d(ab) = adb + bda$.

对一般的代数集，我们可以定义“微分层”. 设 X 是代数闭域 k 上的拟射影代数集，令 $\Delta: X \to X \times_k X$ 为对角态射，我们知道它是一个闭嵌入 (见 2.2 节). 令 $\mathcal{I}$ 为 $\Delta(X)$ 的定义理想层 (它由所有形如 $1 \otimes_k x - x \otimes_k 1$ 的局部截口生成), 则 $\mathcal{I}/\mathcal{I}^2$ 在 $\Delta(X)$ 以外处处为 0, 从而给出 $X \cong \Delta(X)$ 上的一个层，记为 $\Omega^1_{X/k}$ (用 2.4 节中的记号，$\Omega^1_{X/k} = \Delta^*\mathcal{I}$), 称为 X 在 k 上的 相对微分层, 注意它是一个 O_X-模层. 从 O_X 到 $\Omega^1_{X/k}$ 有一个层同态 (“微分映射”) $d: O_X \to \Omega^1_{X/S}$, 将任一开子集 $U \subset X$ 上的任一截口 $x \in O_X(U)$ 映到 $1 \otimes_k x - x \otimes_k 1$ 在 $\Omega^1_{X/k}(U)$ 中的象，注意 d 是 k-线性的但一般不是 O_X-模层同态.

例 3.4.1 设 $X = \mathbb{A}^n_k$ (函数环为 $k[x_1, \cdots, x_n]$), $Y = \mathbb{P}^n_k$ (齐次坐标为 $X_0, \cdots, X_n$), 则 $\Omega^1_{X/k} \cong O_X^{\oplus n}$, 由 $dx_1, \cdots, dx_n$ 生成 (参见文献 [12] 例 XVI.1.1), 由此可见 $\Omega^1_{Y/k}$ 是 n 秩局部自由 O_Y-模层. 我们来验证存在正合列

$$0 \to \Omega^1_{Y/k} \to O_Y(-1)^{\oplus n+1} \to O_Y \to 0 \tag{3.4.1}$$

取 $\Gamma(Y, O_Y(1)) \cong k^{\oplus n+1}$ 的一组自由生成元 $t_0, \cdots, t_n$, 可得满同态

$$\begin{aligned}\mathcal{E}: = \Gamma(Y, O_Y(1)) \otimes_k O_Y \cong O_Y^{\oplus n+1} &\to O_Y(1)\\ a_0t_0 + \cdots + a_nt_n &\mapsto a_0X_0 + \cdots + a_nX_n\end{aligned}$$

$\otimes_{O_Y} O_Y(-1)$ 得满同态 $g: O_Y(-1)^{\oplus n+1} \to O_Y$, 易见 $\ker(g)$ 在 $U_i = Y_{X_i}$ 上由 $X_i^{-1}t_j - X_i^{-2}X_jt_i$ 生成. 令 $x_{ji} = X_j/X_i$ $(0 \leqslant i, j \leqslant n)$, 在 Y_{X_i} 上 $\Omega^1_{Y/k}$ 由所有 dx_{ji} $(j \neq i)$ 自由生成, 故可定义同态 $\Omega^1_{Y/k}(Y_{X_i}) \to \mathcal{E}(Y_{X_i})(-1)$, 将 dx_{ji} 映到 $X_i^{-1}t_j - X_i^{-2}X_jt_i$. 不难验证这些同态在每个 $U_i \cap U_j = Y_{X_iX_j}$ 上是相容的, 故可粘成一个单同态 $\Omega^1_{Y/k} \to O_Y(-1)^{\oplus n+1}$, 其象为 $\ker(g)$.

更一般地，设 $f: X \to Y$ 是 k 上的拟射影代数集的态射，令 $\Delta: X \to X \times_Y X$ 为对角态射，$\mathcal{I}$ 为 $\Delta(X)$ 的定义理想层，则 $\mathcal{I}/\mathcal{I}^2$ 在 $\Delta(X)$ 以外处处为 0, 从而给出 $X \cong \Delta(X)$ 上的一个 O_X-模层，记为 $\Omega^1_{X/Y}$ (用 2.4 节中的记号, $\Omega^1_{X/Y} = \Delta^*\mathcal{I}$), 称为 X 在 Y 上的 相对微分层.

引理 3.4.1 设 k 为代数闭域，$f: X \to Y$ 为 k 上的拟射影代数集的态射，则

i) 存在 O_X-模层的典范正合列

$$f^*\Omega^1_{Y/k} \xrightarrow{\phi} \Omega^1_{X/k} \to \Omega^1_{X/Y} \to 0 \tag{3.4.2}$$

其中 ϕ 由 f 诱导 ($f^*\Omega^1_{Y/k}$ 是 $\Omega^1_{Y/k}$ 在 X 上的拉回, 参见 2.3 节或 2.4 节).

ii) 若 f 是闭嵌入, $\mathcal{I}$ 为 $f(X) \subset Y$ 的定义理想层, 则有 O_X-模层的典范正合列

$$f^*\mathcal{I} \xrightarrow{\delta} f^*\Omega^1_{Y/k} \xrightarrow{\phi} \Omega^1_{X/k} \to 0 \tag{3.4.3}$$

其中 δ 的定义是对任意开子集 $U \subset Y$ 及任意截口 $a \in \mathcal{I}(U)$, $\delta(f^*a) = f^*(da)$. 此外, 若 X 为一个点组成的代数集, 则 δ 是单射.

证明很简单, 只要约化为仿射情形再用引理 A.4.1 即可, 我们留给读者作为习题.

引理 3.4.1.ii) 可用于微分层的计算, 例如对任意理想 $I = (f_1, \cdots, f_m) \subset A = k[x_1, \cdots, x_n]$, $X = V(I)$ 的微分层可以这样计算: 令 $R = A/I$ (为 X 的函数环), M 为 n 秩自由模 $Rdx_1 \oplus \cdots \oplus Rdx_n$, N 为 M 中由 $\{df_1, \cdots, df_m\}$ 生成的子模, 则 $\Omega^1_{X/k} \cong \widetilde{M/N}$ ($\cong \tilde{M}/\tilde{N}$, 其中 $\tilde{M} = O_X dx_1 \oplus \cdots \oplus O_X dx_n \cong O_X^n$ 而 $\tilde{N}$ 为 $df_1, \cdots, df_m$ 在 $\tilde{M}$ 中生成的子层, 参见 2.4 节).

设 X 为 k 上的拟射影代数集. 我们在 2.3 节中看到, O_X 在一个点 $x \in X$ 的茎 $O_{X,x}$ 是一个局部环, 极大理想为 m_x, 而 $O_{X,x}/m_x \cong k$. 在附录 A.4 节中我们看到, 一个从 $O_{X,x}$ 到 k 的 k-导数是一个 k-线性映射 $D: O_{X,x} \to k$, 使得 $D(ab) = aDb + bDa$ ($\forall a, b \in O_{X,x}$), 而这等价于一个 $O_{X,x}$-线性映射

$$(\Omega^1_{X/k})_x \to O_{X,x}/m_x \cong k \tag{3.4.4}$$

其中 $(\Omega^1_{X/k})_x$ 是 $\Omega^1_{X/k}$ 在点 x 的茎, 它是一个 $O_{X,x}$-模. 令

$$\omega_{X,x} = (\Omega^1_{X/k})_x / m_x (\Omega^1_{X/k})_x \tag{3.4.5}$$

(称为 X 在点 x 的 微分空间), 则 (3.4.4) 等价于一个 k-线性映射 $\omega_{X,x} \to k$. 令 $T_{X,x} = Hom_k(\omega_{X,x}, k)$, 称为 X 在点 x 的 切空间. 由上所述 $T_{X,x} \cong Der_k(O_{X,x}, k)$, 即从 $O_{X,x}$ 到 k 的 k-导数全体组成的线性空间. 由引理 3.4.1.ii) 可见有同构

$$\omega_{X,x} \cong m_x/m_x^2 \tag{3.4.6}$$

故有

$$T_{X,x} \cong Hom_k(m_x/m_x^2, k) \tag{3.4.7}$$

设 X 为代数集 Y 的闭子集, 定义理想层为 $\mathcal{I} \subset O_Y$, 则由引理 3.4.1.ii) 可见有正合列

$$\mathcal{I}_x \to \omega_{Y,x} \to \omega_{X,x} \to 0 \tag{3.4.8}$$

由此可见 $T_{X,x} \subset T_{Y,x}$ 由所有在 $\mathcal{I}_x$ 上为 0 的导数组成.

上述切空间的定义看上去与通常"具体的"切空间很不一样, 例如平面 $X = \mathbb{A}_k^2$ 中的曲线 C: $f(x,y) = 0$ 在一点 (x_0, y_0) 处的切线由方程

$$\frac{\partial f}{\partial x}\Big|_{(x_0,y_0)}(x_1 - x_0) + \frac{\partial f}{\partial y}\Big|_{(x_0,y_0)}(y_1 - y_0) = 0 \tag{3.4.9}$$

给出. 如果我们把平面 X 本身看做它在其中任一点 (x_0, y_0) 处的切空间 (但原点换为 (x_0, y_0)), 则切向量 $(x_1 - x_0, y_1 - y_0)$ 所对应的导数 D 满足 $Dx = x_1 - x_0$, $Dy = y_1 - y_0$, 而 (3.4.9) 的左边是 Df, 就是说 D 是 C 的切向量当且仅当 $Df = 0$, 这正和上述切空间的定义一致.

例 3.4.2 设曲线 $C_1, C_2 \subset X$ 交于 x 点, $O_{X,x}$ 的极大理想为 m_x, $\mathcal{I}_1, \mathcal{I}_2 \subset O_X$ 分别为 C_1, C_2 的定义理想层, 则由定义可知 C_1, C_2 在 x 的交点重数大于 1 (或 x 含于 C_1, C_2 的一个共同的分支中) 当且仅当 $(\mathcal{I}_1 + \mathcal{I}_2)_x \subsetneq m_x$, 由中山正引理 (参见文献 [12] 引理 III.2.1) 这等价于 $(\mathcal{I}_1 + \mathcal{I}_2)_x \to m_x/m_x^2$ 不是满射, 由 (3.4.7) 和 (3.4.8) 可见这又等价于 $T_{C_1,x} \cap T_{C_2,x} \neq 0$, 即 C_1 和 C_2 在 x 点相切.

设 X 是域 k 上的 n 维代数簇. 对任一点 $x \in X$, 我们有 $\dim_k \omega_{X,x} = \dim_k T_{X,x} \geqslant n$ (参见例 A.4.3). 若 $\dim_k T_{X,x} = n$, 则称 x 为 X 的 *光滑点* (这等价于 $O_{X,x}$ 是正则局部环, 参见引理 A.4.3.iii)), 否则就称 x 为 X 的 *奇点*. 若 X 没有奇点, 则称 X 为 *非奇异的*, 此时我们也说 X 在 k 上 *光滑*. 由引理 3.4.1.ii) 可见这等价于 $\Omega^1_{X/k}$ 是秩 n 局部自由的.

例如 $\mathbb{A}_k^n$ 和 $\mathbb{P}_k^n$ 都在 k 上光滑. 设 C 为 k 上的仿射代数曲线 (即一维代数簇), 函数环为 R, 则 C 在 k 上光滑当且仅当 R 是戴德金环 (见附录 A.1 节). 由此不难得出: 光滑曲线间的非平凡态射是平坦的 (习题 10).

设 X 为 k 上的光滑代数集, 则由例 3.1.2 可知局部自由层 $\Omega^1_{X/k}$ 给出 X 上的一个向量空间丛 T_X, 它在任一点 $x \in X$ 上的纤维同构于 $T_{X,x}$, 称为 X 的 *切丛*.

Bertini 定理　设 $X \subset Y = \mathbb{P}_k^n$ 为域 k 上的光滑射影代数集，则存在 Y 的超平面 H 使得 H 不包含 X 的任何分支且 $H \cap X$ 在 k 上光滑 (实际上几乎所有超平面都可取为 H).

证　由例 3.2.3 我们知道 Y 的所有超平面的模空间 $Z \cong \mathbb{P}_k^n$, 而 $H \cap X$ 在一点 $x \in H \cap X$ 的切空间为 $T_{H,x} \cap T_{X,x}$. 由引理 3.4.1.ii) 及上面对切空间的解释，只需找一个超平面 H 不包含 X 的任一不可约分支且不包含 X 在任一点 $x \in H \cap X$ 的切空间即可. 令 $d = \dim(X)$. 任取不可约非空开子集 $U \subset X$ 使得 Y 的切丛在 U 上由 X 的切丛和 $n-d$ 个截口 $s_1, \cdots, s_{n-d}$ 生成. 定义代数映射 $\phi\colon W = U \times_k \mathbb{P}_k^{n-d-1} \to Z$, 将 $(x, (a_1 : \cdots : a_{n-d})) \in W$ 映到 (过 x 的) 由 $T_{X,x}$ 与 $\{b_1(s_1)_x + \cdots + b_{n-d}(s_{n-d})_x | a_1b_1 + \cdots + a_{n-d}b_{n-d} = 0\}$ 张成的超平面，则易见对任意 $x \in U$, 任一过 x 且包含 $T_{X,x}$ 的超平面均在 $\mathrm{im}(\phi)$ 中. 注意 $\dim(W) \leqslant n-1$, 可见存在真闭子集 $V_1 \subset Z$ 使得任意包含一个切空间 $T_{X,x}$ 的超平面均在 V_1 中. 另一方面，易见存在真闭子集 $V_2 \subset Z$ 使得任意包含 X 的不可约分支的超平面都在 V_2 中. 注意 $V_1 \cup V_2$ 是 Z 的真闭子集，而任意 $H \in Z - V_1 - V_2$ 不包含 X 的不可约分支且不包含任一点 $x \in X$ 的切空间 $T_{X,x}$, 故 $H \cap X$ 在 k 上光滑. 证毕.

注 3.4.1　若 X 为光滑射影簇且 $\dim(X) > 1$, 则可取 H 使得 $H \cap X$ 为代数簇 (参见文献 [5] Remark Ⅲ.7.9.1).

由 Bertini 定理再用归纳法，即可见对任意 d 维光滑局部闭子集 $X \subset \mathbb{P}_k^n$, 存在 $n-d$ 维平面 $H \subset \mathbb{P}_K^n$ 使得 $H \cap X$ 为有限集且 H 与 X 没有多重交点.

例 3.4.3　设 $i\colon C \hookrightarrow X = \mathbb{P}_k^2$ 为由齐次多项式 F 定义的 $d > 1$ 次光滑曲线, $x = (a_0 : a_1 : a_2) \in C$, 则不难算出切线 $T_{C,x}$ 由方程

$$\frac{\partial F}{\partial X_0}\Big|_{(a_0,a_1,a_2)} X_0 + \frac{\partial F}{\partial X_1}\Big|_{(a_0,a_1,a_2)} X_1 + \frac{\partial F}{\partial X_2}\Big|_{(a_0,a_1,a_2)} X_2 = 0 \tag{3.4.10}$$

给出. 令 $\phi\colon X \to Y \cong \mathbb{P}_k^2$ 为有理映射

$$(a_0 : a_1 : a_2) \mapsto \Big(\frac{\partial F}{\partial X_0}\Big|_{(a_0,a_1,a_2)} : \frac{\partial F}{\partial X_1}\Big|_{(a_0,a_1,a_2)} : \frac{\partial F}{\partial X_2}\Big|_{(a_0,a_1,a_2)}\Big) \tag{3.4.11}$$

则 ϕ 可以看做 $d-1$ 重嵌入与一个投影的合成，它在一个包含 C 的开集 $U \subset X$ 上有定义，故一条直线 $L \subset Y$ 与 $C' = \phi(C)$ 交于 $d(d-1)$ 个点，换言之 C' 为 $d(d-1)$ 次曲线. 若将 Y 看做 X 中所有直线的模空间，则 C' 可以看做 C 的所有切线组

成的子集，注意它是一维的．类似地可以证明 C' 的切线组成 Y 中直线的模空间 Z 中的一维子集 (C' 不一定光滑，但至多只有有限多个奇点，不经过奇点的切线组成 Z 中的一个一维子集，而经过奇点的所有直线也组成 Z 中的一个一维子集). 设 $x=(a_0:a_1:a_2)\in X$ 使得 $a_0Y_0+a_1Y_1+a_2Y_2=0$ 不是 C' 的切线，则易见 C 的过 x 的切线集为 C' 与直线 $a_0Y_0+a_1Y_1+a_2Y_2=0$ 的交，由此可知 C 的过 x 的切线有 $d(d-1)$ 条 (见例 0.5).

引理 3.4.2 设 $f\colon X\to Y$ 为代数闭域 k 上的射影态射．若 f 作为集合的映射是单射且 $\Omega^1_{X/Y}=0$, 则 f 是闭嵌入.

证 由引理 2.4.2.iii) 可知 f 是有限态射，故不妨设 X 和 Y 是仿射的，其函数环分别为 A,B, 其中 B 作为 A-模是有限生成的，而 f 由同态 $\phi\colon B\to A$ 给出．我们需要证明 ϕ 是满射．用反证法，设 $M=A/\phi(B)\neq 0$, 则存在点 $p\in Y$ (看做 B 的极大理想) 使得 $M'=M\otimes_B(B/p)\neq 0$ (参见习题 11). 注意 $B/p\cong k$. 令 $A'=A\otimes_B(B/p)$, 则 A' 为 $f^{-1}(p)$ 的函数环 (见 2.2 节). 由所设 $f^{-1}(p)$ 只有一个点，故 A' 有惟一极大理想 m 且 m 是幂零的．注意 $\Omega^1_{A'/k}\cong m/m^2$ (引理 3.4.1.ii)), 而由所设 $\Omega^1_{A'/k}\cong\Omega^1_{A/B}\otimes_B\kappa(p)=0$ (参见引理 A.4.1), 故 $m=m^2$, 从而 $m=0$, $A'\cong k$, 与 $M'\cong A'/k\neq 0$ 矛盾．证毕.

例 3.4.4 设 $X\subset Z=\mathbb{P}^n_k$ 为 d 维光滑射影代数簇．令 $Y\subset Z$ 为 X 的所有切空间的所有点组成的集合，它也可以定义为 X 的切丛到 Z 的一个 k-态射的象的闭包，故为维数 $\leqslant 2d$ 的代数簇．令 $Y'\subset Z$ 为 X 中所有点对的连线的所有点组成的集，它也可以定义为一个 k-态射 $(X\times_k X-\Delta(X))\times_k\mathbb{P}^1_k\to Z$ 的象，故为维数 $\leqslant 2d+1$ 的代数集．若 $n>2d+1$, 任取 $P\in Z-(Y\cup Y')$ 及超平面 $H\not\ni P$, 令 $f\colon X\to H$ 为从 P 到 H 的投影，则 f 是 (集合的) 单射 (因 P 与 X 的任意点的连线仅与 X 交于一点), 且对任意闭点 $x\in X$, f 诱导的切空间映射 $T_{X,x}\to T_{H,f(x)}$ 是单射，故 $\omega_{H,f(x)}\to\omega_{X,x}$ 为满射．因而 $f^*\Omega^1_{H/K}\to\Omega^1_{X/K}$ (见引理 3.4.1.i)) 是满射 (因它在每一点 $x\in X$ 的纤维是满射). 由引理 3.4.1.i) 得 $\Omega^1_{X/H}=0$, 故由引理 3.4.2 可知 f 是闭嵌入.

由归纳法我们得到： k 上的任一 d 维射影代数簇可以同构地嵌入 $\mathbb{P}^{2d+1}_k$ 中.

3.5　概形的平坦与光滑态射 *

前几节的大多数概念都可以推广到一般的概形和态射.

设 $\mathcal{F}$ 为一个概形 S 上的拟凝聚层，若对任意 $s \in S$, $\mathcal{F}$ 的茎 $\mathcal{F}_s$ 是 $O_{S,s}$ 上的平坦模，则称 $\mathcal{F}$ 在 S 上是*平坦的*. 由拟凝聚层的定义 (见 2.4 节) 可知此时对任意仿射开子概形 $U = \mathrm{Spec}(R) \subset S$, $\mathcal{F}(U)$ 为平坦 R-模 (参见引理 A.2.1.ii)). 设 $f\colon X \to S$ 为概形的态射，若对任意 $x \in X$, $O_{X,x}$ 是平坦 $O_{S,f(x)}$-模，则称 f 是*平坦的* (亦称 X 在 S 上平坦).

引理 3.1.1 和例 3.1.2 都可以推广到一般的概形，这里不赘述. 平坦态射常可以从纤维丛的观点去理解.

例 3.5.1　设 $f_1, \cdots, f_r \in \mathbb{Z}[x_1, \cdots, x_n]$.考虑丢番图方程 $f_1 = \cdots = f_r = 0$, 它在代数几何中对应于概形 $X = \mathrm{Spec}R$, 其中 $R = \mathbb{Z}[x_1, \cdots, x_n]/(f_1, \cdots, f_r)$. 注意 X 的几何结构与坐标 $x_1, \cdots, x_n$ 的选取无关 (即若将变量 $x_1, \cdots, x_n$ 换为 $y_1, \cdots, y_m \in \mathbb{Z}[x_1, \cdots, x_n]$, 其中 $y_1, \cdots, y_m$ 满足 $\mathbb{Z}[y_1, \cdots, y_m] = \mathbb{Z}[x_1, \cdots, x_n]$, 而将 R 换为 $R' = \mathbb{Z}[y_1, \cdots, y_m]/I$, 其中 $I = \ker(\mathbb{Z}[y_1, \cdots, y_m] \to R)$, 则有 $\mathrm{Spec}R' \cong X$). 我们可以考虑 X 的整点、有理点及坐标在某个 $\mathbb{F}_p$ 中的点. 更一般地，可以考虑坐标在任一个域中的点. 如果 R 作为 $\mathbb{Z}$-模是无挠的，则 X 在 $\mathbb{Z}$ 上平坦 (参见引理 A.2.1.iv)), 此时我们可以将 X 看做 $\mathrm{Spec}\mathbb{Z}$ 上的纤维丛，它在任一闭点 p (看做素数) 上的纤维为 $\mathrm{Spec}R/pR$, 即 X 模 p 的 "约化".

若 S 是连通诺特概形而 $f\colon X \to S$ 是有限平坦态射，则由引理 A.2.1.v), 存在正整数 n 使得 f_*O_X 是局部自由秩 n 的 O_S-模层，称 n 为 f 的*次数* (这与 3.1 节的定义一致). 注意有限态射的次数在基变换下不变，特别地它等于每个纤维的次数.

例 3.5.2　(参见例 3.1.6)　设 $X = \mathrm{Spec}R$ 为一个域 K 上的有限概形，由阿廷环的结构 (参见文献 [12] Ⅲ.2) 可知 $B \cong B_1 \times \cdots \times B_r$, 其中 $B_1, \cdots, B_r$ 为阿廷局部环，它们的剩余类域分别记为 $K_1, \cdots, K_r$. 则 X 在 K 上的次数

$$\deg X = \dim_K B = \sum_{i=1}^{r} l(B_r)[K_r : K] \tag{3.5.1}$$

(其中 $l(B_r)$ 为 B_r 的长度，参见附录 A.1 节).

* 本节的内容是对前四节的补充. 如同 1.3 节，对代数几何仅希望作一般了解的读者可略过，初次阅读时若有困难亦可暂时略过.

在例 2.4.7 中构造的 $\mathbb{A}(\mathcal{M})$, 当 $\mathcal{M}$ 为平坦 (即局部自由) 层时称为 S 上的 向量丛, 此时它在 S 上平坦. 特别地, 当 $\mathcal{M}$ 的秩 $n=1$ (即 $\mathcal{M}$ 为可逆层) 时, 亦可称 $\mathbb{A}(\mathcal{M})$ 为 直线丛. 由例 2.4.7 可见, $\mathcal{M}\mapsto\mathbb{A}(\mathcal{M}^\vee)$ 给出 S 上秩 n 局部自由层的同构类与 S 上 n 维向量丛的同构类之间的一一对应 (其逆由 $\mathcal{S}ect_p$ 给出, 其中 $p\colon\mathbb{A}(\mathcal{M}^\vee)\to S$ 为投射). 另一方面, 若 $\mathcal{M}$ 是秩 n 局部自由的, 则 $\mathbb{P}(\mathcal{M})$ 也在 S 上平坦, 且在 S 上 **局部** 同构于 $\mathbb{P}_S^{n-1}$, 我们称 $\mathbb{P}(\mathcal{M})$ 是 S 上一个 ($n-1$ 维) 射影空间丛. 注意当 $n=1$ 时, $\mathbb{P}(\mathcal{M})\cong S$.

除子的概念也可以推广到一般的概形上. 一个概形 X 中的一个 有效除子 是指一个闭子概形 $D\subset X$, 其定义理想层 $\mathcal{I}_D$ 为可逆层, 此时记 $O_X(D)=\mathcal{I}_D^{-1}$.

例 3.5.3 例 3.2.1 可以推广到一般的仿射概形 $X=\mathrm{Spec}R$, 其中 R 为戴德金环. 由于任意非零理想 $I\subset R$ 可以惟一地分解为素理想的积 $I=P_1^{r_1}\cdots P_n^{r_n}$, 有效除子 $D=V(I)$ 可记为 $D=r_1P_1+\cdots+r_nP_n$. 由例 2.4.5 可知, 对 X 上的任意可逆层 $\mathcal{L}$ (等价于 R 上的秩 1 局部自由模), 存在有效除子 $D\subset X$ 使得 $O_X(D)\cong\mathcal{L}$. 和 3.2 节一样, X 中的除子可以理解为 R 的分式理想, 而 $\mathrm{Pic}(X)$ 可以理解为 R 的理想类群. 例如当 R 为 $\mathbb{Z}$ 在 $\mathbb{Q}$ 的一个有限扩域中的整闭包时, $\mathrm{Pic}(X)$ 为有限群, 它的阶称为 X (或 R) 的 “类数”.

设 $\pi\colon X\to S$ 为诺特概形的平坦态射, 一个有效除子 $D\subset X$ 称作一个 S-有效除子, 如果 D 在 S 上平坦. 引理 3.2.1 的断言仍成立: 一个有效除子 $D\subset X$ 为 S-有效除子当且仅当任意点 $s\in S$ 上的纤维 D_s 为 X_s 中的有效除子. 对 X 上的任一可逆层 $\mathcal{L}$, 记

$$|\mathcal{L}/S|=\{S\text{-有效除子}D\subset X|\text{存在 } S \text{ 上的可逆层 } \mathcal{F} \text{ 使得 } O_X(D)\cong\mathcal{L}\otimes_{O_X}\pi^*\mathcal{F}\}$$

为方便起见, 对任意态射 $S'\to S$, 我们记 $X\times_S S'$ 中的 S'-有效除子集 $|\mathcal{L}/S'|=|\mathcal{L}'/S'|$, 其中 $\mathcal{L}'$ 为 $\mathcal{L}$ 在 $X\times_S S'$ 上的拉回.

设 S 为诺特概形, $\pi\colon X\to S$ 为平坦射影态射, 使得对任意点 $s\in S$, 纤维 X_s 是代数簇. 设 $\mathcal{L}$ 为 X 上的可逆层, 满足条件

(*) $\mathcal{E}=\pi_*\mathcal{L}$ 是 S 上的局部自由层, 且对任一点 $s\in S$, $\mathcal{E}\otimes\kappa(s)\to\Gamma(X_s,\mathcal{L}_s)$ 为同构.

在 X 上有凝聚层同态

$$\pi^*\mathcal{E} \to \mathcal{L} \tag{3.5.2}$$

令 $T = \mathbb{P}(\mathcal{E}^\vee)$, $\tau\colon T \to S$ 为投射，则由定义有满同态

$$\tau^*\mathcal{E}^\vee \to O_T(1) \tag{3.5.3}$$

对 (3.5.3) 取对偶得单同态

$$O_T(-1) \hookrightarrow \tau^*\mathcal{E} \tag{3.5.4}$$

由 (3.5.2) 和 (3.5.4), 我们得到 $X \times_S T$ 上局部自由层的同态

$$\mathrm{pr}_2^* O_T(-1) \to \mathrm{pr}_2^*\tau^*\mathcal{E} \cong \mathrm{pr}_1^*\pi^*\mathcal{E} \to \mathrm{pr}_1^*\mathcal{L} \tag{3.5.5}$$

再作张量积 $\otimes_{O_T} O_T(1)$, 得到 $X \times_S T$ 上的一个可逆层同态

$$\phi\colon O_{X\times_S T} \to \mathrm{pr}_1^*\mathcal{L} \otimes_{O_T} O_T(1) \tag{3.5.6}$$

对任一点 $t \in T$, 记 $X_t = X \times_S \{t\}$, $\mathcal{L}_t$ 为 $\mathcal{L}$ 在 X_t 上的拉回，则 (3.5.6) 在 t 上的纤维可以看做一个 X_t 上的可逆层同态 $\phi_t\colon O_{X_t} \to \mathcal{L}_t$, 由 $(*)$ 及 X_t 是整的可知这是一个单同态，从而定义一个有效除子 $D_t \subset X_t$. 由此可知 (3.5.6) 定义了 $X \times_S T$ 中的一个 T-有效除子 D, 它在任一点 $t \in T$ 上的纤维 $D_t \subset X_t$ 为 ϕ_t 所定义的有效除子，故为 $|\mathcal{L}_t|$ 中的元.

设 $\eta\colon S' \to S$ 为诺特概形的态射， $\mathcal{F}$ 为 S' 上的可逆层， $D' \subset X \times_S S'$ 为 S'-有效除子，满足

$$O_{X\times_S S'}(D') \cong \mathrm{pr}_1^*\mathcal{L} \otimes_{O_{X\times_S S'}} \mathrm{pr}_2^*\mathcal{F} \tag{3.5.7}$$

即 $D' \in |\mathcal{L}/S'|$. 注意 D' 对应于 (3.5.7) 右边的一个整体截口，它在 S' 上的纤维非零，这等价于 S' 上的局部自由层

$$\mathrm{pr}_{2*}(\mathrm{pr}_1^*\mathcal{L} \otimes_{O_{X\times_S S'}} \mathrm{pr}_2^*\mathcal{F}) \cong \eta^*\mathcal{E} \otimes_{O_{S'}} \mathcal{F} \tag{3.5.8}$$

的一个纤维非零的整体截口，或一个满同态

$$\eta^*\mathcal{E}^\vee \to \mathcal{F} \tag{3.5.9}$$

而 (3.5.9) 对应于 $\mathrm{pr}_2\colon T \times_S S' \to S'$ 的一个截口，或一个 S-态射 $S' \to T$. 不难验证这个态射由 D' 惟一决定，与整体截口的选择无关 (注意 (3.5.9) 的两个选择相差

$\mathcal{F}$ 的一个自同构，或 $O_{S'}$ 的一个可逆整体截口). 反之，一个 S-态射 $S' \to T$ 给出 pr_2 的一个截口 ζ, 由例 2.4.6 不难验证这样一个截口 ζ 给出一个满同态 (3.5.9), 其中 $\mathcal{F} = \zeta^*\mathrm{pr}_1^*O_T(1)$, 由上所述这等价于一个 S'-有效除子 $D' \in |\mathcal{L}/S'|$. 总之我们有 (参见命题 3.2.1)

命题 3.5.1 设 S 为诺特概形，$\pi\colon X \to S$ 为平坦射影态射，对任意点 $s \in S$, 纤维 X_s 是代数簇. 设 $\mathcal{L}$ 为 X 上满足 $(*)$ 的可逆层，$T = \mathbb{P}(\mathcal{E}^\vee)$, $D \subset X \times_S T$ 为 (3.5.6) 定义的 T-有效除子. 则对任意诺特 S-概形 S' 有典范一一对应

$$|\mathcal{L}/S'| \leftrightarrow \{S\text{-态射}\, S' \to T\}$$

其中一个 S-态射 $\xi\colon S' \to T$ 所对应的 S'-有效除子为 $\mathrm{id}_X \times_S \xi\colon X \times_S S' \to X \times_S T$ 和 $D \hookrightarrow X \times_S T$ 的拉回；而一个 (满足 (3.5.7) 的) S'-有效除子 $D' \in |\mathcal{L}/S'|$ 所对应的 S-态射 $S' \to T$ 由 (3.5.9) 所对应的 $\mathrm{pr}_2\colon T \times_S S' \to S'$ 的截口给出.

按分类学的术语，我们说 $|\mathcal{L}/S|$ 由 T “代表”，而称 D 为“泛除子”.

注 3.5.1 由半连续性定理 (参见文献 [5] Theorem Ⅲ.12.8), 若取定 $O_X(1)$ (任一闭嵌入 $X \to \mathbb{P}_S^N$ 给出一个 $O_X(1)$), 则对 X 上的任意可逆层 $\mathcal{L}'$, 当 n 充分大时 $\mathcal{L} = \mathcal{L}'(n)$ 满足条件 $(*)$.

设 S, X 为诺特概形，$\pi\colon X \to S$ 为相对维数为 n 的平坦射影态射. 一列 S-有效除子 $D_1, \cdots, D_n \subset X$ 称为 *S-截断的*, 如果 $D_1 \cap D_2$ 为 D_1 的 S-有效除子，$D_1 \cap D_2 \cap D_3$ 为 $D_1 \cap D_2$ 的 S-有效除子等等. 此时 $D_1 \cap D_2 \cap \cdots \cap D_n$ 为有限平坦 S-概形，特别地当 S 连通时，它在 S 上的次数称为 $D_1, \cdots, D_n$ 在 S 上的 *相交数*, 记为 $[D_1 \cdots D_n]_S$ (在没有疑问时可以略去下标 S). 截断的情形是经常发生的，如当 $D_1 \cap D_2 \cap \cdots \cap D_n$ 在 S 上有限时，$D_1, \cdots, D_n$ 为 S-截断有效除子列的一个充分条件是 π 具有 C.M. 纤维 (即每个纤维 X_s 的每一点 x 的局部环 $O_{X_s,x}$ 为 C.M. 环，关于 C.M. 环可参见文献 [12] XⅣ.2, 特别地若 π 光滑则 π 具有 C.M. 纤维).

引理 3.5.1 设 S 为连通诺特概形，$\pi\colon X \to S$ 为相对维数为 n 的平坦射影态射，$D_1, \cdots, D_n \subset X$ 为一列 S-截断的 S-有效除子，其中 D_i 为两个 S-有效除子 $D, D' \subset X$ 的和，则 S-有效除子列 $D_1, \cdots, D_{i-1}, D, D_{i+1}, \cdots, D_n$ 和

$D_1,\cdots,D_{i-1},D',D_{i+1},\cdots,D_n$ 也是 S-截断的，且

$$[D_1\cdots D_n]_S=[D_1\cdots D_{i-1}DD_{i+1}\cdots D_n]_S+[D_1\cdots D_{i-1}D'D_{i+1}\cdots D_n]_S \quad (3.5.10)$$

简言之，相交数是 S-截断的 S-有效除子列的加性函数. 此外，若 σ 是 $\{1,\cdots,n\}$ 的一个置换而 $D_{\sigma(1)},\cdots,D_{\sigma(n)}$ 也是 S-截断的，则

$$[D_{\sigma(1)}\cdots D_{\sigma(n)}]_S=[D_1\cdots D_n]_S \quad (3.5.11)$$

换言之，只要保持 S-截断性，S-有效除子列的相交数与除子的次序无关.

证　由引理 3.2.1 的推广，我们只需考虑 $S=\mathrm{Spec}K$ (K 为域) 的情形即可. 设 $x\in D_1\cap\cdots\cap D_n$, $R=O_{X,x}$, m 为 R 的极大理想，则 $D_1,\cdots,D_n$ 分别给出 R 中由一个非零因子生成的理想，不妨设为 $(a_1),\cdots,(a_n)$. 由所设 $a_1,\cdots,a_n$ 为 m-正则列且 $\dim(R/(a_1,\cdots,a_n))=0$, 故 R 为 C.M. 局部环. 设 D,D' 分别给出 R 中的理想 $(a),(a')$, 则 $(aa')=(a_i)$, 故不妨设 $a_i=aa'$. 由于 $(a_1,\cdots,a_{i-1},a,a_{i+1},\cdots,a_n)\supset(a_1,\cdots,a_n)$, 有

$$\dim(R/(a_1,\cdots,a_{i-1},a,a_{i+1},\cdots,a_n))\leqslant\dim(R/(a_1,\cdots,a_n))=0 \quad (3.5.12)$$

故若 a 不是 R 中的单位则 $a_1,\cdots,a_{i-1},a,a_{i+1},\cdots,a_n$ 为 m-正则列，此时 $a_1,\cdots,a_{i-1},a_{i+1},\cdots,a_n,a$ 也是 m-正则列 (参见文献 [12] 命题 XIV.1.3). 同理，若 a' 不是 R 中的单位则 $a_1,\cdots,a_{i-1},a',a_{i+1},\cdots,a_n$ 为 m-正则列，此时 $a_1,\cdots,a_{i-1},a_{i+1},\cdots,a_n,a'$ 也是 m-正则列. 令

$$A=R/(a_1,\cdots,a_{i-1},a_{i+1},\cdots,a_n) \quad (3.5.13)$$

令 b,b' 分别为 a,a' 在 A 中的象，则 a_i 在 A 中的象为 bb'. 由于 b 不是 A 的零因子，我们有 A-模同构 $(b)/(bb')\cong A/(b')$, 从而有

$$\begin{aligned}\dim_K(A/a_iA) &= \dim_K(A/(b))+\dim_K((b)/(bb'))\\ &= \dim_K(A/(b))+\dim_K(A/(b'))\end{aligned} \quad (3.5.14)$$

即

$$\begin{aligned}\dim_K(R/(a_1,\cdots,a_n)) = {}& \dim_K(R/(a_1,\cdots,a_{i-1},a,a_{i+1},\cdots,a_n))+\\ & \dim_K(R/(a_1,\cdots,a_{i-1},a',a_{i+1},\cdots,a_n))\end{aligned} \quad (3.5.15)$$

由 (3.5.15) 对所有 $x \in D_1 \cap \cdots \cap D_n$ 作和即得 (3.5.10). 最后一个断言 (即 (3.5.11) 式) 由定义是显然的. 证毕.

设 S 为不可约诺特概形, $\pi\colon X \to S$ 为平坦射影态射, 相对维数为 $n, V \subset X$ 为闭子概形, 在 S 上的纤维的维数都 $< n$, 而 $\pi|_{X-V}$ 具有 C.M. 纤维. 设 $\mathcal{L}_1, \cdots, \mathcal{L}_n$ 为 X 上的可逆层. 由命题 3.5.1 的证明可见, 若 $\mathcal{L} = \mathcal{L}_i$ 满足 (*), 则 $|\mathcal{L}_i/S|$ 由 S 上的一个射影空间丛中的一个开子概形 T_i (可能是空集) 代表, 设其泛除子为 $D_i \subset X \times_S T_i$ $(1 \leqslant i \leqslant n)$. 在 $T = T_1 \times_S \cdots \times_S T_n$ 上有 T-有效除子 $\tilde{D}_i = D_i \times_{T_i} T \subset X \times_S T$ $(1 \leqslant i \leqslant n)$. 令 $D = \tilde{D}_1 \cap \cdots \cap \tilde{D}_n$, 若存在连通稠密开子集 $U \subset T$ 使得 $D \times_T U \subset (X - V) \times_S U$ 且 $\mathrm{pr}_2\colon D \times_T U \to U$ 是有限的, 则由于 $\pi|_{X-V}$ 具有 C.M. 纤维, S-有效除子列 $D_1, \cdots, D_n$ 在 $X - V$ 上的限制是 S-截断的, 故 $\mathrm{pr}_2\colon D \times_T U \to U$ 是平坦的, 其次数称为 $\mathcal{L}_1, \cdots, \mathcal{L}_n$ 在 S 上的 相交数, 记为 $[\mathcal{L}_1 \cdots \mathcal{L}_n]_S$ (在没有疑问时可以略去下标 S). 由上所述可知对任意态射 $S' \to S$ 及任意 S'-截断的 S'-有效除子列 $D_i' \in |\mathcal{L}_i/S'|$ $(1 \leqslant i \leqslant n)$ 有 $[\mathcal{L}_1 \cdots \mathcal{L}_n]_S = [D_1' \cdots D_n']_{S'}$. 对一般的 $\mathcal{L}_i$, 注意当 m 充分大时 $\mathcal{L} = \mathcal{L}_i(m)$ 满足 (*), 若用 $\mathcal{L}_i(m)$ 代替 $\mathcal{L}_i$ $(1 \leqslant i \leqslant n)$, 则 U 存在, 这是因为对每个 i 和任一点 $s \in S$, $|\mathcal{L}_i(m)_s|$ 中的除子没有公共点 (参见文献 [5] Lemma Ⅱ.7.8), 故可定义 $[\mathcal{L}_1(m) \cdots \mathcal{L}_n(m)]_S$. 由于相交数是加性的, 由此就可以定义 $[\mathcal{L}_1 \cdots \mathcal{L}_n]_S$, 而且不难验证这个定义与 $\mathcal{O}_X(1)$ 和 m 的选择无关. 总之有

推论 3.5.1 设 S 为连通诺特概形, $\pi\colon X \to S$ 为相对维数为 n 的平坦射影态射, $V \subset X$ 为闭子概形, 在 S 上的纤维的维数都 $< n$, 而 $\pi|_{X-V}$ 具有 C.M. 纤维. 则对 X 上的任意 n 个可逆层 $\mathcal{L}_1, \cdots, \mathcal{L}_n$ 可以定义它们在 S 上的相交数 $[\mathcal{L}_1 \cdots \mathcal{L}_n]_S$, 它是 n 个可逆层的整值加性函数, 在任意基变换 $S' \to S$ 下不变, 且与 n 个可逆层的次序无关. 若 $D_1, \cdots, D_n \subset X$ 为 S-截断的 S-有效除子列使得 $D_1 \cap D_2 \cap \cdots \cap D_n \subset X - V$ 且在 S 上有限, 则 $[D_1 \cdots D_n]_S = [\mathcal{O}_X(D_1) \cdots \mathcal{O}_X(D_n)]_S$, 特别地 $[D_1 \cdots D_n]_S$ 只与可逆层 $\mathcal{O}_X(D_i)$ $(1 \leqslant i \leqslant n)$ 有关.

设 $X \subset \mathbb{P}_K^m$ 为域 K 上的 n 维拟射影概形, 则存在维数 $< n$ 的闭子概形 $V \subset X$ 使得 $X - V$ 为 C.M. 概形 (习题 3). 令 X' 为 $X - V$ 在 $\mathbb{P}_K^m$ 中的闭包, 则 $\mathbb{P}_K^m$ 中一般的超平面与 X' 的交为 X' 中的有效除子, 故由推论 3.5.1 可知对 $\mathbb{P}_K^m$ 中一般的 $m-n$ 维平面 H (为 n 个超平面的交), $(H \cap X') \to \mathrm{Spec} K$ 为有限态射, 且其次数为 $[\mathcal{O}_{X'}(1) \overset{n}{\cdots} \mathcal{O}_{X'}(1)]$, 与 H 的选择无关, 而当 H 足够一般时 $H \cap V = \varnothing$, 故

$(H \cap X) \to \mathrm{Spec}K$ 的次数也与 H 的选择无关, 称为 X 的 *次数* (参见引理 2.2.1).

注 3.5.2　用 X 的希尔伯特多项式 χ_X 可更简单地定义射影概形的次数, 即 $n!\chi_X$ 的首项系数为 X 的次数 (参见文献 [5] I.7). 上述定义则在几何上更直观.

3.3 节中的相交重数概念可以推广到很一般的情形, 我们来看一类特殊情形. 设 X 为域 K 上的拟射影概形, $Y_1, Y_2 \subset X$ 为闭子概形使得 $\dim(Y_1 \times_X Y_2) = 0$, 则有有限秩 K-代数 R 使得 $Y_1 \times_X Y_2 \cong \mathrm{Spec}(R)$. 对任一点 $p \in Y_1 \cap Y_2$, 我们定义 Y_1, Y_2 在 p 点的 *相交重数* 为 $l_R(R_p)$ (即 R_p 的长度, 参见附录 A.1 节), 记为 $i(Y_1, Y_2, p)$. 由阿廷环的结构 (参见文献 [12] III.2) 有 $R \cong \prod\limits_{p \in Y_1 \cap Y_2} R_p$, 故有 (参看 (3.5.1) 式)

$$\dim_K R = \sum_{p \in Y_1 \cap Y_2} i(Y_1, Y_2, p)[\kappa(p) : K] \tag{3.5.16}$$

注意 (3.5.16) 的左边在基变换下不变, 所以 Bézout 定理的叙述可改为: 设曲线 (即有效除子) $C_1, C_2 \subset \mathbb{P}^2_K$ 的次数分别为 d_1, d_2, 且 $\dim(C_1 \cap C_2) = 0$, 则

$$\sum_{p \in C_1 \cap C_2} i(C_1, C_2, p)[\kappa(p) : K] = d_1 d_2 \tag{3.5.17}$$

更一般地, 设 K 为域而 $X \subset \mathbb{P}^m_K$ 为 $n > 0$ 维 d 次拟射影概形, 如上所述可取维数 $< n$ 的闭子概形 $V \subset X$ 使得 $X - V$ 为 C.M. 概形, 令 X' 为 $X - V$ 在 $\mathbb{P}^m_K$ 中的闭包, 则 $[O_{X'}(1) \overset{n}{\cdots} O_{X'}(1)] = d$. 由于相交数是加性函数, 对任意一组整数 $d_1, \cdots, d_n$ 有 $[O_{X'}(d_1) \cdots O_{X'}(d_n)] = dd_1 \cdots d_n$, 这样我们得到:

命题 3.5.2　设 $X \subset \mathbb{P}^m_K$ 是 n 维 d 次拟射影概形, $H \subset \mathbb{P}^m_K$ 是次数分别为 $d_1, \cdots, d_n$ 的 n 个足够一般的超曲面 (即有效除子) 的交, 则 $\dim(X \cap H) = 0$ 且

$$\sum_{p \in H \cap X} i(X, H, p)[\kappa(p) : K] = d_1 \cdots d_n d \tag{3.5.18}$$

特别地, 若 X 是 C.M. 射影概形, $H \subset \mathbb{P}^m_K$ 是次数分别为 $d_1, \cdots, d_n$ 的 n 个超曲面的交且 $\dim(X \cap H) = 0$, 则 (3.5.18) 成立且 (3.5.18) 的右边等于 $[O_X(d_1) \cdots O_X(d_n)]$.

令 $m = 2$, $X = \mathbb{P}^2_K$, 则命题 3.5.2 给出 Bézout 定理 (即上面的 (3.5.17) 式) 的又一个证明 (这个证明的关键是利用相交数的加性).

下面我们讨论概形的微分与光滑性. 设 S, X 为诺特概形, $\pi: X \to S$ 为分离态射. 令 $\Delta: X \to X \times_S X$ 为对角态射, $\mathcal{I}$ 为 $\Delta(X)$ 的定义理想层, 注意它是 $X \times_S X$ 上的一个凝聚层. 定义 X 在 S 上的*相对微分层*为 $\Omega^1_{X/S} = \Delta^*\mathcal{I}$ (为 X 上的凝聚层). 易见 O_S-线性映射 $\mathrm{pr}_2^* - \mathrm{pr}_1^*$ 将 O_X 映入 $\mathcal{I}$, 从而诱导 "微分映射" $d: O_X \to \Omega^1_{X/S}$ (对任意开集 $U \subset X$ 及任意截口 $a, b \in O_X(U)$ 有 $d(ab) = adb + bda$). 引理 3.4.1 对任意分离 S-态射 $f: X \to Y$ 成立. 此外对任意基变换 $t: T \to S$ 有

$$\Omega^1_{X \times_S T/T} \cong (\mathrm{id}_X \times_S t)^* \Omega^1_{X/S} \tag{3.5.19}$$

(参见附录 A.4 节).

设 S 为诺特概形, X, Y 为 S-概形, 我们记 $\mathrm{Mor}_{S\text{-概形}}(X, Y)$ 为从 X 到 Y 的 S-态射的集合; 若 $\phi: X' \to X$ 为 S-态射, 则 $g \mapsto g \circ \phi$ 给出一个映射 $\mathrm{Mor}_{S\text{-概形}}(X, Y) \to \mathrm{Mor}_{S\text{-概形}}(X', Y)$. 设 $T = \mathrm{Spec}(B)$ 和 $T_0 = \mathrm{Spec}(B_0)$ 为仿射 S-概形, $f: B \to B_0$ 为 R-代数满同态. 若 $\ker(f)$ 是幂零理想, 则称 $\hat{f}: T_0 \to T$ 为 T_0 的一个*无穷小扩张*.

定义 3.5.1 设 $X \to S$ 为诺特概形的分离态射. 若对任意 S 上的无穷小扩张 $T_0 \to T$, $\mathrm{Mor}_{S\text{-概形}}(T, X) \to \mathrm{Mor}_{S\text{-概形}}(T_0, X)$ 是满射 (单射, 一一映射), 则称 X 在 S 上 (或态射 $X \to S$) 是*光滑的*(*无分歧的*, *平展的*).

易见上述各性质在基变换下保持 (即若 $X \to S$ 是光滑的, 无分歧的或平展的, 则对任意 S-概形 S', $X \times_S S' \to S'$ 也是光滑的, 无分歧的或平展的), 在 X 的局部化下也保持 (即对 X 的任一局部化 X_1, 若 $X \to S$ 是光滑的, 无分歧的或平展的则 $X_1 \to S$ 亦然), 且有传递性 (即若 $f: X \to Y$ 和 $g: Y \to Z$ 都是光滑的, 无分歧的或平展的则 $g \circ f: X \to Z$ 亦然).

例 3.5.4 i) $\mathbb{A}^n_S$ 和 $\mathbb{P}^n_S$ 在 S 上光滑.

ii) 任一闭子概形 $Y \subset X$ 在 X 上是无分歧的. X 的任意局部化在 X 上是平展的.

iii) 设 $e: k \subset K$ 为域扩张, $S = \mathrm{Spec}(k)$, $X = \mathrm{Spec}(K)$. 若 e 是有限扩张, 则下列条件等价:

a) $K \supset k$ 是可分扩张;

b) $\Omega^1_{X/S} = 0$;

c) X 在 S 上为平展的;

d) $\mathrm{Spec}(K\otimes_k\bar{k})$ 是既约的，其中 $\bar{k}$ 为 k 的代数闭包 (换言之， X 是几何既约的).

而若 e 为有限生成的域扩张，则下列条件等价:

a) K 在 k 上是可分生成的;

b) X 在 S 上光滑;

c) $\mathrm{Spec}(K\otimes_k\bar{k})$ 是既约的，其中 $\bar{k}$ 为 k 的代数闭包 (换言之， X 是几何既约的)；

d) $\dim_K\Omega^1_{K/k}=\mathrm{tr.deg}(K/k)$.

此外在任何情形都有 $\dim_K\Omega^1_{K/k}\geq\mathrm{tr.deg}(K/k)$ (参见附录 A.4 节中的例 A.4.2 和例 A.4.3).

引理 3.5.2 (雅可比判据) 设 $X\to S$ 为光滑态射， $i\colon Y\hookrightarrow X$ 为闭子概形，其理想层为 $\mathcal{I}$, 则 Y 在 S 上光滑当且仅当 (引理 3.4.1.ii) 中的) $\delta\colon i^*\mathcal{I}\to i^*\Omega^1_{X/S}$ 具有局部分拆 (即在任意仿射开子概形 $U\subset Y$ 上有 $i^*\Omega^1_{X/S}(U)\cong i^*\mathcal{I}(U)\oplus\Omega^1_{Y/S}(U)$).

(参见引理 A.4.2.)

一个概形 S 称为正规的 (正则的， C.M. 概形), 如果对每一点 $s\in S$, $O_{S,s}$ 是整闭整环 (正则局部环，科恩-麦考莱环). 若 S 是特征 0 的域 K 上的概形，则 S 是正则的当且仅当 S 在 K 上光滑，但这对特征非零的域不成立 (此时 K-光滑性比正则性强). 特别地，若 C 为域 K 上的曲线，则 C 正规等价于 C 正则 (参见文献 [12] 命题XV.2.2), 此时对每个闭点 $x\in C$, $O_{C,x}$ 为离散赋值环 (参见文献 [12] 命题XV.2.2 及引理 IV.3.1), 故对任意整的有限型 K-概形 X, 任意 K-态射 $f\colon X\to C$ 若不是将 X 映到一个点则必为平坦的 (习题 10).

引理 3.5.3 设 $X\to S$ 为有限型分离态射，则下列条件等价:

i) X 在 S 上光滑;

ii) X 在 S 上平坦， $\Omega^1_{X/S}$ 为局部自由且其秩处处等于局部纤维维数;

iii) $X\to S$ 平坦且具有几何正则纤维 (即对任意 $s\in S$, $X_s\otimes_{\kappa(s)}\overline{\kappa(s)}$ 是正则的，其中 $\overline{\kappa(s)}$ 是 $\kappa(s)$ 的代数闭包).

(参见引理 A.4.3, 其中局部纤维维数的定义仿照 A.4 节.)

引理 3.5.4 设 X 为域 k 上的概形, $\bar{k}$ 为 k 的代数闭包. 若 $R\otimes_k \bar{k}$ 是整的, 正规的, C.M. 或正则的, 则对任意域扩张 $k' \supset k$, $X\otimes_k k'$ 是整的, 正规的, C.M. 或正则的.

(参见文献 [12] 推论X VI.2.3.)

引理 3.5.5 设 $f: X \to Y$ 为光滑 S-概形的 S-态射, 则下列条件等价:

i) f 是光滑的;

ii) 典范同态 $\phi: f^*\Omega^1_{X/S} \to \Omega^1_{Y/S}$ 具有分拆 (即 ϕ 是单射且 coker(ϕ) 局部自由);

iii) 对任意 $s \in S$, $f_s: X_s \to Y_s$ 是 (Spec($\kappa(s)$) 上的) 光滑态射.

(参见引理 A.4.4.)

定义 3.5.2 设 S 为诺特概型, X 为光滑 S-概形, 则称 $T_{X/S}: = \mathbb{A}(\Omega^1_{X/S})$ (参见 2.4 节) 为 X 在 S 上的相对切丛. 对任一点 $x \in X$, 称 $T_{X/S,x} = (T_{X/S})_x$ 为 $X \to S$ 在 x 点的相对切空间.

习　　题

1. 设 R 为诺特环, A, B 为有限生成的平坦 R-代数. 证明 $\Omega^1_{(A\otimes_R B)/R} \cong \Omega^1_{A/R}\otimes_R B \oplus A\otimes_R \Omega^1_{B/R}$.

2. 设 F 为特征 $p > 0$ 的完全域, $K \supset F$ 为有限生成的扩域, $\text{tr.deg}(K/F) = 1$, L 为 K 的有限不可分扩张. 证明 $K \subset L^p$, 并由此证明 L 有一个包含 K 的子域 K' 使得 $K' \supset K$ 为纯不可分扩张而 $L \supset K'$ 为可分扩张. (提示: 先证明 $[L : L^p] = p$ 再利用例 3.5.4.iii).)

3. 设 X 为一个域上的 n 维有限型概形. 证明存在维数 $< n$ 的闭子概形 $V \subset X$ 使得 $X - V$ 为 C.M. 概形. (提示: 参看文献 [12]XI V.1 和X VI.3)

4. 验证例 1.2.2 中的 $\hat{f}$ 是有限的但 $\Gamma(X_1, O_{X_1})$ 不是局部自由 $\Gamma(X_2, O_{X_2})$-模 (故 $\hat{f}$ 不是平坦的).

5. 设 K 为特征 $p>2$ 的域，$C\subset\mathbb{P}_K^2$ 为曲线 $X_2^{2p}-X_1^3X_0^{2p-3}+X_1X_0^{2p-1}=0$，$C'\subset\mathbb{P}_K^2$ 为曲线 $X_2^2X_0-X_1^3+X_1X_0^2=0$. 定义态射

$$\begin{aligned} f\colon C &\to C' \\ (X_0,X_1,X_2) &\mapsto (X_0^p,X_1X_0^{p-1},X_2^p) \end{aligned}$$

验证 C 不光滑，C' 光滑而 f 是平坦不可分的.

6. 设 X,Y 为 S-概形，证明 $\Omega^1_{X\times_S Y/S}\cong \mathrm{pr}_1^*\Omega^1_{X/S}\oplus\mathrm{pr}_2^*\Omega^1_{Y/S}$. 特别地，若 X,Y 为域 K 上的概形而 $x\in X$, $y\in Y$ 为 K-点，则 $T_{X\times_K Y,(x,y)}\cong T_{X,x}\times T_{Y,y}$.(提示：参看习题 1.)

7. 设 X 为 S-平坦概形, 闭子概形 $D\subset X$ 的理想层 $\mathcal{I}_D$ 是可逆层. 令 $U=\{s\in S|D_s$ 是 X_s 的有效除子 $\}$. 证明 U 是 S 的开集 (故带有诱导的开子概形结构), 且 $D\times_S U$ 为 U-有效除子. (提示：参看第 1 章习题 5.)

8. 设 X 为拟紧概形，$\{U_i|i\in I\}$ 为 X 的开覆盖. 对每个 $i\in I$ 给定 U_i-概形 T_i，且对任意 $i,j\in I$ 给定 $(U_i\cap U_j)$-同构 $f_{ij}\colon T_j\times_X(U_i\cap U_j)\to T_i\times_X(U_i\cap U_j)$，使得对任意 $i,j,l\in I$, 在 $T_l\times_X(U_i\cap U_j\cap U_l)$ 上有 $f_{ij}\circ f_{jl}=f_{il}$. 证明存在 X-概形 T, 具有 U_i-同构 $f_i\colon T\times_X U_i\to T_i$ $(\forall i\in I)$, 使得对任意 $i,j\in I$, 在 $U_i\cap U_j$ 上有 $f_{ij}=f_i\circ f_j^{-1}$. (提示：不妨设 I 是有限集，记 $I=\{1,\cdots,n\}$. 用归纳法对每个 $i\in I$ 构造一个 $U_1\cup\cdots\cup U_i$ 上的概形 T_i', 使得 $T_i'\times_X U_j\cong T_j$ $(1\leqslant j\leqslant i)$. 若已构造出 T_i', 为构造 T_{i+1}', 由概形的定义只需由相容性条件给出一个 $U'=(U_1\cup\cdots\cup U_i)\cap U_{i+1}$ 上的同构 $T_i'\times_X U'\cong T_{i+1}\times_X U'$ 即可.)

9. 设 X 为一个域上的拟射影概形，$\mathcal{L}$ 为 X 上的可逆层，证明存在 X 中的除子 D_1,D_2 使得 $\mathcal{L}\cong O_X(D_1-D_2)$. (提示：参看例 2.4.6.)

10. 设 C 为域 K 上的光滑曲线，X 为整的有限型 K-概形，$f\colon X\to C$ 为 K-态射. 证明 f 若不是将 X 映到一个点则必为平坦的.

11. 设 M 为环 R 上的有限生成的非零模. 证明存在极大理想 $P\subset R$ 使得 $M\neq PM$.(提示：用中山正引理.)

第 4 章　代数曲线

4.1　研究曲线的几个代数方法

我们现在考虑一个代数闭域 k 上的曲线，即一维代数簇．主要是研究光滑射影曲线.

我们已经看到通过嵌入到一个射影空间 $\mathbb{P}_k^n$ 来研究曲线的方法, 特别是对 $n=2$ 或 3. 在例 3.4.4 中我们看到任一光滑 k-曲线可以同构地嵌入 $\mathbb{P}_k^3$. 而由引理 2.2.1, 任一 k-曲线可以双有理地嵌入 $\mathbb{P}_k^2$. 但不是每一曲线都可以同构地嵌入 $\mathbb{P}_k^2$ 的. 设光滑曲线 $C\subset\mathbb{P}_k^3$, 则可将 C 双有理地投影到一个平面 $H\subset\mathbb{P}_k^3$ 上，使得它的象的奇点至多只有结点 (即形如图 4.1.1 的奇点), 我们略去这一事实的证明.

图 4.1.1

曲线到射影空间的态射可以利用可逆层来构造 (参见引理 2.3.1), 我们下面将给出具体的构造方法. 可逆层还有许多其他用处.

我们注意任意 k-曲线间的非平凡 (即不是映到一个点的) k-态射都是有限平坦的 (见引理 2.4.2 和第 3 章习题 10), 而在 3.1 节中已定义了有限平坦态射的次数.

另一个研究曲线的工具是除子. 由例 3.2.1 我们知道光滑仿射曲线中有效除子的结构, 而光滑射影曲线的情形与此相同：设 $C\subset\mathbb{P}_k^n$ 为光滑射影曲线， $D\subset C$ 为有效除子, 则因 D 作为集合是有限的, 可取一个超平面 $H\subset\mathbb{P}_k^n$ 使得 $H\cap D=\varnothing$ (见第 2 章习题 7), 于是 $C'=C\cap(\mathbb{P}_k^n-H)$ 为仿射曲线，而 $D\subset C'$ 为有效除子. 令 R 为 C' 的函数环， $I\subset R$ 为 D 的定义理想, 则 $R/I\cong(R/P_1^{n_1})\times\cdots\times(R/P_r^{n_r})$, 其中 $P_1,\cdots,P_r\subset I$ 为包含 I 的所有极大理想 (对应于 D 的所有点), $n_1,\cdots,n_r\in\mathbb{Z}_{>0}$. 而 D (在 k 上) 的次数为 $\dim_k(R/I)=n_1+\cdots+n_r$. 由此可知 C 的任一除子 D 可以表为 $n_1P_1+\cdots+n_rP_r$, 其中 $P_1,\cdots,P_r$ 为 C 的点而 $n_1,\cdots,n_r\in\mathbb{Z}$ (如同 3.2 节， D 仍可理解为分式理想). 我们称 $n_1+\cdots+n_r$ 为 D 的次数，记为 $\deg D$. 按 3.2 节的记号， C 的所有除子组成一个自由阿贝尔加法群 (除子群) $\mathrm{Div}(C)$, 而所有有效除子组成 $\mathrm{Div}(C)$ 的一个子半群 $\mathrm{Div}_+(C)$. 显然对任两个除子 $D,D'\in\mathrm{Div}(C)$

有 $\deg(D+D')=\deg D+\deg D'$, 故 $\deg: \mathrm{Div}(C)\to\mathbb{Z}$ 为加法群同态.

另一方面，由 3.2 节，C 上的所有可逆层以 $\otimes_{O_C}$ 为积组成一个阿贝尔乘法群 (皮卡群) $\mathrm{Pic}(C)$, 而 $D\mapsto O_C(D)$ 给出一个满同态 $\Phi: \mathrm{Div}(C)\to\mathrm{Pic}(C)$, 它在 $\mathrm{Div}_+(C)$ 上的限制记为 Φ_0. 对任意可逆层 $\mathcal{L}\in\mathrm{Pic}(C)$ 有 $\Phi_0^{-1}(\mathcal{L})=|\mathcal{L}|$, 因此我们也将 $\mathrm{Pic}(C)$ 称为 *除子类群* (即有效除子的线性等价类生成的群). 由命题 3.3.1 可知，$|\mathcal{L}|$ 的除子都是泛除子 D 在 T 上的纤维，故有相同的次数，我们称这个次数为 $\mathcal{L}$ 的 *次数*, 记为 $\deg\mathcal{L}$, 而同态 $\Phi: \mathrm{Div}(\mathrm{C})\to\mathrm{Pic}(C)$ 保持次数 (注：由推论 3.5.1 也可知 $|\mathcal{L}|$ 中所有的除子次数相同，因为它们都等于相交数 $[\mathcal{L}]$).

任意非零元 $f\in K(C)^*=K(C)-\{0\}$ 给出一个除子：若 f 的零点为 $x_1,\cdots,x_r$, 阶 (即重数) 分别为 $m_1,\cdots,m_r$, 而极点 (即 $\frac{1}{f}$ 的零点) 为 $y_1,\cdots,y_s$, 阶分别为 $n_1,\cdots,n_s$, 则令 f 对应的除子为

$$(f)=\sum_{i=1}^{r}m_ix_i-\sum_{i=1}^{s}n_iy_i \tag{4.1.1}$$

称为 f 决定的 *主除子*. 我们也可以这样理解：设 $C\subset\mathbb{P}_k^n$, 则可取 k 上 $n+1$ 个变量的 (同次) 齐次多项式 F_1,F_2, 使得 $f=F_1/F_2$, 而 F_1,F_2 所决定的超曲面与 C 的交给出两个有效除子 D_1,D_2, 易见 $(f)=D_1-D_2$ (与 F_1,F_2 的选择无关). 特别地对任意 $f\in K(C)^*$ 有 $\deg((f))=0$.

设 $\mathcal{L}$ 为曲线 C 上的可逆层，$L=\Gamma(C,\mathcal{L})\neq 0$, 则由 3.2 节的 (3.2.4) 式，$L$ 的一个非零元 s 给出一个除子 $D_s\in|\mathcal{L}|$. 对任意两个非零元 $s,s'\in L$ 有 $f=s'/s\in K(C)^*$, 故 $D_{s'}=D_s+(f)$. 任取非零元 $s\in L$ 且令 $D=D_s$, 则 L 可以理解为

$$L=\{f\in K(C)^*|(f)+D\in\mathrm{Div}_+(C)\}\cup\{0\} \tag{4.1.2}$$

另一种理解是：由 3.2 节我们知道两个有效除子 D,D' 线性等价当且仅当存在 $f\in K(C)^*$ 使得 $O_C(D')=fO_C(D)$, 这等价于 $D'=D+(f)$ (由 $\deg(D)=\deg(D')$ 可给出 $\deg((f))=0$ 的另一个证明).

对任意 $f,f'\in K(C)^*$, $(f)=(f')$ 当且仅当 f/f' 既无零点又无极点，这等价于 $f/f'\in\Gamma(C,O_C^*)\cong k^*$ (参见 3.2 节). 由此得正合列

$$0\to k^*\to K(C)^*\to\mathrm{Div}(C)\xrightarrow{\Phi}\mathrm{Pic}(C)\to 0 \tag{4.1.3}$$

其中一个函数 $f\in K(C)^*$ 映到除子 $(f)\in\mathrm{Div}(C)$. 令

$$\mathrm{Pic}^0(C)=\ker(\deg: \mathrm{Pic}(C)\to\mathbb{Z}) \tag{4.1.4}$$

即 Pic(C) 中 0 次元组成的子群，则

$$\mathrm{Pic}(C)/\mathrm{Pic}^0(C) \cong \mathbb{Z} \tag{4.1.5}$$

我们在 5.4 节将看到 $\mathrm{Pic}^0(C)$ 是 C 的 “雅可比簇” $\mathrm{Jac}(C)$ 的点组成的群.

设 $\phi: C \to C'$ 为射影光滑 k-曲线的非平凡 k-态射，由上所述 ϕ 是有限平坦的. 对任一点 $y \in C'$, 纤维 $\phi^{-1}(y)$ 可以看做 C 的有效除子，其次数等于 $\deg \phi$. 这就给出半群同态 $\mathrm{Div}_+(C') \to \mathrm{Div}_+(C)$, 它显然可以扩张成一个群同态

$$\phi^*: \mathrm{Div}(C') \to \mathrm{Div}(C) \tag{4.1.6}$$

若 $f \in K(C')$, 则易见 $\phi^*((f)) = (\phi^* f)$, 故 ϕ^* 诱导群同态

$$\hat{\phi}: \mathrm{Pic}(C') \to \mathrm{Pic}(C) \tag{4.1.7}$$

此外易见对 C' 的任意除子 D 有

$$\deg(\phi^* D) = \deg(\phi)\deg(D) \tag{4.1.8}$$

从而有

$$\hat{\phi}(\mathrm{Pic}^0(C')) \subset \mathrm{Pic}^0(C) \tag{4.1.9}$$

设 C 为 k 上的光滑射影曲线， $D = \sum\limits_{i=1}^{r} m_i x_i \subset C$ 为有效除子， $\mathcal{L} = O_C(D)$, 则 (4.1.2) 式右边为 $K(C)$ 中在每个点 x_i 有至多 m_i 阶极点 (而其他点都不是极点) 的函数全体，故对任一仿射开集 $U \subset C$, 可将 $\mathcal{L}(U)$ 理解为 $K(C)$ 中所有在每个点 $x_i \in U$ 有至多 m_i 阶极点 (而其他点都不是极点) 的函数组成的 $O_C(U)$-子模，记为 L_U. 更一般地，设 $D_1 = \sum\limits_{i=1}^{r} m_i x_i$, $D_2 = \sum\limits_{i=1}^{s} n_i y_i$ 为有效除子 ($x_1, \cdots, x_r, y_1, \cdots, y_s$ 为互不相同的点), $\mathcal{L} = O_C(D_1)$, $\mathcal{L}' = O_C(D_1 - D_2)$, 则由于 $O_C(-D_2)$ 同构于 D_2 的定义理想层 $\mathcal{I}_{D_2}$ (见 3.2 节), 有 $\mathcal{L}' \cong \mathcal{I}_{D_2}\mathcal{L}$, 故对任一仿射开集 $U \subset C$, 可将 $\mathcal{L}'(U)$ 理解为 $K(C)$ 中所有在每个点 $x_i \in U$ 有至多 m_i 阶极点 (其他点都不是极点) 而每个点 $y_i \in U$ 为至少 n_i 阶零点的函数组成的 $O_C(U)$-子模，记为 L'_U. 由上所述可见 $L'_U = \mathcal{I}_{D_2}(U) L_U$.

特别地，若 $D_2 - D_1 = (f)$, 易见 $L'_U = f O_C(U) \subset K(C)$. 注意此时 $D_2 = D_1 + (f)$, 故 D_1 和 D_2 线性等价 (另一种理解: 由于 $\phi((f)) = O_C$, 有 $\mathcal{L} = O_C(D_1) \cong O_C(D_2)$). 由 3.2 节的 (3.2.4) 式可知 D_1, D_2 分别由 $L = \Gamma(C, \mathcal{L})$ 的两个非零截口

s_1, s_2 给出，可取 s_1, s_2 使得它们在 L_U 中分别对应于 $1, f$. 我们来证明 L_U 作为 $K(C)$ 的 $\mathcal{O}_C(U)$-子模由 1 和 f 生成. 由 $\mathcal{I}_{D_1} \otimes_{\mathcal{O}_C} \mathcal{L} \cong \mathcal{O}_C$ 有 $\mathcal{I}_{D_1}(U) L_U = \mathcal{O}_C(U)$. 令 $R = \mathcal{O}_C(U)/\mathcal{I}_{D_1}(U)$ ($\cong \mathcal{O}_{D_1}(D_1 \cap U)$). 由于 L_U 是秩 1 局部自由 $\mathcal{O}_C(U)$-模, $M = L_U/\mathcal{O}_C(U) = L_U/\mathcal{I}_{D_1}(U)L_U$ 为秩 1 局部自由 R-模，我们只需验证 $M = fR$. 由于 R 是阿廷环，其中每个极大理想 p 对应于一个点 $x_i \in U$, 我们只需验证对每个极大理想 $p \subset R$ 有 $M_p = fR_p$ 即可. 这是显然的，因为 p 在 $\mathcal{O}_C(U)$ 中的原象 P 是 x_i 对应的极大理想，而 $f\mathcal{O}_C(U)_P = P^{-m_i}\mathcal{O}_C(U)_P = (L_U)_P$, 两边模 $\mathcal{I}_{D_1}(U)$ 即得 $fR_p = M_p$.

由此可知 $\mathcal{L}$ 由 s_1 和 s_2 生成. 故由引理 2.3.1 得到一个 k-态射 $\rho_f\colon C \to \mathbb{P}_k^1$ (齐次坐标为 X_0, X_1), 注意 $\rho_f^*(X_1/X_0) = f$. 总之有

引理 4.1.1　设 C 为 k 上的光滑射影曲线, $f \in K(C)^* - k^*$ 的极点为 $x_1, \cdots, x_r$, 阶分别为 $m_1, \cdots, m_r$, 零点为 $y_1, \cdots, y_s$, 阶分别为 $n_1, \cdots, n_s$. 则存在惟一 k-态射 $\rho_f\colon C \to \mathbb{P}_k^1$ (齐次坐标为 X_0, X_1), 使得 $\rho_f^*(X_1/X_0) = f$ 且 $\rho_f^{-1}(0:1)$ 为除子 $\sum\limits_{i=1}^r m_i x_i$, $\rho_f^{-1}(1:0)$ 为除子 $\sum\limits_{i=1}^s n_i y_i$, 而 $\deg \rho_f = m_1 + \cdots + m_r$. 特别地，若 f 只有一个零点而零点的阶为 1, 则 ρ_f 为同构.

若可逆层 $\mathcal{L}$ 有两个 k-线性无关的截口 s_1, s_2 (从而 $\dim_k \Gamma(C, \mathcal{L}) > 1$), 分别给出有效除子 $D_1, D_2 \subset C$, 则有 $f \in K(C)^* - k^*$ 使得 $(f) = D_2 - D_1$ (实际上 $f = s_2/s_1$), 故由引理 4.1.1 得:

推论 4.1.1　设 C 为 k 上的光滑射影曲线, $\mathcal{L}$ 为 C 上的可逆层. 若 $\dim_k \Gamma(C, \mathcal{L}) > 1$, 则存在非平凡 k-态射 $\rho\colon C \to \mathbb{P}_k^1$ 使得 $\deg \rho \leqslant \deg \mathcal{L}$. 特别地，若 C 上存在一个 1 次可逆层 $\mathcal{L}$ 使得 $\dim_k \Gamma(C, \mathcal{L}) > 1$, 则 $C \cong \mathbb{P}_k^1$.

若 $C = \mathbb{P}_k^1$, 则任一 d 次有效除子 $D \subset C$ 由一个 d 次齐次多项式定义，故 $\mathcal{O}_C(D) \cong \mathcal{O}_C(d)$, 从而任一可逆层同构于某个 $\mathcal{O}_C(n)$ ($n \in \mathbb{Z}$), 换言之 $\mathrm{Pic}(C) \cong \mathbb{Z}$ (参见例 3.2.2). 我们知道 $\dim_k \Gamma(C, (\mathcal{O}_C(n)))$ 当 $n \geqslant 0$ 时等于 $n+1$, 而当 $n < 0$ 时显然等于 0. 特别地对任意 1 次可逆层 $\mathcal{L}$ 有 $\dim_k \Gamma(C, \mathcal{L}) = 2$.

还有一个研究曲线的工具是赋值. 任一域 K 中的一个离散赋值是指 K 的乘法群 K^* 到 $\mathbb{Z}$ 的加法群的满同态 v, 使得对任意 $a, b \in K^*$ 有 $v(a+b) \geqslant \min(v(a), v(b))$ (在数论中这也称作一个"非阿基米德位"). 对 K 的任一离散赋值 v, $R = \{a \in$

$K^*|v(a) \geqslant 0\} \cup \{0\}$ 为 K 中的局部环，其极大理想由任一满足 $v(a) = 1$ 的元 a 生成. 例如有理数域的离散赋值都是所谓 p-进赋值 v_p: 其中 p 为素数，对任意 $a, b \in \mathbb{Z} - p\mathbb{Z}$ 及 $r \in \mathbb{Z}$ 有 $v_p(p^r a/b) = r$ (参见文献 [12] 例 IV.3.3).

设 C 为射影光滑 k-曲线，则任意点 $x \in C$ 给出一个离散赋值 v_x (参见文献 [12] 引理 IV.3.1)：由于 $O_{C,x}$ 的极大理想由一个元 a 生成，任一元 $b \in K(C)^*$ 可表为 $b = a^n u$, 其中 $u \in O_{C,x}$ 为单位，定义 $v_x(b) = n$. 注意对任意 $b \in k^*$ 有 $v_x(b) = 0$, 这样的赋值称为 k-赋值. 我们来证明 $K(C)$ 的离散 k-赋值都是这样的 v_x.

设 v 是 $K(C)$ 的一个离散 k-赋值. 取 $a \in K(C)^*$ 使得 $v(a) > 0$. 由引理 4.1.1 有非平凡 k-态射 $\rho_a: C \to \mathbb{P}_k^1$ 使得 a 在 C 中的极点为 $\rho_a^{-1}(0:1)$ 的点. 令 $U = C - \rho_a^{-1}(0:1)$, 则因 ρ_a 是有限态射 (见前述) 而 $U = \rho_a^{-1}(\mathbb{P}_k^1 - (0:1))$, 可见 U 是仿射的. 令 $R \subset K(C)$ 为 U 的函数环，由引理 4.1.1 可取 $\mathbb{P}_k^1 - (0:1)$ 的函数环为 $k[t]$ 使得 $\rho_a^*(t) = a$, 特别地 $a \in R$. 因 R 在 $k[t]$ 上是整的，由离散赋值的定义可见对任意 $b \in R$ 有 $v(b) \geqslant 0$ (习题 11). 令 $p = \{b \in R | v(b) > 0\}$, 则 $a \in p$, 由离散赋值的定义不难验证 p 是 R 的素理想，从而是极大理想 (因 R 是戴德金环而 $p \neq 0$). 令 $x \in C$ 为 p 所对应的点，我们来验证 $v = v_x$. 注意 $R_p \cong O_{C,x}$ 为离散赋值环，由 p 的定义有 $pR_p = \{b \in R_p | v(b) > 0\}$. 任取 pR_p 的一个生成元 c, 则任一元 $b \in K^*$ 可表为 $b = c^n u$, 其中 $u \in R_p - pR_p$ 为单位，故 $v(b) = nv(c)$. 由此可见 $v(c) = 1$, 从而 $v = v_x$.

因此我们可以将 C 与 $K(C)$ 的离散赋值集等同起来. 设 C' 是 k 上的另一光滑射影曲线， $f: K(C') \to K(C)$ 为 k-代数同态 (这等价于 C 到 C' 的一个有理映射), 则 $K(C)$ 的任一离散赋值 v 在 $K(C')$ 上的限制给出 $K(C')$ 的一个离散赋值 (对此只需验证 v 在 $K(C')$ 上的限制不等于 0, 这由习题 11 立得), 由此给出一个映射 $\hat{f}: C \to C'$. 我们来验证 $\hat{f}$ 是一个 k-态射. 对任一点 $x \in C$, 由上所述可取 $a \in K(C')$ 使得 $v_x(f(a)) > 0$. 由引理 4.1.1, a 和 $f(a)$ 分别给出 k-态射 $\rho_a: C' \to \mathbb{P}_k^1$ 和 $\rho_{f(a)}: C \to \mathbb{P}_k^1$. 令 R 和 A 分别为 $U' = C' - \rho_a^{-1}(0:1)$ 和 $U = C - \rho_{f(a)}^{-1}(0:1)$ 的函数环，则由引理 4.1.1 可见 R 是 $k[X_1/X_0]$ 在 $K(C')$ 中的整闭包 (这是因为 R 在 $k[X_1/X_0]$ 上是整的且是整闭的), 同理 A 是 $k[X_1/X_0]$ 在 $K(C)$ 中的整闭包，故有 $f(R) \subset A$, 从而 f 诱导 k-态射 $U \to U'$, 它在任一点 $y \in U$ 处 (特别地在 x 处) 显然与 $\hat{f}$ 一致. 注意 A 是局部自由 $f(R)$-模，其秩等于 $[K(C) : f(K(C'))]$. 总之有

引理 4.1.2 设 C, C' 为 k 上的光滑射影曲线，则一个 k-代数同态 $f: K(C') \to$

$K(C)$ 给出一个非平凡 k-态射 $\hat{f}: C \to C'$, 它所诱导的函数域同态 $K(C') \to K(C)$ 即为 f, 且 $\deg \hat{f} = [K(C) : f(K(C'))]$. 故 k 上的光滑射影曲线间的有理映射必为态射. 特别地, 任一 k 上的光滑射影曲线 C 在同构之下由其函数域 $K(C)$ 惟一决定, 而 $K(C)$ 的 k-自同构给出 C 的 k-自同构.

注意任意 $K(C)$ 是 k 的有限生成的扩域, 且超越次数 $\mathrm{tr.deg}(K(C)/k) = 1$. 反之我们有

引理 4.1.3　设 K 为 k 的有限生成的扩域, 且 $\mathrm{tr.deg}(K/k) = 1$, 则存在 k 上的光滑射影曲线 C 使得有 k-代数同构 $K(C) \cong K$.

证 *　任取 $t \in K - k$, 则由 $\mathrm{tr.deg}(K/k) = 1$ 可知 $K \supset k(t)$ 是代数扩张, 再由 K 是 k 的有限生成的扩域可知 $[K : k(t)] < \infty$. 令 A 为 $k[t]$ 在 K 中的整闭包, 则 A 为有限生成的 k-代数 (参见文献 [12] 定理 Ⅳ.2.1), 故存在仿射代数簇 C_1 使得 A 同构于 C_1 的函数环 (见 1.1 节), 而由 $\mathrm{tr.deg}(K/k) = 1$ 可知 $\dim A = 1$ (参见引理 A.3.1.i)), 即 C_1 为曲线, 而由 A 整闭可知 A 为戴德金环, 故 C_1 光滑 (参见文献 [12] 例 XV.2.1). 取一个闭嵌入 $C_1 \subset \mathbb{A}_k^N$, 并将 $\mathbb{A}_k^N$ 看做 $\mathbb{P}_k^N$ 的开子集, 令 C_2 为 C_1 在 $\mathbb{P}_k^N$ 中的闭包, 则 C_2 为射影曲线而 $C_2 - C_1$ 只有有限多个点. 取一个超平面 $H \subset \mathbb{P}_k^N$ 使得 $(C_2 - C_1) \cap H = \varnothing$, 并令 $C_3 = C_2 - H \cap C_2$, 则 C_3 为仿射曲线. 令 B' 为 C_3 的函数环 (为有限生成的 k-代数, 且可以看做 K 的子环), B 为 B' 在 K 中的整闭包, 则 B 也是一条 k 上的光滑曲线 C_4 的函数环, 而 $B' \hookrightarrow B$ 给出投射 $q': C_4 \to C_3$, 且和上面一样可取一条射影曲线 $C_5 \supset C_4$. 记 $i': C_4 \to C_5$ 为嵌入. 令 $C_6 = C_1 \cap C_3$, 则因 C_6 光滑, C_6 的函数环 R 也是整闭的且包含 B', 故 $B \subset R$. 令 $j: C_6 \to C_4$ 为 $B \hookrightarrow R$ 诱导的态射 (为开嵌入), $i: C_6 \to C_2$ 为嵌入映射. 为方便起见将开嵌入 $C_6 \to C_5$ 也记为 j, 则有局部闭嵌入 $(i,j): C_6 \to C_2 \times_k C_5$. 令 C 为 $(i,j)(C_6)$ 在 $C_2 \times_k C_5$ 中的闭包, 则 C 为射影曲线, 且 $K(C) \cong K$. 我们来证明 C 是光滑的.

令 $p: C \to C_2$ 和 $q: C \to C_5$ 为投射, 则由 C 的定义有 $p \circ (i,j) = i$, $q \circ (i,j) = j$. 注意 p, q 为有限态射 (引理 2.4.2). 令 $C_7 = p^{-1}(C_3)$, C_7 的函数环为 R' (看做 K

---

* 这个证明较复杂, 这是为了避免使用较多的工具. 在 4.4 节将说明, 采用正规化等方法可以给出很简单的证明.

的子环), 则 R' 在 B' 上是整的, 故 $R' \subset B$, 由此得到满态射 $f\colon C_4 \to C_7$ 使得 $p \circ f = q'\colon C_4 \to C_2$. 注意 $p \circ f \circ j = i\colon C_6 \to C_2$ (因它由嵌入 $B' \hookrightarrow R$ 诱导), 故 $f \circ j = (i, j)\colon C_6 \to C$ (因为 p 在 $p^{-1}(C_6)$ 上的限制是同构). 这样 $q \circ f \circ j = j\colon C_6 \to C_5$. 令 $g = (q \circ f, i')\colon C_4 \to C_5 \times_k C_5$, 则因 $q \circ f \circ j = i' \circ j\colon C_6 \to C_5$, 有 $g(j(C_6)) \subset \Delta(C_5)$ ($\Delta\colon C_5 \to C_5 \times_k C_5$ 为对角态射). 由于 $\Delta(C_5)$ 是 $C_5 \times_k C_5$ 的闭子集, 可见 $g(C_4) \subset \Delta(C_5)$, 故 $q \circ f = i'\colon C_4 \to C_5$. 这说明 $q(C_7) = C_4$, 从而 $B \subset R'$, 故 $R' = B$, 即 $C_7 \cong C_4$.

注意投射 $p^{-1}(C_1) \to C_1$ 是有限的而 C_1 的函数环 A 是整闭的, 可见 $p^{-1}(C_1) \cong C_1$ (因为 $p^{-1}(C_1)$ 的函数环在 A 上是整的). 因此 C 是两个光滑开子集 $C_7 = p^{-1}(C_3)$ 和 $p^{-1}(C_1)$ 的并, 故为光滑的. 证毕.

4.2 黎曼-罗赫定理

作为背景, 我们先来看一下黎曼的工作和想法.

所谓*黎曼面*就是一维复流形. 所有紧致黎曼面都是代数的, 而且都可以嵌入 $\mathbb{P}^3_{\mathbb{C}}$ 作为代数曲线 (这一事实不难利用黎曼-罗赫定理来证明, 见下面的例 4.2.2).

设 C 为紧致黎曼面. 由最大模定理, C 上的整函数都是常数. 为研究 C 的结构, 黎曼考虑 C 上的半纯函数的集合 $\mathrm{Mero}(C)$. 设 $P_1, \cdots, P_n \in C$, $d_1, \cdots, d_n$ 为正整数, 记 $D = d_1P_1 + \cdots + d_nP_n$ (可以形式地理解为有效除子, 其次数为 $d = d_1 + \cdots + d_n$). 则集合

$$\Gamma(D) = \{f \in \mathrm{Mero}(C) | f \text{ 在 } P_i \text{ 处有至多} d_i \text{ 阶极点 } (1 \leqslant i \leqslant n), \text{在其他各点解析}\} \tag{4.2.1}$$

为 $\mathbb{C}$ 上的线性空间, 我们来证明它是有限维的. 注意对任意 $f \neq 0 \in \Gamma(D)$, P_1 为 f 的至多 d_1 阶极点. 任取 $\Gamma(D)$ 中一个在 P_1 点具有最大极点阶数的非零元 f_1, 设 P_1 为 f_1 的 e_1 阶极点, 则对任意 $f \in \Gamma(D)$, 存在 $c \in \mathbb{C}$ 使得 P_1 为 $f - cf_1$ 的至多 $e_1 - 1$ 阶极点. 令

$$V_1 = \{f \in \Gamma(D) | P_1 \text{ 为 } f \text{ 的至多 } e_1 - 1 \text{ 阶极点}\} \tag{4.2.2}$$

则 V_1 为 $\Gamma(D)$ 的真子空间, 且 $\Gamma(D)$ 由 V_1 和 f_1 生成. 取 $(e_1-1)P_1 + d_2P_2 + \cdots + d_nP_n$ 代替 D 再重复上面的过程, 由归纳法最终将得到一组 $f_1, \cdots, f_m \in \Gamma(D)$ $(m \leqslant n)$ 使得 $\Gamma(D)$ 由 $f_1, \cdots, f_m$ 和 C 上的整函数集生成, 但由上所述所有整函数组成 $\mathbb{C}$

上的一维线性空间，故 $1, f_1, \cdots, f_m$ 组成 $\Gamma(D)$ 在 $\mathbb{C}$ 上的一组基，特别地

$$\dim_{\mathbb{C}} \Gamma(D) \leqslant d+1 \tag{4.2.3}$$

用现代的语言，设 $\mathcal{K}$ 为 C 上的半纯函数层 (即对任意开集 $U \subset C$, $\mathcal{K}(U)$ 为 U 上的所有半纯函数的集合，这里 C 上的拓扑为通常的拓扑，不是察里斯基拓扑)，则任一可逆层 $\mathcal{L}$ 可以嵌入 $\mathcal{K}$ 作为一个 O_C-子模层，此时存在有限多个点 $P_1, \cdots, P_n \in C$ 及整数 $d_1, \cdots, d_n$，其中 $d_1, \cdots, d_r > 0$, $d_{r+1}, \cdots, d_n < 0$，使得任一开集上的任一半纯函数 f 为 $\mathcal{L}$ 的截口当且仅当 f 在 P_i 处有至多 d_i 阶极点 $(1 \leqslant i \leqslant r)$，在 P_j 处有至少 $-d_j$ 阶零点 $(r+1 \leqslant j \leqslant n)$，而在其他各点解析. 我们记 $\mathcal{L} = O_C(D)$，其中 $D = d_1P_1 + \cdots + d_nP_n$ 称为一个*除子* (在 $r=n$ 时称为*有效除子*)，而 $d = d_1 + \cdots + d_n$ 称为 D 的*次数*，记为 $\deg D$. 在同构的意义下上述术语与层论一致，而且上面的 $\Gamma(D)$ 也与 $\Gamma(C, \mathcal{L})$ 一致. 注意两个不同的嵌入 $\mathcal{L} \hookrightarrow \mathcal{K}$ 相差一个 $\mathcal{K}$ 的 O_C-自同构，而这等价于一个整体半纯函数.

设 $i: D \hookrightarrow C$ 为有效除子，则其理想层 $\mathcal{I} \subset O_C$ 同构于 $O_C(-D)$，我们有正合列

$$0 \to \mathcal{I} \to O_C \to i_*O_D \to 0 \tag{4.2.4}$$

由 (4.2.4)$\otimes_{O_C} O_C(D)$ 得正合列

$$0 \to O_C \to O_C(D) \to i_*O_D(D) \to 0 \tag{4.2.5}$$

其中 $i_*O_D(D) = i_*O_D \otimes_{O_C} O_C(D)$. 注意 i_*O_D 仅在有限多个点处茎非零，而 $O_C(D)$ 局部同构于 O_C，故 $i_*O_D(D)$ 同构于 i_*O_D，特别地有 $\Gamma(C, i_*O_D(D)) \cong \Gamma(C, i_*O_D) \cong \mathbb{C}^{\deg D}$. 故 $\mathbb{C}$-代数 $R = \Gamma(C, i_*O_D)$ 在 $\mathbb{C}$ 上是有限维的，从而为阿廷 $\mathbb{C}$-代数，它可以看做 D 作为代数集的函数环，而 $\deg D = \dim_{\mathbb{C}} R$，故 $\deg D$ 由可逆层 $O_C(D)$ 决定. 由 (4.2.5) 有左正合列 (参见第 2 章习题 11)

$$0 \to \Gamma(C, O_C) \to \Gamma(C, O_C(D)) \to \Gamma(C, i_*O_D(D)) \tag{4.2.6}$$

其中 $\Gamma(C, O_C) \cong \mathbb{C}$. 若 $D = d_1P_1 + \cdots + d_nP_n$，则 $i_*O_D(D)$ 的任一截口 s 可以看做在每个点 P_i 附近各给一个在 P_i 的极点不超过 d_i 阶的半纯函数 $s_i \in K(C)$，且对 P_i 附近的任意解析函数 t，将 $s_i + t$ 和 s_i 看做是相同的.

对 C 上的任一可逆层 $\mathcal{L}$，记 $h^0(\mathcal{L}) = \dim_k \Gamma(C, \mathcal{L})$. 对 C 上的任一除子 D，记 $h^0(D) = h^0(O_C(D))$.

我们来回忆一下复变函数论中的留数概念. 设 $\omega = f(t)\mathrm{d}t$ 为在 $a \in \mathbb{C}$ 附近有定义的微分形, 则在 a 附近可将 f 展开为

$$f(t) = c_{-n}(t-a)^{-n} + \cdots + c_{-1}(t-a)^{-1} + g \quad (c_i \in \mathbb{C},\ g \text{ 为 } a \text{ 附近的整函数}) \tag{4.2.7}$$

定义 $f\mathrm{d}t$ 在 a 点的*留数*为 c_{-1}, 记为 $\mathrm{res}_a(f\mathrm{d}t)$. 注意我们不采用 "函数的留数" 而采用 "微分形的留数", 这是因为用微分形定义的留数与局部坐标的选取无关 (习题 7). 留数也可以用围道积分定义. 由于一般的黎曼曲面局部同构于复平面上的单位圆盘, 对于黎曼曲面上的局部半纯微分形也可以定义留数, 而且留数的定义与局部坐标的选取无关.

记 $K = \Omega^1_{C/\mathbb{C}}$ (称为 C 的*典范层*). 设 ω 为 C 上的一个半纯微分形 (可看做 $K \otimes_{O_C} \mathcal{K}$ 的一个整体截口). 对任意 $s \in \Gamma(C, i_*O_D(D))$, $r_s(\omega) = \sum\limits_{x\in C} \mathrm{res}_x(s\omega)$ 定义了一个 $\Gamma(C,K)$ 上的线性函数, 即 $\Gamma(C,K)^\vee$ 的一个元. 记 $r\colon \Gamma(C, i_*O_D(D)) \to \Gamma(C,K)^\vee$ 为线性映射 $r(s) = r_s$.

黎曼-罗赫定理 (解析情形) 设 D 是紧致黎曼面 C 上的有效除子, 则下列典范列是正合的

$$0 \to \Gamma(C,O_C) \to \Gamma(C,O_C(D)) \to \Gamma(C,i_*O_D(D)) \xrightarrow{r} \Gamma(C,K)^\vee \to \Gamma(C,K(-D))^\vee \to 0 \tag{4.2.8}$$

其中 $\Gamma(C,K)^\vee \to \Gamma(C,K(-D))^\vee$ 由嵌入 $K(-D) \hookrightarrow K$ 诱导. 对 C 上的任意可逆层 $\mathcal{L}$ 有

$$h^0(\mathcal{L}) = \deg(\mathcal{L}) + h^0(K \otimes_{O_C} \mathcal{L}^{-1}) + 1 - g \tag{4.2.9}$$

其中 $g = g(C) = h^0(K)$, 称为 C 的*亏格*.

(4.2.8) 的正合性可以利用阿贝尔积分证明 (参见例如文献 [3] Chapter 2), 下面我们将看到由 (4.2.8) 的正合性可以推出 (4.2.9). 黎曼-罗赫定理也可以用同调的方法证明: 由 (4.2.5) 可得正合列

$$0\to\Gamma(C,O_C)\to\Gamma(C,O_C(D))\to\Gamma(C,i_*O_D(D))\to H^1(C,O_C)\to H^1(C,O_C(D))\to 0 \tag{4.2.10}$$

而由 Serre 对偶有典范同构 $H^1(C,O_C) \cong \Gamma(C,K)^\vee$, $H^1(C,O_C(D)) \cong \Gamma(C,K(-D))^\vee$, 这就证明了 (4.2.9). 这里用到的工具较深入, 超出了本书的内容范围 (参见例如文

献 [34]). 此外黎曼-罗赫定理还可以用初等的代数方法证明 (这需要假定曲线是射影的, 参见例如文献 [11] 或文献 [28]), 在本书中略去. 黎曼-罗赫定理是关于紧致黎曼面的最重要的定理.

注 4.2.1　紧致黎曼面都是双侧的, $g(C)$ 等于 C 的拓扑亏格, 即 "多孔救生圈" 的孔的个数 (图 4.2.1), 证明见下面的例 4.2.3.

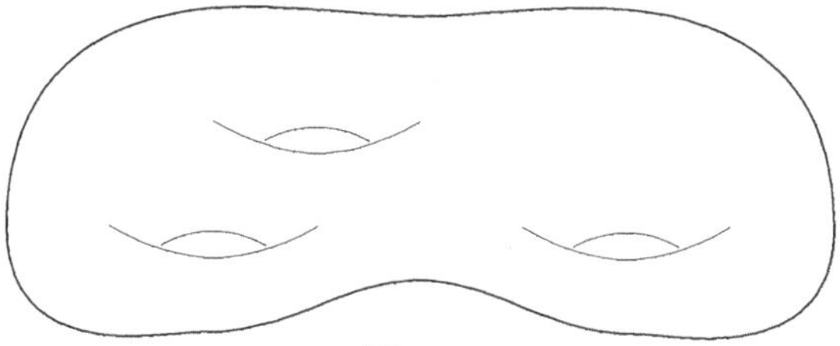

图 4.2.1

怎样将黎曼-罗赫定理推广到一般域上? 设 C 为代数闭域 k 上的光滑射影曲线 (由上一节可知, k 上的一条光滑射影曲线等价于 k 的一个超越次数为 1 的有限生成扩域). 令 $D = d_1P_1 + \cdots + d_nP_n$ 为 C 中的有效除子, 则 $R = \Gamma(C, i_*O_D)$ 仍为阿廷环, 它可以看做 D 的函数环, 而 $\deg D = \dim_k R$. 仍记 K 为 *典范层* $\Omega^1_{C/k}$, 且称 $g = g(C) = h^0(K)$ 为 C 的 *亏格* (但这里已改用察里斯基拓扑). 在 C 上也可以用 (4.2.7) 定义留数 (参见例如文献 [33]), 此时留数仍与局部坐标的选取无关, 从而可以像上面一样定义 k-线性映射 $r: \Gamma(C, i_*O_D(D)) \to \Gamma(C, K)^\vee$.

黎曼-罗赫定理 (代数情形)　设 C 为代数闭域 k 上的光滑射影曲线, $D \subset C$ 为有效除子, 则有典范正合列 (4.2.8).若 $\mathcal{L}$ 为 C 上的可逆层, 则 (4.2.9) 成立.

代数情形的黎曼-罗赫定理也有两种证明方法, 一是留数的方法 (参见文献 [2] 或文献 [33]); 二是同调的方法, 即建立一种同调论使得有上面的正合列 (4.2.10) 及 Serre 对偶 (参见例如文献 [5]). 这也涉及较深入的工具, 超出了本书的内容范围. 此外, 对一般代数闭域 k, 由于在 $\mathrm{ch}(k) = 2$ 时有所谓 "怪曲线" (strange curve), 这给黎曼-罗赫定理的初等证明造成困难.

由 (4.2.8) 不难推出 (4.2.9): 若 D 为有效除子而 $\mathcal{L} = O_C(D)$, 则由 (4.2.8) 立得 (4.2.9). 特别地, 若 D 为 1 次有效除子, 则 $h^0(O_C(D)) \geqslant 2 - g$. 若 $g = 0$ 则

$\Gamma(C,\mathcal{O}_C(D))$ 给出一次态射 (即同构) $C \to \mathbb{P}^1_k$ (推论 4.1.1), 而对 $\mathbb{P}^1_k$ 不难直接验证 (4.2.9) (习题 3). 以下设 $g>0$, 即存在有效除子 D 使得 $\mathcal{O}_C(D)\cong K$, 故可对 $\mathcal{L}=K$ 应用 (4.2.9), 得到 $g=\deg(\Omega^1_{C/k})+1+1-g$, 即

$$\deg(\Omega^1_{C/k})=2g-2 \tag{4.2.11}$$

(注意这当 $g=0$ 时也成立). 由此可见 (4.2.9) 具有一种对偶性, 即若将 $\mathcal{L}$ 换为 $K\otimes_{\mathcal{O}_C}\mathcal{L}^{-1}$ 则得到同样的等式. 对一般的 $\mathcal{L}$ 我们用反证法证明 (4.2.9). 若 (4.2.9) 对 $\mathcal{L}_0$ 不成立, 则由上所述必有 $h^0(\mathcal{L}_0)=0$. 而由对称性, (4.2.9) 对 $K\otimes_{\mathcal{O}_C}\mathcal{L}_0^{-1}$ 也不成立, 故不妨设 $\deg(\mathcal{L}_0)\geqslant g-1$ (否则用 $K\otimes_{\mathcal{O}_C}\mathcal{L}_0^{-1}$ 取代 $\mathcal{L}_0$). 注意 $\mathcal{L}_0\cong\mathcal{O}_C(D_1-D_2)$, 其中 D_1,D_2 为有效除子, 故 (4.2.9) 对 $\mathcal{L}=\mathcal{L}_0(D_2)\cong\mathcal{O}_C(D_1)$ 成立. 由归纳法不妨设有 1 次除子 D 使得 (4.2.9) 对 $\mathcal{L}=\mathcal{L}_0(D)$ 成立. 由 (4.2.5)$\otimes_{\mathcal{O}_C}\mathcal{L}_0$ 得正合列

$$0\to\mathcal{L}_0\to\mathcal{L}\to i_*\mathcal{O}_D(D)\otimes_{\mathcal{O}_C}\mathcal{L}_0\to 0 \tag{4.2.12}$$

故有正合列

$$0\to\Gamma(C,\mathcal{L}_0)\to\Gamma(C,\mathcal{L})\to\Gamma(C,i_*\mathcal{O}_D(D)\otimes_{\mathcal{O}_C}\mathcal{L}_0) \tag{4.2.13}$$

注意 $\Gamma(C,i_*\mathcal{O}_D(D)\otimes_{\mathcal{O}_C}\mathcal{L}_0)\cong k$, 可见 $h^0(\mathcal{L})\leqslant 1$. 而由 (4.2.9) 对 $\mathcal{L}$ 成立及

$$\deg(\mathcal{L})=\deg(\mathcal{L}_0)+1\geqslant g \tag{4.2.14}$$

得 $h^0(\mathcal{L})\geqslant 1$, 故 $h^0(\mathcal{L})=1$, 从而 $\deg(\mathcal{L})=g$, 再由 (4.2.14) 可见 (4.2.9) 对 $\mathcal{L}_0$ 也成立, 矛盾.

由 (4.2.9) 及 (4.2.11) 可知当 $\deg(\mathcal{L})\geqslant 2g-1$ 时有 $h^0(\mathcal{L})=\deg(\mathcal{L})+1-g$.

例 4.2.1 设 $C\subset\mathbb{P}^2_k=X$ 为 d 次光滑曲线, $i\colon C\to X$ 为嵌入, 则 C 的定义理想层同构于 $\mathcal{O}_X(-d)$, 故由引理 3.4.1.ii) 有正合列

$$0\to\mathcal{O}_C(-d)\to i^*\Omega^1_{X/k}\to\Omega^1_{C/k}\to 0 \tag{4.2.15}$$

将第 2 章习题 10 用于 (3.4.1) 得 $\wedge^2_{\mathcal{O}_X}\Omega^1_{X/k}\cong\mathcal{O}_X(-3)$, 再将第 2 章习题 10 用于 (4.2.15) 得

$$\Omega^1_{C/k}\cong\mathcal{O}_C(d-3) \tag{4.2.16}$$

注意由定义 $\mathcal{O}_C(1)=i^*\mathcal{O}_X(1)$, 若 X 中的直线 H 由齐次坐标的线性方程 $F=0$ 给出, 则 C 的除子 $D=H\times_X C$ 在 C 上由 $F=0$ 给出, 故 $\mathcal{O}_C(D)\cong\mathcal{O}_C(1)$, 由此得

$\deg(O_C(1)) = \deg(D) = d$. 故由 (4.2.16) 有 $\deg(\Omega^1_{C/k}) = d(d-3)$, 从而由 (4.2.11) 得 $g(C) = \dfrac{(d-1)(d-2)}{2}$.

事实上, 对任意非负整数 g 都存在亏格为 g 的光滑射影 k-曲线, 但由例 4.2.1 可见仅当 $g = \dfrac{(d-1)(d-2)}{2}$ (对某个正整数 d) 时射影平面中才有亏格为 g 的光滑射影曲线.

例 4.2.2　我们来利用黎曼-罗赫定理证明紧致黎曼面都是代数的, 即解析同构于 $\mathbb{P}^3_{\mathbb{C}}$ 中的代数曲线.

设 C 为紧致黎曼面, 即一维紧致复流形 (局部解析同构于复平面的单位圆盘). 对 C 的任一除子 $D = \sum\limits_{i=1}^{r} m_i P_i - \sum\limits_{j=1}^{s} n_j Q_j$ ($P_i, Q_j \in C$ 为互不相同的点, $m_i, n_j > 0$), 我们像上面那样理解 $\Gamma(D) = \Gamma(C, O_C(D))$, 即为 C 上在每个 P_i 处有至多 m_i 阶极点, 在每个 Q_j 处有至少 n_j 阶零点, 在其他各点解析的半纯函数组成的 $\mathbb{C}$-线性空间. 设 C 的亏格为 g . 由黎曼-罗赫定理, 若 $\deg D > \deg(K) = 2g-2$ 则 $h^0(D) = \deg D + 1 - g$, 这是因为 $\deg K(-D) < 0$, 从而 $h^0(K(-D)) = 0$. 此时对任一点 $Q \in C$ 有 $h^0(D-Q) = \deg D - 1 + 1 - g$ (因为 $\deg K(Q-D) < 0$), 二式相减得

$$h^0(D) - h^0(D-Q) = 1 \tag{4.2.17}$$

任取一点 P 而令 $D = nP$, 其中 $n \geqslant 2g+1$. 取 $\Gamma(D)$ 的一组基 $f_0, \cdots, f_{n-g}$, 其中 $f_1 = 1$, 由上所述可取这组基使得 f_i 在 P 处的极点阶数小于 f_{i+1} 在 P 处的极点阶数. 由 (4.2.17) (令 $Q = P$) 可知 $\Gamma(nP) \neq \Gamma((n-1)P)$, 即 $\Gamma(nP)$ 中存在一个在 P 处恰有 n 阶极点的函数, 故 f_{n-g} 就是这样一个函数. 定义一个映射 $\phi: C \to \mathbb{P}^{n-g}_{\mathbb{C}}$, 将任一点 $Q \neq P$ 映到 $(f_0(Q) : \cdots : f_{n-g}(Q))$ 而将 P 映到 $(0 : \cdots : 0 : 1)$. 不难验证 ϕ 是解析映射 (在 P 点附近 ϕ 等于映射 $Q \mapsto ((f_0/f_{n-g})(Q) : \cdots : (f_{n-g-1}/f_{n-g})(Q) : 1)$, 由此可见 ϕ 在 P 点附近也是解析的). 对任两点 $Q, Q' \neq P$, 由 (4.2.17) 可知 $\Gamma(D-Q) \neq \Gamma(D-Q-Q')$, 即存在一个函数 $f \in \Gamma(D)$ 使得 $f(Q) = 0$ 而 $f(Q') \neq 0$, 故 ϕ 将不同的点映到不同的点. 此外对任意点 $Q \neq P$, 由 (4.2.17) 可知 $\Gamma(D-Q) \neq \Gamma(D-2Q)$, 即存在一个函数 $f \in \Gamma(D)$ 使得 Q 恰为 f 的 1 阶零点. 这样, f 在 Q 附近可以取为坐标函数, 故 ϕ 在 Q 附近为解析同构. 不难验证 ϕ 在 P 附近也是解析同构. 这样 ϕ 就给出 C 与 $\mathbb{P}^{n-g}_{\mathbb{C}}$ 的一个闭子集的解析同构.

我们来验证 $\phi(C)$ 为代数曲线. 由上节的方法可见 f_{n-g} 给出一个解析映射

$\psi: C \to \mathbb{P}^1_{\mathbb{C}}$, 使得 $\psi^{-1}(1:0)$ 为除子 nP. 注意对 $m_1 < m_2$ 我们可以将 $\Gamma(m_1D)$ 看做 $\Gamma(m_2D)$ 的子集，令 A 为所有 $\Gamma(mD)$ 的并，则 A 为 C 上所有在 P 以外解析的半纯函数组成的集合，它是一个 $\mathbb{C}$-代数，而 $R = \mathbb{C}[f_{n-g}]$ 是 A 的子代数. 对任意 $r > 0$, 由 (4.2.17) 可知 $h^0((r+1)nP) - h^0(rnP) = n$, 即在 $\Gamma((r+1)nP)$ 中存在 n 个在 P 处的极点阶数互不相同且 $> rnP$ 的函数，它们与 $\Gamma(rnP)$ 一起生成 $\Gamma((r+1)nP)$. 对 $r = 1$ 取定这样一组函数 $g_1, \cdots, g_n$. 对任意 $r > 1$, 注意 $f_{n-g}g_1, \cdots, f_{n-g}g_n \in \Gamma((r+1)nP)$ 在 P 处的极点阶数互不相同且 $> rnP$, 可见 $\Gamma(rnP)$ 与 $f_{n-g}g_1, \cdots, f_{n-g}g_n$ 一起生成 $\Gamma((r+1)nP)$. 由此可见 A 作为 R-模由 $f_1, \cdots, f_{n-g}, g_1, \cdots, g_n$ 生成，特别地它是有限生成的，故 A 在 R 上是整的 (参见文献 [12] 引理 Ⅱ.1.1). 这说明坐标函数 $f_1, \cdots, f_{n-g-1}$ 都与 f_{n-g} 代数相关，从而 $\phi(C)$ 为代数曲线.

注 4.2.2 非紧致黎曼面不一定是代数的，如复平面中的单位圆盘就不具有代数簇结构.

注意在例 4.2.2 中给出一个构造光滑射影曲线到射影空间的闭嵌入的方法，详言之，设 C 为代数闭域 k 上亏格为 g 的光滑射影曲线，$n \geqslant 2g+1$, 则对 C 的一个 n 次有效除子 D, 由黎曼-罗赫定理有 $h^0(O_C(D)) = n - g + 1$, 故由例 4.2.2 的方法可知 $O_C(D)$ 给出一个闭嵌入 $\phi: C \to \mathbb{P}^{n-g}_k$. 注意 D 由一个截口 $s \in \Gamma(C, O_C(D))$ 给出，而 s 给出 $\mathbb{P}^{n-g}_k$ 的一个超平面 H (“无穷远超平面”), 故 $\phi^{-1}(H) = D$. 由此可见 $C - D = C \cap (\mathbb{P}^{n-g}_k - H)$ 是仿射的 (见引理 2.4.2). 对任意非零有效除子 $D' \subset C$, 令 $D = nD'$, 则由此可知 $C - D' = C - D$ 是仿射的. 这样我们就得到

推论 4.2.1 设 C 为代数闭域 k 上亏格为 g 的光滑射影曲线，$n \geqslant 2g+1$, 则 C 的一个 n 次有效除子 D 给出一个闭嵌入 $\phi: C \to \mathbb{P}^{n-g}_k$, 使得对 $\mathbb{P}^{n-g}_k$ 的无穷远超平面 H 有 $\phi^{-1}(H) = D$, 从而 $O_C(1) \cong O_C(D)$. 任一非射影光滑代数曲线必为仿射的.

下面我们考虑曲线间的态射. 设 $f: C \to C'$ 为射影光滑 k-曲线的非平凡 k-态射. 由上节我们知道 f 是有限平坦的. 若 $K(C) \supset K(C')$ 是可分扩张，则称 f 是可分的 (当 $\mathrm{ch}(k) = 0$ 时这总成立). 由引理 3.4.1.i) 有正合列

$$f^*\Omega^1_{C'/k} \xrightarrow{\phi} \Omega^1_{C/k} \to \Omega^1_{C/C'} \to 0 \tag{4.2.18}$$

任取仿射开子集 $U \subset C$, 由引理 A.4.1 可知 $\Omega^1_{C/C'}(U) \otimes_{O_C(U)} K(C) \cong \Omega^1_{K(C)/K(C')}$, 故若 f 可分则 $\Omega^1_{C/C'}(U)$ 是挠的 $O_C(U)$-模, 换言之存在非空开子集 U' 使得 $\Omega^1_{C/C'}(U') = 0$, 从而由 (4.2.18) 可见 $\Omega^1_{C/C'}$ 在有限多个点以外为 0 且 ϕ 为单射. 注意 $\Omega^1_{C/C'}$ 局部由一个截口生成, 故在每个非零点 x 附近同构于 O_x/aO_x $(a \in O_x)$, 从而定义一个除子 R_f, 称为 f 的 分歧除子. 我们也可以这样理解: 简记 $\mathcal{F} = \Omega^1_{C/C'}$, 因 $\Omega^1_{C/k}$ 是可逆层有 $\mathcal{F} \otimes_{O_C} (\Omega^1_{C/k})^{-1} \cong \mathcal{F}$, 令 $\mathcal{I} = f^*\Omega^1_{C'/k} \otimes_{O_C} (\Omega^1_{C/k})^{-1}$, 由 (4.2.18)$\otimes_{O_C}(\Omega^1_{C/k})^{-1}$ (及 ϕ 为单射) 我们得到正合列

$$0 \to \mathcal{I} \to O_C \to \mathcal{F} \to 0 \tag{4.2.19}$$

故 $\mathcal{I}$ 可以看做 O_C 中的一个理想层, 从而定义一个除子 $i\colon D \hookrightarrow C$, 它就是分歧除子 R_f, 而

$$i_*O_D \cong \mathcal{F} = \Omega^1_{C/C'} \tag{4.2.20}$$

因此

$$O_C(R_f) \cong \mathcal{I}^{-1} \cong (f^*\Omega^1_{C'/k})^{-1} \otimes_{O_C} \Omega^1_{C/k} \tag{4.2.21}$$

显然 $R_f = 0$ 当且仅当 f 是光滑的 (用定义 3.5.1 的术语, 亦即无分歧的, 平展的).

赫尔维茨定理　设 $f\colon C \to C'$ 为 k-曲线的可分 k-态射, 则有

$$\Omega^1_{C/k} \cong f^*\Omega^1_{C'/k} \otimes_{O_C} O_C(R_f) \tag{4.2.22}$$

从而

$$2g(C) - 2 = \deg(f)(2g(C') - 2) + h^0(\Omega^1_{C/C'}) \tag{4.2.23}$$

证　(4.2.22) 由 (4.2.21) 立得. 由 (4.2.11) 有 $\deg(\Omega^1_{C/k}) = 2g(C)-2$, $\deg(\Omega^1_{C'/k}) = 2g(C') - 2$, 故可逆层 $\mathcal{I} = f^*\Omega^1_{C'/k} \otimes_{O_C} (\Omega^1_{C/k})^{-1}$ 的次数等于 $\deg(f)(2g(C') - 2) - (2g(C) - 2)$. 由 (4.2.20) 有 $h^0(\Omega^1_{C/C'}) = \deg(R_f)$, 再由 (4.2.21) 得 $\deg(R_f) = \deg(\mathcal{I}^{-1}) = 2g(C) - 2 - \deg(f)(2g(C') - 2)$, 这就得到 (4.2.23). 证毕.

除子 R_f 的点称为 f 的 分歧点. 设 $x \in C$, $y = f(x)$, 任取 $O_{Y,y}$ 的极大理想的生成元 s 和 $O_{X,x}$ 的极大理想的生成元 t, 则有正整数 r 使得 $f^*s = t^r u$, 其中 $u \in O_{X,x}$ 为单位. 易见 x 为 f 的分歧点当且仅当 $r > 1$, 此时 $(\Omega^1_{C/C'})_x \cong O_{X,x}\mathrm{d}t/O_{X,x}\mathrm{d}(t^r u)$. 记

$$r_x = l(O_{X,x}\mathrm{d}t/O_{X,x}\mathrm{d}(t^r u)) = \dim_k(\Omega^1_{C/C'})_x \tag{4.2.24}$$

称为 f 在点 x 的 *分歧指数*. 由 $\mathrm{d}(t^r u) = rt^{r-1}\mathrm{d}t + t^r \mathrm{d}u$ 可见 $r_x \geqslant r-1$, 且仅当 $\mathrm{ck}(k)|r$ 时等号不成立 (此时称 x 为 *强的* 分歧点, 而在等号成立时称 x 为 *弱的* 分歧点). 由 R_f 的定义有

$$R_f = \sum_{x \in C} r_x x \tag{4.2.25}$$

特别地

$$\deg R_f = h^0(\Omega^1_{C/C'}) = \sum_{x \in C} r_x \tag{4.2.26}$$

注意亏格是非负整数, 由 (4.2.23) 可见若 $g(C') = 0$ 而 f 不是同构, 则 f 不是光滑的; 在任何情形都有 $g(C) \geqslant g(C')$; 若 $g(C') = 1$, 则 f 是光滑的当且仅当 $g(C) = 1$ (习题 4).

例 4.2.3* 我们来验证紧致黎曼面的亏格等于其拓扑亏格, 即"多孔救生圈"的孔的个数 (见图 4.2.1).

设 X 是一个紧致双侧曲面, 拓扑亏格为 g. 由拓扑学我们知道, X 的各阶奇异同调 $H_0(X) \cong \mathbb{Z}$, $H_1(X) \cong \mathbb{Z}^{2g}$, $H_2(X) \cong \mathbb{Z}$. 故 X 的欧拉示性数为

$$\chi(X) = 1 - 2g + 1 = 2 - 2g \tag{4.2.27}$$

设 X 为紧致黎曼面. 若 $X \cong \mathbb{P}^1_{\mathbb{C}}$, 则 X 的拓扑结构为球面 (复平面加上一个无穷远点), 拓扑亏格为 0, 与代数几何中的亏格 $g(X)$ 一致. 对一般的 X, 任取一个非平凡态射 $f: X \to Y = \mathbb{P}^1_{\mathbb{C}}$ (取法见引理 4.1.1), 则因 f 是可分的, 由上所述有察理斯基开子集 $U' \subset Y$ 使得 f 在 $U = f^{-1}(U')$ 上的限制是光滑的 (因为 f 只有有限多个分歧点). 令 $d = \deg f$, 则 $f|_U$ 是 d 次有限覆盖 (每个点 $y \in U'$ 的原象是 d 个点), 故

$$\chi(U) = d\chi(U') \tag{4.2.28}$$

令 $V = X - U$, $V' = Y - U'$. 对任一点 $y \in V'$, 由上所述有 (作为除子)

$$f^{-1}(y) = \sum_{x \in f^{-1}(y)} (r_x + 1)x \tag{4.2.29}$$

由于 $\chi(f^{-1}(y))$ 等于 $f^{-1}(y)$ 中点的个数 (不计重数), 我们有

$$\chi(f^{-1}(y)) = d - \sum_{x \in f^{-1}(y)} r_x \tag{4.2.30}$$

* 本例只是为了直观地理解紧致黎曼面的拓扑结构, 读者可略过而不影响对其他内容的阅读.

由 (4.2.23), (4.2.26), (4.2.28) 和 (4.2.30) 得

$$\begin{aligned}\chi(X) &= \chi(U)+\chi(V)=\chi(U)+\sum_{y\in V'}\chi(f^{-1}(y))\\ &= \chi(U)+\sum_{y\in V'}(d-\sum_{x\in f^{-1}(y)}r_x)\\ &= d\chi(U')+d\chi(V')-\sum_{x\in V}r_x\\ &= d\chi(Y)-\deg R_f=d(2-2g(Y))-\deg R_f\\ &= 2-2g(X)\end{aligned}\tag{4.2.31}$$

再由 (4.2.27) 即得 X 的拓扑亏格 g 等于代数几何中的亏格 $g(X)$.

以下我们考虑不可分态射.

设 $\mathrm{ch}(k)=p>0$, C 为 k 上的曲线, 则 $K(C)^p=\{a^p|a\in K(C)\}$ 也是 k 的有限生成的扩域且 $\mathrm{tr.deg}(K(C)^p/k)=1$, 故由引理 4.1.3 可知 $K(C)^p$ 给出一条射影光滑曲线, 记为 $C^{(p)}$. 而由引理 4.1.2, 嵌入映射 $K(C)^p\to K(C)$ 给出一个 k-态射 $F_{C/k}\colon C\to C^{(p)}$, 称为相对夫罗贝纽斯态射. 具体地说, 设 $C\subset\mathbb{P}_k^n$ 由齐次多项式 $F_1,\cdots,F_m$ 给出, 则可取闭嵌入 $i\colon C^{(p)}\hookrightarrow\mathbb{P}_k^n$ 使 $i(C^{(p)})$ 由齐次多项式 $F_1^{(p)},\cdots,F_m^{(p)}$ 给出, 其中 $F_i^{(p)}$ 为将 F_i 中各项系数分别换为其 p 次幂所得的多项式, 而 $F_{C/k}$ 将一点 $(a_0:\cdots:a_n)\in C$ 映到 $(a_0^p:\cdots:a_n^p)\in C^{(p)}$ (这里我们不一一验证了, 因为在 4.4 节有夫罗贝纽斯态射的更好的定义). 注意 $F_{C/k}$ 作为集合的映射是一一映射, 但不是同构, 因为 $K(C)^p\neq K(C)$. 事实上 $\deg(F_{C/k})=p$, 我们来验证这一点. 任取 $t\in K(C)-k$, 则因 $\mathrm{tr.deg}(K(C)/k)=1$ 且 $K(C)$ 是 k 的有限生成扩域, 有 $[K(C):k(t)]<\infty$ (参见引理 4.1.3 的证明). 令 $\sigma\colon K(C)\to K(C)^p$ 为同态 $a\in a^p$, 则 σ 为同构且 $\sigma(k(t))=k(t)^p=k(t^p)$, 故 $[K(C)^p:k(t^p)]=[K(C):k(t)]$. 显然 $[k(t):k(t^p)]=p$, 故由

$$[K(C):K(C)^p][K(C)^p:k(t^p)]=[K(C):k(t^p)]=[K(C):k(t)][k(t):k(t^p)]\tag{4.2.32}$$

及引理 4.1.2 即得 $\deg(F_{C/k})=[K(C):K(C)^p]=p$ (另一个证明见第 3 章习题 2).

引理 4.2.1　设 k 为特征 $p>0$ 的域, $f\colon C\to C'$ 为 k-曲线的非平凡 k-态射, 则 f 等于若干个相对夫罗贝纽斯态射与一个可分态射的合成.

证　由引理 4.1.2 和引理 4.1.3, 我们只要将域扩张 $f^*\colon K(C')\hookrightarrow K(C)$ 分解成

一些形如 $K^p \subset K$ 的域扩张和一个可分扩张的合成即可. 注意若 K 是 k 的有限生成扩域且 $K \supset L$ 是 p 次纯不可分扩张, 则 $K^p \subset L$; 若还有 $\mathrm{tr.deg}(K/k) = 1$, 则由上所述有 $[K : K^p] = p$, 故 $L = K^p$. 由于有限扩张可以分解成若干个 p 次纯不可分扩张和一个可分扩张的合成, 对 $K(C') \hookrightarrow K(C)$ 做这样的分解即符合要求. 证毕.

注 4.2.3 由引理 4.2.1 的证明 (或第 3 章习题 2) 可见, 若有限域扩张 $K \subset K(C)$ 是不可分的, 则有 $K \subset K(C)^p$, 故存在子域 $K_1 \subset K(C)$ 使得 $K_1^p = K$. 由归纳法可得一个 K 的纯不可分扩域 $K' \subset K(C)$ 使得 $K(C)$ 在 K' 上是可分的. 换言之, 在引理 4.2.1 的分解中, 相对夫罗贝纽斯态射与可分态射的先后次序是可以任选的. 这里实质性地用到条件 $\mathrm{tr.deg}(K(C)/k) = 1$. 注意在域论中, 对一个有限扩张 $L \supset L_0$ 不一定有一个中间域 L_1 使得 $L \supset L_1$ 是可分扩张而 $L_1 \supset L_0$ 是纯不可分扩张 (参见例如文献 [12] 习题 VI.6.ii)).

4.3 椭圆曲线

"椭圆曲线" 一词来源于椭圆函数. 椭圆函数是由椭圆积分 (在计算椭圆弧长时出现的积分) 产生的. 例如令 $\wp$ 为 $f(x) = \int_0^x \dfrac{\mathrm{d}t}{\sqrt{t^3 + at + b}}$ (其中 $4a^3 + 27b^2 \neq 0$) 的反函数, 则 $\wp$ 可以开拓成复平面 $\mathbb{C}$ 上的一个半纯函数 (称为一个 "魏尔斯特拉斯 $\wp$-函数"), 且显然 $\wp$ 满足常微分方程 $\wp'^2 = \wp^3 + a\wp + b$. 在复分析中对椭圆函数的深入研究, 发现 $\wp$ 具有 "双周期性", 即存在 $\tau_1, \tau_2 \in \mathbb{C}$, τ_1/τ_2 为虚数, 使得 $\wp(z + \tau_1) = \wp(z + \tau_2) = \wp(z)$. 取 τ_1, τ_2 为 $\wp$ 的一组周期, 即对任意复数 τ, 若 $\wp(z+\tau) = \wp(z)$ 则 τ 为 τ_1 和 τ_2 的整系数线性组合. 令 $\Lambda \subset \mathbb{C}$ 为 τ_1, τ_2 的所有整系数线性组合组成的加法子群 (称为一个 格), 则显然 $T = \mathbb{C}/\Lambda$ 为紧致复李群, 其拓扑结构为环面 (参见图 4.3.1). 定义映射 $p\colon \mathbb{C} \to \mathbb{P}^2_{\mathbb{C}}$, 将 z 映到 $(1 : \wp(z) : \wp'(z))$ (若 z 为 $\wp$ 的极点则将 z 映到某个无穷远点), 则 p 诱导一个解析映射 $e\colon T \to \mathbb{P}^2_{\mathbb{C}}$, 它是解析的闭嵌入, 而 e 的象为三次曲线 $Y^2Z = X^3 + aXZ^2 + bZ^3$, 由引理 3.5.2 不难验证它是光滑的 (注意 $x^3 + ax + b$ 的判别式 $-4a^3 - 27b^2 \neq 0$).

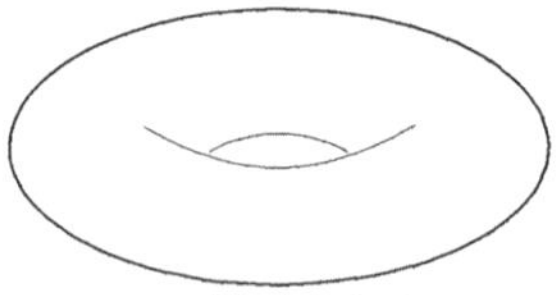

图 4.3.1

设 $\Lambda\subset\mathbb{C}$ 为由 $\tau_1,\tau_2\in\mathbb{C}$ 生成的格，令 $\Lambda'\subset\mathbb{C}$ 为由 1 和 $\tau=\tau_2/\tau_1$ 生成的格，则显然有复李群同构 $\mathbb{C}/\Lambda\cong\mathbb{C}/\Lambda'$，故在研究 $\mathbb{C}/\Lambda$ 时不妨设 $\tau_1=1$. 定义*魏尔斯特拉斯 $\wp$-函数*

$$\wp(z)=\frac{1}{z^2}+\sum_{\omega\in\Lambda-\{0\}}\left(\frac{1}{(z-\omega)^2}-\frac{1}{\omega^2}\right) \tag{4.3.1}$$

显然 $\wp$ 以 Λ 为周期 (即对任意 $\omega\in\Lambda$ 有 $\wp(z+\omega)=\wp(z)$)，因而 $\wp'(z)=\sum\limits_{\omega\in\Lambda}\left(\frac{-2}{(z-\omega)^3}\right)$ 也以 Λ 为周期，且不难验证 $\wp$ 和 $\wp'$ 满足方程

$$(\wp')^2=4\wp^3-g_2\wp-g_3 \tag{4.3.2}$$

其中

$$g_2=60\sum_{\omega\in\Lambda-\{0\}}\frac{1}{\omega^4}\;,\quad g_3=140\sum_{\omega\in\Lambda-\{0\}}\frac{1}{\omega^6} \tag{4.3.3}$$

像上面一样，$z\mapsto(1:\wp(z):\wp'(z))$ 给出闭嵌入 $\mathbb{C}/\Lambda\to\mathbb{P}^2_{\mathbb{C}}$，其象为三次曲线 $Y^2Z=4X^3-g_2XZ^2-g_3Z^3$. 这就是说，对任意格 $\Lambda\subset\mathbb{C}$，$\mathbb{C}/\Lambda$ 解析同构于 $\mathbb{P}^2_{\mathbb{C}}$ 中的一条三次光滑曲线. 反之，由上所述可见对 $\mathbb{P}^2_{\mathbb{C}}$ 中的任意三次光滑曲线 C (其方程总可以通过线性坐标变换化为形如 $Y^2Z=X^3+aXZ^2+bZ^3$)，存在一个格 $\Lambda\subset\mathbb{C}$ 使得 C 解析同构于 $\mathbb{C}/\Lambda$.

因此，今天人们将任意代数闭域 k 上的射影平面中的三次光滑曲线称为*椭圆曲线*. 由例 4.2.1 可知椭圆曲线的亏格为 1；反之，由推论 4.2.1 可知 k 上的任意亏格为 1 的射影光滑曲线可以嵌入 $\mathbb{P}^2_k$ 作为三次曲线. 由此我们也将 k 上的任意亏格为 1 的射影光滑曲线称为椭圆曲线.

若 k 是特征非 2 的代数闭域，通过射影线性变换 (见例 2.2.2)，$\mathbb{P}^2_k$ 上的任意三次光滑曲线 C 的方程可以化为形如

$$Y^2Z=X(X-Z)(X-\lambda Z) \tag{4.3.4}$$

对任意亏格为 1 的射影光滑 k-曲线，我们不难直接证明存在一个闭嵌入 $C\to\mathbb{P}^2_k$ 由形如 (4.3.4) 的方程给出：仍记 $K=\Omega^1_{C/k}$，由上一节的 (4.2.11) 式有 $h^0(K)=1$. 任取一点 $P\in C$，则由黎曼-罗赫定理有 $h^0(nP)=n\ (n=1,2,\cdots)$. 仍像上一节那样理解 $\Gamma(nP)=\Gamma(C,O_C(nP))$，则 $h^0(2P)=2$ 说明 C 上有一个以 P 为 2 阶极点而无其他极点的有理函数 x，它与 1 一起组成 $\Gamma(2P)$ 的一组基. 由于 $h^0(3P)=3$，有 $\Gamma(3P)\neq\Gamma(2P)$，即存在一个以 P 为 3 阶极点而无其他极点的有理函数 y. 注

意 x 的任何多项式都以 P 为偶数阶极点，可见 y 不是 x 的多项式．由例 4.2.2 可知 $1,x,y$ 给出一个闭嵌入 $C \to \mathbb{P}^2_k$．由 $h^0(4P)=4$ 可见 $\Gamma(4P)$ 由 $1,x,x^2$ 生成．类似地，$\Gamma(5P)$ 由 $1,x,y,x^2,xy$ 生成．由于 7 个函数 $1,x,y,x^2,xy,x^3,y^2 \in \Gamma(6P)$ 而 $h^0(6P)=6$, 可见这 7 个函数之间有一个线性关系

$$c_0+c_1x+c_2y+c_3x^2+c_4xy+c_5x^3+c_6y^2=0 \tag{4.3.5}$$

化简并写成齐次形就得到形如 (4.3.4) 的方程．（当 $\mathrm{ch}(k)=2$ 时简化式 (4.3.4) 需要改变，此时有 XYZ 项．）

若 $\mathrm{ch}(k)\neq 2$, 对方程 (4.3.4) 令

$$j=j(C)=\frac{2^8(\lambda^2-\lambda+1)^3}{\lambda^2(\lambda-1)^2} \tag{4.3.6}$$

称为椭圆曲线 C 的 *j-不变量*．可以证明，j-不变量由椭圆曲线的同构类惟一决定，且对任意 $a\in k$ 有一条 k-椭圆曲线的 j-不变量为 a (当 $\mathrm{ch}(k)=2$ 时需要另外定义 j-不变量)．因此可以用 j-不变量来对椭圆曲线作同构分类 (就是说给出 k-椭圆曲线的同构类与 k 间的一个一一对应)．

椭圆曲线的一个重要基本性质是具有群簇结构．

定义 4.3.1 一个 k 上的*群簇*是指一个 k-代数簇 G, 带有一个"单位元" $e\in G$ 及 k-态射 $m\colon G\times_k G\to G$ ("乘法") 和 $\iota\colon G\to G$ ("逆"), 使得 G 为一个群 (以 m 为乘法，e 为单位元，且对任意 $g\in G$, $\iota(g)$ 为 g 的逆元)．详言之，记 $o\colon\{e\}\to G$ 为嵌入，$\pi\colon G\to\{e\}$ 为投射 (将 G 映到一点 e), 则

i) $m\circ(\mathrm{id}_G\times_k m)=m\circ(m\times_k \mathrm{id}_G)\colon G\times_k G\times_k G\to G$ (结合律)；

ii) $m\circ(o\times_k \mathrm{id}_G)=m\circ(\mathrm{id}_G\times_k o)=\mathrm{id}_G\colon G\cong\{e\}\times_k G\to G$；

iii) $m\circ(\iota\times_k \mathrm{id}_G)\circ\Delta=m\circ(\mathrm{id}_G\times_k \iota)\circ\Delta=o\circ\pi\colon G\to G$, 其中 $\Delta\colon G\to G\times_k G$ 为对角态射．

G 称作*交换的*, 如果还有

iv) $m\circ(\mathrm{pr}_2,\mathrm{pr}_1)=m\colon G\times_k G\to G$ (交换律)．

若 π 是仿射的 (有限的，光滑的 $\cdots$), 则称 G 为仿射的 (有限的，光滑的 $\cdots$) k-群簇．射影的群簇称为*阿贝尔簇*．任意阿贝尔簇都是交换的 (参见文献 [19]), 所以我们总将其乘法称作加法．

一个 k-群簇 G 到另一个 k-群簇 G' 的 同态 是指一个与 m, o, ι 交换的 k-态射 $G \to G'$.

简言之，一个群簇是一个代数簇带有一个群结构，而群的乘法和取逆元都是代数映射.

例 4.3.1　下面是 k-群簇的一些典型例子.

i) “加群” $\mathbb{G}_{a/k}$, 为 $\mathbb{A}_k^1$ 的加法群结构，这是一个仿射交换群簇 (可以看做域 k 的加法群结构).

ii) “乘群” $\mathbb{G}_{m/k}$, 为 $\mathbb{A}_k^1 - \{0\}$ 的乘法群结构，这也是一个仿射交换群簇，其函数环同构于 $k[x, x^{-1}]$ (可以看做 $k^\times = k - \{0\}$ 的乘法群结构).

iii) $GL_n(k)$, $PGL_n(k)$ (见例 2.2.2) 都具有 k-仿射群簇结构，$GL_n(k)$ 及其子群簇都称为 线性代数群.

引理 4.3.1　椭圆曲线都是阿贝尔簇.

证明的方法很多，我们介绍两个以便从不同角度观察椭圆曲线.

一种方法是初等方法：不妨设 C 为方程 (4.3.4) 给出的曲线，令其无穷远点为 C 的“零元”，记为 0. 注意 0 是 C 的过 0 的切线 l (即无穷远线) 与 C 的 3 重交点. 对任一点 $x \neq 0 \in C$, 由 Bézout 定理 (见 3.3 节), 直线 $0x$ 与 C 的交点个数 (连重数) 为 3, 令 $-x$ 为 $0x$ 与 C 的第三个交点 (若 $0x$ 与 C 在点 x 相切, 则令 $-x = x$, 注意 $0x$ 不会与 C 在点 0 相切，因为过 0 的切线为 l, 而 l 与 C 只有一个公共点). 对任意两点 $x, y \in C$, 令直线 xy 与 C 的另一个交点为 $-(x+y)$ (若 xy 与 C 相切则令切点为 $-(x+y)$), 这样连结 $-(x+y)$ 与 0 的直线与 C 的第三个交点就是 $x+y$ (见图 4.3.2).

不难看出这样给出的加法和逆 $\iota: C \to C$ 都是态射 (即 $x+y$ 的坐标是 x 和 y 的坐标的代数函数，$-x$ 的坐标是 x 的坐标的代数函数). 我们来验证定义 4.3.1 中的各条件都满足. 显然加法满足交换律，0 为零元而 $x + (-x) = 0$. 为验证加法结合律，我们用第 0 章例 0.4 中关于三次曲线的构形定理 (见第 0 章的图 0.4, 证明见例 3.3.1). 取 A, H, C, B 分别为 $0, x, y, z$, 则由上述定义 G 为 $-(x+y)$, D 为 $(x+y)$, 从而 F 为 $-((x+y)+z)$；另一方面 E 为 $-(y+z)$, I 为 $(y+z)$, 而 F, H, I 共线说明 F 为 $-(x+(y+z))$, 这样就得到 $-((x+y)+z) = -(x+(y+z))$.

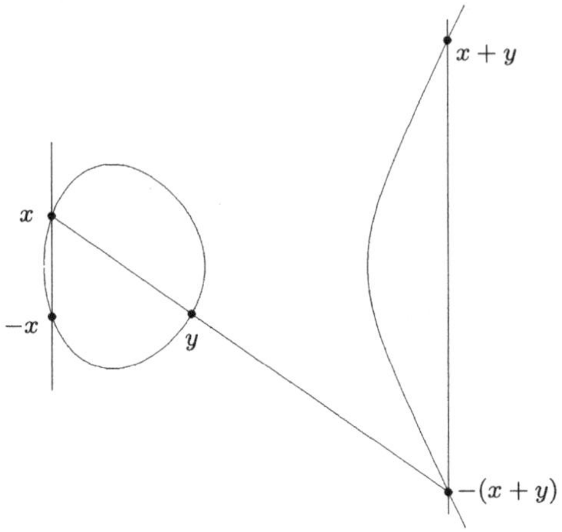

图 4.3.2

另一种方法是证明有一一对应 $\phi: C \to \mathrm{Pic}^0(C)$, 这样就给出 C 的一个群结构. 任取 C 的一点 x_0 作为 0. 对任意闭点 $x \in C$, 令 $\phi(x) = O_C(x - x_0)$. 对任意 $\mathcal{L} \in \mathrm{Pic}^0(C)$, 由黎曼-罗赫定理有

$$h^0(\mathcal{L}(x_0)) = 1 \tag{4.3.7}$$

故存在点 $x \in C$ 使得 $O_C(x) \cong \mathcal{L}(x_0)$, 即 $\mathcal{L} \cong O_C(x - x_0)$, 这说明 ϕ 是满射. 另一方面, 若 $O_C(x-x_0) \cong O_C(x'-x_0)$, 则 $O_C(x) \cong O_C(x')$, 即 x 与 x' 线性等价, 但由 (4.3.7) 有 $\dim|O_C(x)| = 0$, 故 $x = x'$, 这说明 ϕ 是单射. 因而 ϕ 是一一映射. 对任意闭点 $x, y \in C$, 由黎曼-罗赫定理有 $h^0(O_C(x+y-x_0)) = 1$, 故有惟一点 $z \in C$ 使得 $O_C(z) \cong O_C(x+y-x_0)$, 从而 $O_C(z-x_0) \cong O_C(x-x_0) \otimes_{O_C} O_C(y-x_0)$, 由此可见 ϕ 在 C 上诱导的 (加法) 群结构可由 $z = x+y$ 给出. 不难验证这个加法定义与前面的初等定义一致: 注意在图 4.3.2 中 x_0 为无穷远点, 记直线 xy 与 C 的第三个交点为 u, 直线 x_0u 与 C 的第三个交点为 z, 则有 $O_C(x+y+u) \cong O_C(1) \cong O_C(x_0+u+z)$, 故 $O_C(z) \cong O_C(x+y-x_0)$. 注意这给出 $\mathrm{Pic}^0(C)$ 的一个代数簇结构 (参见 5.4 节).

特别地, 若 $k = \mathbb{C}$ 而 C 为 $T = \mathbb{C}/\Lambda$ 在 $\mathbb{P}^2_{\mathbb{C}}$ 中的嵌入, 则 C 的阿贝尔簇结构与 T 的紧致复李群结构一致.

椭圆曲线有丰富的算术性质, 如其自同态环是秩为 1, 2 或 4 的 $\mathbb{Z}$-代数, $\mathbb{Q}$ 上的椭圆曲线的有理点 (即坐标为有理数的点) 组成一个有限生成的阿贝尔群, 当素数 $l \neq \mathrm{ch}(k)$ 时椭圆曲线的 l 阶元与 0 组成一个同构于 $(\mathbb{Z}/l\mathbb{Z})^2$ 的群, 而当 k 的特

征为 $p>0$ 时或者椭圆曲线的 p 阶元与 0 组成 p 阶循环群 (此时称椭圆曲线为 *正常的*), 或者椭圆曲线没有 p 阶元 (此时称椭圆曲线为 *超奇的*), 等等. 椭圆曲线在算术代数几何中有十分重要的地位, 这方面的著作非常多, 限于篇幅不能多介绍了.

4.4　一般域上的曲线 *

前几节的概念和方法都可以推广到一般域上的曲线, 即一个域 K 上的 1 维代数簇 (即 1 维几何整概形). 我们仍主要研究射影光滑曲线.

由于基变换是一个常用的方法, 我们先来看一下基变换的一些基本性质. 设 X 为域 K 上的拟射影概形, K' 为 K 的一个扩域 (给定了同态 $K\hookrightarrow K'$), 则 $X\otimes_K K'$ 为 K' 上的拟射影概形, 而 $K\to K'$ 诱导态射 $q\colon X\otimes_K K'\to X$. 设 $\mathcal{F}$ 为 X 上的拟凝聚层. 若 $X=\mathrm{Spec}R$ 而 $\mathcal{F}=\tilde{M}$, 则

$$q^*\mathcal{F}=\widetilde{M\otimes_K K'} \tag{4.4.1}$$

(见 2.4 节中的定义). 故对一般的 X 和 $\mathcal{F}$ 我们常记 $q^*\mathcal{F}$ 为 $\mathcal{F}\otimes_K K'$. 由 (4.4.1) 可见

$$\Gamma(X\otimes_K K,\mathcal{F}\otimes_K K')\cong\Gamma(X,\mathcal{F})\otimes_K K' \tag{4.4.2}$$

这是因为, 若取 X 的一个有限仿射开覆盖 $\{U_i|i\in I\}$, 则有正合列 (见 2.4 节的 (2.4.2) 式)

$$0\to\mathcal{F}(X)\to\prod_{i\in I}\mathcal{F}(U_i)\to\prod_{i,j\in I}\mathcal{F}(U_i\cap U_j) \tag{4.4.3}$$

由 (4.4.3)$\otimes_K K'$ 得

$$0\to\mathcal{F}(X)\otimes_K K'\to\prod_{i\in I}\mathcal{F}(U_i)\otimes_K K'\to\prod_{i,j\in I}\mathcal{F}(U_i\cap U_j)\otimes_K K' \tag{4.4.4}$$

而由 (4.4.1), 对任意仿射开子集 $U\subset X$ 有 $\mathcal{F}(U)\otimes_K K'\cong\mathcal{F}\otimes_K K'(U\otimes_K K')$. 注意 $\{U_i\otimes_K K'|i\in I\}$ 为 $X\otimes_K K'$ 的一个仿射开覆盖, 而 $U_i\cap U_j$ 为 X 的仿射开子集, 因为它同构于仿射开子概形 $U_i\times_K U_j\subset X\times_K X$ 和闭子概形 $\Delta(X)\subset X\times_K X$ 的交 (Δ 为对角态射). 将 (4.4.3) 应用于 $X\otimes_K K'$ 及 $\mathcal{F}\otimes_K K'$, 由 (4.4.4) 就得到 $\mathcal{F}\otimes_K K'(X\otimes_K K')\cong\mathcal{F}(X)\otimes_K K'$. 特别地, 由 (4.4.2) 有

$$\dim_{K'}\Gamma(X\otimes_K K,\mathcal{F}\otimes_K K')=\dim_K\Gamma(X,\mathcal{F}) \tag{4.4.5}$$

* 本节的内容是对前三节的补充. 如同 1.3 节, 对代数几何仅希望作一般了解的读者可略过, 初次阅读时若有困难亦可暂时略过.

由 (4.4.5) 可以很容易地将有关代数闭域上的概形的许多公式推广到一般域上的概形.

4.1 节中的几个研究曲线的方法都可以用于一般域上的曲线. 研究曲线到射影空间的态射可以应用引理 2.4.4, 对 K 是无限域的情形, 用例 3.4.4 的方法易见任一射影光滑 K-曲线可以同构地嵌入 $\mathbb{P}_K^3$, 而由引理 2.2.1 的方法可见任一 K-曲线可以双有理地嵌入 $\mathbb{P}_K^2$. 任意射影光滑 K-曲线间的非平凡 (即不是映到一个点的) K-态射 $C \to C'$ 都是有限平坦的, 其次数等于域扩张 $K(C') \hookrightarrow K(C)$ 的次数.

在 3.5 节中我们已经看到如何把除子的概念推广到一般的概形上. 但注意对一般域 K 上的曲线 C, 除子次数的表达式与代数闭域的情形有所不同, 因为一个闭点作为除子不一定是一次的 (见例 3.5.2). 对于一个闭点 $P \in C$ 我们记 $\deg P = [\kappa(P) : K]$ (即 P 作为一个有效除子的次数), 故对一个除子 $D = n_1P_1 + \cdots + n_rP_r$ ($P_1, \cdots, P_r \in C$ 为闭点) 有 $\deg D = n_1 \deg P_1 + \cdots + n_r \deg P_r$.

我们仍记 C 的除子群为 $\mathrm{Div}(C)$, 而记 $\mathrm{Div}(C)$ 的所有有效除子组成的子半群为 $\mathrm{Div}_+(C)$, 则 $\deg\colon \mathrm{Div}(C) \to \mathbb{Z}$ 为加法群同态. 仍记 $\Phi\colon \mathrm{Div}(C) \to \mathrm{Pic}(C)$ 为映射 $D \mapsto O_C(D)$, 它是阿贝尔群的满同态, 保持次数. 记 Φ_0 为 Φ 在 $\mathrm{Div}_+(C)$ 上的限制, 则对 C 上的任意可逆层 $\mathcal{L}$ 有 $\Phi_0^{-1}(\mathcal{L}) = |\mathcal{L}|$, 其中 $|\mathcal{L}|$ 为满足 $O_C(D) \cong \mathcal{L}$ 的有效除子 $D \subset C$ 的集合. 任意非零元 $f \in K(C)^* = K(C) - \{0\}$ 仍给出一个主除子, 而 4.1 节的正合列 (4.1.3) 只要将 k 换为 K 仍成立. 对 C 的任一除子 $D = \sum\limits_{i=1}^{r} m_iP_i - \sum\limits_{j=1}^{s} n_jQ_j$ ($P_i, Q_j \in C$ 为互不相同的闭点, $m_i, n_j > 0$), 我们仍可将 $\Gamma(D) = \Gamma(C, O_C(D))$ 理解为 $K(C)$ 中在每个 P_i 处有至多 m_i 阶极点, 在每个 Q_j 处有至少 n_j 阶零点, 其他各点都不是极点的函数组成的 K-线性空间.

设 $\phi\colon C \to C'$ 为射影光滑 K-曲线的非平凡 K-态射, 则 ϕ 给出半群同态 $\mathrm{Div}_+(C') \to \mathrm{Div}_+(C)$, 它可以扩张成一个群同态 $\phi^*\colon \mathrm{Div}(C') \to \mathrm{Div}(C)$. 对 C' 的任意除子 D 有 $\deg(\phi^*D) = \deg(\phi)\deg(D)$, 而且 ϕ^* 诱导群同态 $\hat{\phi}\colon \mathrm{Pic}(C') \to \mathrm{Pic}(C)$.

引理 4.1.1 和推论 4.1.1 若将 k 换为 K 仍成立, 只是引理 4.1.1 中的最后一个断言应改为 "若 f 只有一个零点而零点的次数为 1, 阶为 1, 则 ρ_f 为同构".

离散赋值的方法对 K-曲线仍适用, 即可以将 K-曲线 C 的闭点集与 $K(C)$ 的 K-赋值集等同起来. 注意 $K(C)$ 在 K 上是可分生成的 (即有一个 K 的纯超越扩张 $L \subset K(C)$ 使得 $K(C)$ 在 L 上可分, 参见附录 A 中的例 A.4.3.i)). 由此可见引理 4.1.2 若将 k 换为 K 仍成立, 而引理 4.1.3 要改为: 若 K 为完全域而 $L \supset K$ 为超越次数为 1 的有限生成扩域, 则存在 K 上的光滑射影曲线 C 使得有 K-代数同

构 $K(C) \cong L$. 证明如下：注意 $L \supset K$ 为可分生成的，且对任意有限扩域 $K' \supset K$ 有 $\Omega^1_{K'/K} = 0$ (见附录 A 的例 A.4.2 和例 A.4.3). 任取一条 K-曲线 $C' \subset \mathbb{P}^2_K$ (不必光滑) 使得 $K(C') \cong L$. 对任意仿射开子集 $U \subset C'$, 令 R_U 为 $O_{C'}(U)$ 在 L 中的整闭包，则 R_U 为戴德金环，故 $\Omega^1_{R_U/K}$ 为秩 1 局部自由的 (见附录 A 中的引理 A.4.1.ii)), 从而 $C_U = \mathrm{Spec}(R_U)$ 在 K 上光滑. 显然所有投射 $C_U \to U$ 相容，故所有 C_U 粘成一个光滑 K-曲线 C 使得 $K(C) \cong L$, 且有有限 K-态射 $C \to C'$, 因此 C 为射影 K-曲线 (C 称为 C' 的"正规化").

对于 C 上的一个可逆层 $\mathcal{L}$, 仍记 $h^0(\mathcal{L}) = \dim_K \Gamma(C, \mathcal{L})$. 设 k 为 K 的代数闭包，记 $C' = C \otimes_K k$, $\mathcal{L}' = \mathcal{L} \otimes_K k$, 则由 (4.4.5) 有 $h^0(\mathcal{L}') = h^0(\mathcal{L})$, $h^0(\Omega^1_{C'/k} \otimes_{O_{C'}} \mathcal{L}'^{-1}) = h^0(\Omega^1_{C/K} \otimes_{O_C} \mathcal{L}^{-1})$, $g(C') = g(C)$, 且 $\deg(\mathcal{L}') = \deg(\mathcal{L})$ (见习题 10). 由此即可将 k-曲线的黎曼-罗赫定理 (见 4.2 节的 (4.2.9) 式) 推广到一般域上：

黎曼-罗赫定理 设 C 为域 K 上的光滑射影曲线，$\mathcal{L}$ 为 C 上的可逆层，则

$$h^0(\mathcal{L}) - h^0(\Omega^1_{C/K} \otimes_{O_C} \mathcal{L}^{-1}) = \deg(\mathcal{L}) + 1 - g \tag{4.4.6}$$

其中 $g = g(C) = h^0(\Omega^1_{C/K})$, 称为 C 的 *亏格*.

由 (4.4.6) 立得

$$\deg(\Omega^1_{C/K}) = 2g - 2 \tag{4.4.7}$$

例 4.4.1 设 C 为 K 上亏格为 0 的曲线，若 C 有一个 K-点，则有 K-同构 $C \cong \mathbb{P}^1_K$, 这是因为一个 K-点 $x \in C$ 相当于一个 1 次除子 D, 而由黎曼-罗赫定理有 $h^0(O_C(D)) = 2$, 故由引理 4.1.1 的推广有 $C \cong \mathbb{P}^1_K$.

注意 $\mathbb{P}^1_K$ 的 K-点 (以及在任意扩域 $L \supset K$ 中的点) 是显而易见的，由此就不难确定 C 的 K-点 (以及 L-点). 若 C 是一个丢番图方程所对应的曲线，由此就得到这个丢番图方程的一个完整的解法 (参见第 2 章习题 1 和 2).

例如设 $f \in \mathbb{Q}[x, y]$ 为二次多项式且已知 $f(x, y) = 0$ 有一组有理数解，则利用这组解可以写出 $f(x, y) = 0$ 的有理数解的通解公式：若 $f(x, y) = 0$ 是非退化的 (即在 $\mathbb{C}[x, y]$ 中 f 是不可约的), 则它对应的二次齐次多项式定义 $\mathbb{Q}$ 上的一条射影光滑曲线 $C \subset \mathbb{P}^2_{\mathbb{Q}}$, 而由 $g(C) = 0$ 及所给的有理数解 (相当于 C 的一个有理点) 有同构 $\mathbb{P}^1_{\mathbb{Q}} \to C$ (可由塞格莱嵌入给出), 由此即得 C 的所有有理点，从而给出 $f(x, y) = 0$ 的所有有理数解；若 $f = 0$ 是退化的，不难验证可取一个二次扩域 $K \supset \mathbb{Q}$ 使得 f

在 K 上可分解成两个线性因子的积，由此也就不难写出有理数解公式 (此时若 f 不能在 $\mathbb{Q}$ 上分解则 $f=0$ 仅有有限多组有理数解)．又例如取 $L=\mathbb{Q}(t)$, 则同样可以得到方程 $f=0$ 在 $\mathbb{Q}(t)$ 中的所有非平凡解，这样一个解等价于一个非平凡 $\mathbb{Q}$-态射 $\mathbb{P}^1_{\mathbb{Q}}\to C$, 而这又等价于一个 $\mathbb{Q}$-同态 $\mathbb{Q}(t)\to\mathbb{Q}(t)$, 或 $\mathbb{Q}(t)-\mathbb{Q}$ 的一个元 (参见习题 8).

推论 4.2.1 显然也可以推广到一般域 K 上 (对亏格为 g 的射影光滑 K-曲线 C 上的 $n\geqslant 2g+1$ 次有效除子 D, 由黎曼-罗赫定理和推论 4.1.1 的推广可得 K-态射 $\phi\colon C\to\mathbb{P}^{n-g}_K$, 而由 $\phi\otimes_K k\colon C\otimes_K k\to\mathbb{P}^{n-g}_k$ 是闭嵌入可知 ϕ 是闭嵌入).

赫尔维茨定理也可以推广到一般域上．设 $f\colon C\to C'$ 为射影光滑 K-曲线的可分 K-态射 (即 $K(C')\hookrightarrow K(C)$ 是有限可分域扩张). 设 x 为 C 的闭点， $y=f(x)$. 任取 $O_{Y,y}$ 的极大理想的生成元 s 和 $O_{X,x}$ 的极大理想的生成元 t, 则有正整数 r 使得 $f^*s=t^ru$, 其中 $u\in O_{X,x}$ 为单位，故 $(\Omega^1_{C/C'})_x\cong O_{X,x}\mathrm{d}t/O_{X,x}\mathrm{d}(t^ru)$. 由此可见 f 在 x 处光滑当且仅当 $r=1$ (参见引理 3.5.3.ii)). 若 $r>1$, 则称 x 为 f 的 *分歧点*, 而称 $r_x=l(O_{X,x}\mathrm{d}t/O_{X,x}\mathrm{d}(t^ru))$ 为 f 在点 x 的 *分歧指数*. 由于 f 是可分的，$\Omega^1_{C/C'}$ 在 C 的一般点处的纤维为 0 (参见引理 3.5.3.iii) 和附录 A.4 节), 故 f 只有有限多个分歧点 (且都是闭点). 记 C_{cl} 为 C 的闭点的集合，称 $R_f=\sum\limits_{x\in C_{\mathrm{cl}}} r_x x$ 为 f 的 *分歧除子*, 其次数 $\deg R_f=\sum\limits_{x\in C_{\mathrm{cl}}} r_x\deg(x)$. 用和 4.2 节同样的讨论可得到

赫尔维茨定理 设 $f\colon C\to C'$ 为 K-曲线的可分 K-态射，则有

$$\Omega^1_{C/K}\cong f^*\Omega^1_{C'/K}\otimes_{O_C}O_C(R_f) \tag{4.4.8}$$

从而

$$2g(C)-2=\deg(f)(2g(C')-2)+\deg R_f \tag{4.4.9}$$

而

$$\deg R_f=h^0(\Omega^1_{C/C'}) \tag{4.4.10}$$

以下我们考虑不可分态射．设 $\mathrm{ch}(K)=p>0$, 则易见对任意 K-概形 X 可以定义一个 *绝对夫罗贝纽斯* 态射 $F_X\colon X\to X$, 将每个点映到自身，且 $F_X^\sharp$ 将 O_X 的任一局部截口 a 映到 a^p (这是因为此时有 $a^p+b^p=(a+b)^p$, 从而 $F_X^\sharp$ 在每个开集 $U\subset X$ 上给出环同态 $O_X(U)\to O_X(U)$). 对任意 K-概形的 K-态射 $f\colon X\to Y$ 显然有 $F_Y\circ f=f\circ F_X$ (我们说绝对夫罗贝纽斯态射是“典范的”). 设 $\pi\colon X\to S$ 为

K-概形的 K-态射, 记 $X^{(p)}$ 为 $X \to S$ 和 $F_S: S \to S$ 的拉回 (即纤维积, 见下图)

$$\begin{array}{ccc} X^{(p)} & \xrightarrow{\mathrm{pr}_1} & X \\ \downarrow{\scriptstyle \mathrm{pr}_2} & & \downarrow{\scriptstyle \pi} \\ S & \xrightarrow{F_S} & S \end{array} \tag{4.4.11}$$

则由 2.4 节 (*) 及 $F_S \circ \pi = \pi \circ F_X$, 有惟一态射 $F_{X/S}: X \to X^{(p)}$ 使得 $\mathrm{pr}_1 \circ F_{X/S} = F_X$ 且 $\mathrm{pr}_2 \circ F_{X/S} = \pi$, 称 $F_{X/S}$ 为 X 在 S 上的**相对夫罗贝纽斯**态射. 注意 $F_{X/S}$ 是 S-态射, 而 F_S 一般不是 S-态射. 任意 S 概形的 S-态射 $f: X \to Y$ 诱导 $f^{(p)}: X^{(p)} \to Y^{(p)}$, 且显然有 $F_{Y/S} \circ f = f^{(p)} \circ F_{X/S}$ (即相对夫罗贝纽斯态射也是典范的).

例如当 K 是完全域且 $S = \mathrm{Spec}(K)$ 时, 作为概形 $X^{(p)}$ 和 X 实际上是相同的, 但作为 K-概形则不同, 即 $\pi': X^{(p)} \to S$ 和 $\pi: X \to S$ 不一样, π' 可以看做 $F_S^{-1} \circ \pi$ (即 π'^* 相当于先对 K 的元取 p 次幂再用 π^*).

设 C 为特征 p 的域 K 上的光滑射影曲线, 则由 3.5 节的 (3.5.19) 式可见 $g(C) = g(C^{(p)})$ (但注意 C 和 $C^{(p)}$ 作为 K-曲线不一定同构, 参见 4.2 节). 用 4.2 节的方法易证 $\deg(F_{C/K}) = p$: 若 $C = \mathbb{P}_K^1$ 这是显然的, 而对一般的 C 可任取一个非平凡 K-态射 $f: C \to C_0 = \mathbb{P}_K^1$, 显然 $\deg(f^{(p)}) = \deg(f)$, 故由 $f^{(p)} \circ F_{C/K} = F_{C_0/K} \circ f$ 得 $\deg(f)\deg(F_{C/K}) = p\deg(f)$, 从而 $\deg(F_{C/K}) = p$ (另一种证法见第 3 章习题 2). 由此可见对任意光滑射影 K-曲线的非平凡 K-态射 $f: C \to C'$, $K(C') \hookrightarrow K(C)$ 是 p 次不可分域扩张当且仅当存在 K-同构 $g: C' \to C^{(p)}$ 使得 $g \circ f = F_{C/K}$. 故和 4.2 节同样可得

引理 4.4.1　设 K 为特征 $p > 0$ 的域, $f: C \to C'$ 为光滑射影 K-曲线的非平凡 K-态射, 则 f 等于若干个相对夫罗贝纽斯态射与一个可分态射的合成 (相对夫罗贝纽斯态射和可分态射的次序可任取).

例 4.4.2　设 C 为 K 上亏格 > 0 的射影光滑曲线, 则由引理 4.4.1 和赫尔维茨定理 (以及 $g(C) = g(C^{(p)})$) 可知没有非平凡 K-态射 $\mathbb{P}_K^1 \to C$ (因为否则 (4.4.9) 的左边为 $2g(\mathbb{P}_K^1) - 2 = -2$ 而右边 $\geqslant 0$, 矛盾).

特别地, 设 $C \subset \mathbb{P}_K^2$ 为次数 > 2 的光滑射影曲线 (例如椭圆曲线), 则由例 4.2.1 有 $g(C) > 0$. 注意 C 由一个齐次方程 F 定义, 此时上述断言说, 不存在互素的非常数多项式 $f, g, h \in K[t]$ 使得 $F[f, g, h] = 0$ (例如当 $\mathrm{ch}(K) \neq 2$ 时, 对任意 $c \in K - \{0, 1\}$, 若 $\phi, \psi \in K(t)$ 满足 $\phi^2 = \psi(\psi - 1)(\psi - c)$, 则 $\phi, \psi \in K$).

例 4.4.3　仍设 C 为 K 上的射影光滑曲线. 若存在非平凡 K-态射 $f\colon \mathbb{P}^1_K \to C$, 则由例 4.4.2 有 $g(C)=0$, 注意 f 将 K-点映到 K-点, 从而由例 4.4.1 有 $C \cong \mathbb{P}^1_K$.

设 $L \subset K(t)$ 是包含 K 且不等于 K 的子域, 则由上所述 L 对应于一条射影光滑 K-曲线 C, 而 $L \to K(t)$ 给出一个 K-态射 $\mathbb{P}^1_K \to C$, 故由上所述有 $C \cong \mathbb{P}^1_K$, 从而存在 $u \in K(t)$ 使得 $L = K(u)$. 这就是说, 对任意域 K, $K(t)$ 中包含 K 且不等于 K 的子域为 K 的纯超越扩张. 这对超越次数为 1 的情形回答了例 0.2 中的问题. 有趣的是一个看来纯粹是域论的问题却是用整体几何方法解决的.

设 C 为域 K 上的亏格为 1 的光滑射影曲线. 若 C 有一个 K-点, 则称 C 为 K 上的 *椭圆曲线*. 由推论 4.2.1 的推广可知 C 可以嵌入 $\mathbb{P}^2_K$ 作为三次曲线, 故也可将椭圆曲线定义为射影平面中的三次光滑曲线. 椭圆曲线的一个基本性质是具有群簇结构.

定义 4.4.1　一个 *K-群概形* 是指一个 K-态射 $\pi\colon G \to \mathrm{Spec}(K)$, 带有 K-态射 $m\colon G \times_K G \to G$ (“乘法”), $o\colon \mathrm{Spec}(K) \to G$ (“单位”) 及 $\iota\colon G \to G$ (“逆”), 满足

i) $m \circ (\mathrm{id}_G \times_K m) = m \circ (m \times_K \mathrm{id}_G)\colon G \times_K G \times_K G \to G$ (结合律)；

ii) $m \circ (o \times_K \mathrm{id}_G) = m \circ (\mathrm{id}_G \times_K o) = \mathrm{id}_G\colon G \cong \mathrm{Spec}(K) \times_K G \to G$；

iii) $m \circ (\iota \times_K \mathrm{id}_G) \circ \Delta = m \circ (\mathrm{id}_G \times_K \iota) \circ \Delta = o \circ \pi\colon G \to G$, 其中 $\Delta\colon G \to G \times_K G$ 为对角态射.

G 称作 *交换的*, 如果还有

iv) $m \circ (\mathrm{pr}_2, \mathrm{pr}_1) = m\colon G \times_K G \to G$ (交换律).

(粗糙地说, 群概形就是有代数的群结构的概形.) 若 π 是仿射的 (有限的, 光滑的 $\cdots$), 则称 G 为仿射的 (有限的, 光滑的 $\cdots$) K-群概形; 若 G 是代数簇, 则称 G 为 *群簇*. 射影的群簇称为 *阿贝尔簇*. 任意阿贝尔簇都是交换的 (参见文献 [19]), 所以我们总将其乘法称作加法.

G 到另一个 K-群概形 G' 的 *同态* 是指与 m, o, ι 交换的 K-态射 $G \to G'$.

注意一个 K-群概形至少有一个 K-点, 因而 $\mathbb{P}^2_{\mathbb{Q}}$ 中的三次光滑曲线 $C\colon X^3 + 2Y^3 + 4Z^3 = 0$ 没有 $\mathbb{Q}$-群概形结构 (习题 5), 但由 4.3 节我们知道 $C \otimes \mathbb{C}$ 为 $\mathbb{C}$ 上的椭圆曲线, 从而为阿贝尔簇.

设 G 为 K 上的仿射群概形, 不妨设 $G = \mathrm{Spec} A$, 则 G 的群概形结构等价于

K-代数结构 $\pi^*\colon K \to A$ 及 K-代数同态 $m^*\colon A \to A \otimes_K A$ (“余乘法”), $o^*\colon A \to K$, $\iota^*\colon A \to A$, 满足

i′) $(\mathrm{id}_A \otimes_K m^*) \circ m^* = (m^* \otimes_K \mathrm{id}_A) \circ m^*\colon A \to A \otimes_K A \otimes_K A$ (“余结合律”)；

ii′)$(o^* \otimes_K \mathrm{id}_A) \circ m^* = (\mathrm{id}_A \otimes_K o^*) \circ m^* = \mathrm{id}_A\colon A \to K \otimes_K A \cong A$；

iii′) $\Delta^* \circ (\iota^* \otimes_K \mathrm{id}_A) \circ m^* = \Delta^* \circ (\mathrm{id}_A \otimes_K \iota^*) \circ m^* = \pi^* \circ o^*\colon A \to A$, 其中 $\Delta^*(a \otimes_K b) = ab$, 即为 A 的乘法.

而交换律 iv) 等价于

iv′) $\eta \circ m^* = m^*\colon A \to A \otimes_K A$, 其中 $\eta(a \otimes_K b) = b \otimes_K a$.

我们把这种有余乘法的代数称为 *双代数*. 注意在上述各等式中，若将 π^* 与 o^* 互换， m^* 与 Δ^* 互换并改变同态合成的次序，则 i′) 就变成 A 的乘法结合律， iv′) 变成 A 的乘法交换律， ii′) 给出 A 的 K-代数结构而 iii′) 保持不变. 这就是双代数 A 的 *对偶性*. 由此可见，若 A 是 K 上的有限维双代数，则 $A^D = Hom_K(A, K)$ 也具有 K-双代数结构，称为 A 的 *卡吉耶对偶*.

具有余乘法且满足余结合律的结合代数称作 *霍普夫代数*. 所以 K 上的仿射群概形等价于 K 上的交换霍普夫代数，而交换仿射群概形等价于交换且余交换 (即 iv′) 成立) 的霍普夫代数. 若 $G = \mathrm{Spec}(A)$ 是 K 上的有限交换仿射群概形，则 $G^D = \mathrm{Spec}(A^D)$ 也具有交换仿射群概形结构，称为 G 的 *卡吉耶对偶*.

例 4.4.4　由上所述，对于仿射群概形我们可以用 m^* 等给出其群概形结构. 下面是一个域 K 上的仿射群概形的一些典型例子，其中前三个例子是例 4.3.1 的推广.

i) “加群” $\mathbb{G}_{a/K} = \mathrm{Spec}(K[x]) \cong \mathbb{A}^1_K$, $m^*(x) = x \otimes_K 1 + 1 \otimes_K x$, $o^*(x) = 0$, $\iota^*(x) = -x$.

ii) “乘群” $\mathbb{G}_{m/K} \cong \mathrm{Spec}(K[x, x^{-1}])$, $m^*(x) = x \otimes_K x$, $o^*(x) = 1$, $\iota^*(x) = x^{-1}$.

iii) 一般线性群、射影线性群等线性代数群都可以推广到一般域 K 上.

iv) $\mathbb{Q}$ 上的平展群概形 $G = \mathrm{Spec}R$, 其中 $R = \mathbb{Q}[x]/(x^3 - 1) \cong \mathbb{Q} \times \mathbb{Q}[\sqrt{-3}]$, $m^*(x) = x \otimes x$, $o^*(x) = 1$, $\iota^*(x) = x^2$. G 是 $\mathbb{G}_{m/\mathbb{Q}}$ 的闭子群概形. 注意 m 并不给出 G (作为集合) 的群结构.

v) 在特征 $p > 0$ 的域 K 上，易见 $\mathbb{G}_{a/K}$ 中由理想 (x^p) 定义的子概形 $\alpha_p \cong \mathrm{Spec}K[x]/(x^p)$ 是子群概形，而 $\mathbb{G}_{m/K}$ 中由理想 $(x^p - 1)$ 定义的子概形 $\mu_p \cong \mathrm{Spec}K[x]$

$/(x^p-1)$ 也是子群概形. α_p 和 μ_p 都是只有一个点的概形, 这种群概形称作“无穷小群” (因为它们是单位元 e 的无穷小扩张). 我们有 $\alpha_p^D \cong \alpha_p$ 而 μ_p^D 同构于 $\mathbb{Z}/p\mathbb{Z}$ 的 K-群概形结构. 这个例子充分说明引进“概形”这一概念的意义: 若只考虑代数簇而不考虑概形, 就会丢掉 α_p 和 μ_p 这样极为重要且具体的研究对象.

可以证明, 任一代数闭域上的有限型连通群概形都可以由线性代数群、阿贝尔簇和无穷小群通过扩张得到.

关于群概形的一般性质可参看文献 [13].

引理 4.3.1 可以推广到一般域上, 即 K 上的椭圆曲线都是阿贝尔簇, 证明见下一章.

设 $f\colon G\to G'$ 为有限型 K-群概形的 K-同态, 定义 $\ker(f)$ 为 f 和 $o\colon \mathrm{Spec}K\to G'$ 的拉回

$$\begin{array}{ccc} \ker(f) & \longrightarrow & \mathrm{Spec}K \\ \downarrow & & \downarrow{\scriptstyle o} \\ G & \xrightarrow{f} & G' \end{array} \tag{4.4.12}$$

不难验证 $\ker(f)$ 为 G 的闭子群概形. 特别地, 若 $\mathrm{ch}(K)=p>0$, 则 $F_{G/K}$ 为群概形的同态, 而 $\ker(F_{G/K})$ 为无穷小群. 在例 4.4.4 中我们看到 $\ker(F_{G_a/K/K})\cong \alpha_p$, $\ker(F_{G_m/K/K})\cong\mu_p$. 若 E 是特征为 $p>0$ 的代数闭域 K 上的椭圆曲线, 则当 E 为正常时 $\ker(F_{E/K})\cong\mu_p$, 而当 E 为超奇时 $\ker(F_{E/K})\cong\alpha_p$, 我们略去这一事实的证明.

习　题

1. 设 S 为特征 $p>0$ 的域 K 上的概形, $X=\mathbb{P}_S^n$, 验证 $X^{(p)}\cong\mathbb{P}_S^n$.

2. 设 $K=\mathbb{F}_p(t)$ 而 $X=\mathrm{Spec}(K[x]/(x^p-t)$ (视为 K-概形), 验证 X 是整的但 $X^{(p)}$ 不是整的.

3. 设 $C\cong\mathbb{P}_K^1$ (K 为域). 对 C 直接验证黎曼-罗赫定理成立.

4. 设 $f\colon C\to C'$ 为射影光滑 K-曲线的可分 K-态射. 证明若 $g(C')=1$, 则 f 是光滑的当且仅当 $g(C)=1$.

5. 验证 $\mathbb{P}_{\mathbb{Q}}^2$ 中的曲线 $X_0^3+2X_1^3+4X_2^3=0$ 是光滑的 (亏格为 1), 但没有 $\mathbb{Q}$-点.

6. 我们知道一个域 K 上的任一射影光滑曲线 C 上处处有定义的代数函数 (即 $K(C)$ 中的元) 必为常数 (见第 2 章习题 12). 试给出这个事实一个代数证明. (提示: 先化为 K 代数闭的情形, 再证明对任意 $a \in K(C) - K$, 存在 $K(C)$ 的 K-离散赋值 v 使得 $v(a) < 0$, 为此可以考虑 $K[1/a]$ 在 $K(C)$ 中的整闭包).

7. 验证 4.2 节 (4.2.7) 中的 c_{-1} 与局部坐标变量 t 的选择无关.

8. 找出一组非常数多项式 $f, g, h \in \mathbb{Z}[x]$ 使得 $f^2 + fg + g^2 = h^2$ 且 f, h 没有非常数公因子.

9. 设 K 为域, $f\colon C \to C'$ 为射影光滑 K-曲线的非平凡 K-态射, 证明 $g(C) \geqslant g(C')$. 此外若 $g(C) > 1$, 则 $g(C) = g(C')$ 当且仅当 f 为纯不可分 (即 $K(C) \supset K(C')$ 为纯不可分扩张) 或同构.

10. 设 C 是域 K 上的射影光滑曲线, $\mathcal{L}$ 为 C 上的可逆层, k 为 K 的代数闭包. 验证 $\deg(\mathcal{L} \otimes_K k) = \deg(\mathcal{L})$.

11. 设 K 为域 k 的扩域, v 为 K 上的 k-离散赋值, $a, b \in K^*$. 证明若 $v(a) \geqslant 0$ 而 b 在 $k[a]$ 上是整的, 则 $v(b) \geqslant 0$. (提示: 注意对任意 $a, b \in K^*$, 若 $v(a) > v(b)$ 则 $a + b \neq 0$ 且 $v(a + b) = v(b)$.)

第 5 章 分类与模空间*

5.1 分类学的一些基本概念

在数学的许多学科中分类学处于重要地位. 对某一类数学对象的完整分类, 意味着已经找到所有该类对象, 并能给出这类对象的重要特征 (例如某些不变量), 在最好的情形甚至能完全给出该类各对象的结构或构造方法. 例如在拓扑学中, 紧致双侧曲面的基本不变量是亏格, 亏格只能取非负整数值, 这样的不变量称为离散不变量; 对任意给定非负整数, 在同胚之下存在惟一亏格为 g 的紧致双侧曲面, 即有 g 个孔的 "多孔救生圈" (参见 4.2 节图 4.2.1). 又例如在复半单李代数的分类中, 每个复半单李代数有一个邓肯图, 满足若干条件; 反之, 对每个满足这些条件的邓肯图存在惟一复半单李代数的同构类, 邓肯图也是一种离散不变量.

有些不变量不是离散的, 例如椭圆曲线的 j-不变量 (参见例 0.7 和 4.3 节) 就是一个可取任意值 (不必是整数) 的不变量, 这样的不变量可以称作连续不变量, 但下面将看到对此有更好的观点.

在代数几何中, 完整的同构分类一般是很困难的, 除去少数情形如曲线、阿贝尔簇等外, 对大多数对象类迄今只做到较为粗糙的分类. (当然, 我们已看到有些古典的分类问题如一个平面上所有直线的分类是不难的.)

首先是双有理等价分类, 这基本上等于对函数域分类 (当然由 4.1 节可见对射影光滑曲线的双有理等价分类也就是同构分类), 例如对曲面的双有理分类已基本清楚, 对三维代数簇的分类也有了突破性的进展, 但对更高维的代数簇到目前进展还很少. 对向量丛的分类也是一个大课题, 目前仅对一些特殊情形有完整的同构分类 (参见文献 [27]).

维数、亏格等都是典型的离散不变量, 我们下面还将看到很多其他离散不变量. 对于某个对象类的分类, 一般是先找足够的离散不变量, 使得在固定一组离散不变量后, 再用一组连续不变量即可完全确定对象的同构类. 例如对给定域 k 上的 (光滑射影) 曲线, 最重要的离散不变量是亏格 g; 在固定了亏格 g 后, 可以用一个空间 (代数簇) $\mathcal{M}_g$ 中的点来代表曲线的同构类, 详言之, 对任意代数闭的扩域 $K \supset k$ 有一一对应

* 本章各节除 5.1 节外都涉及一些较深入的概念, 初次阅读的读者和对代数几何仅希望作一般了解的读者可仅读 5.1 节.

$$\{\text{亏格 } g \text{ 的 } K\text{-曲线的同构类}\} \leftrightarrow \{\mathcal{M}_g \text{ 的 } K\text{-点}\}$$

(K-曲线的定义见 2.4 节或 4.4 节，也可以理解为定义方程带有参变量的曲线. 上述对应的几何意义将在后面解释.) 例如 $\mathcal{M}_1 \cong \mathbb{A}_k^1$, 在上述一一对应下一条 K-椭圆曲线 C 对应的点即为 $j(C) \in K$ (看做 $\mathbb{A}_k^1$ 的 K-点集). 用空间的点代表同构类比简单地用一组连续参变量更合理，因为通常是有多个连续参变量，而它们之间常满足一些代数关系. 像 $\mathcal{M}_g$ 这样的空间称为 "模空间".

在 $k=\mathbb{C}$ 的情形，椭圆曲线的分类问题最早是黎曼通过对格 (参见 4.3 节) 进行等价分类而解决的. 详言之，设 $\Lambda \subset \mathbb{C}$ 为一个格，即一个秩为 2 的自由阿贝尔加法子群使得 $\Lambda \otimes \mathbb{R} = \mathbb{C}$, 则可取 Λ 的生成元 $\tau_1, \tau_2 \in \mathbb{C} - \{0\}$, 其中 τ_1/τ_2 为虚数，而 $C = \mathbb{C}/\Lambda$ 为 (1 维) 复环面，即椭圆曲线 (所有 $\mathbb{C}$ 上的椭圆曲线都可以这样得到，参见 4.3 节). 我们可以把 $\mathbb{C}$ 与 C 在点 $0 \in C$ 处的切空间 $T_{C,0}$ 等同起来 (根据拓扑学，它也可以看做 C 的万有覆叠空间), 由此可见若 $\Lambda' \subset \mathbb{C}$ 是另一个格而 $C' = \mathbb{C}/\Lambda'$, 则一个非平凡解析映射 $f\colon C \to C'$ 使得 $f(0)=0$ 等价于一个 $\mathbb{C}$-线性映射 $\phi\colon \mathbb{C} \to \mathbb{C}$ (即 $T_{C,0} \to T_{C',0}$) 使得 $\phi(\Lambda) \subset \Lambda'$. 这样就把椭圆曲线的解析同构分类问题化为格在 $\mathbb{C}$ 的线性变换 (即由非零复数做标量乘) 下的等价分类问题. 由于对任一非零复数 c 有 $\mathbb{C}/(c\Lambda) \cong \mathbb{C}/\Lambda$, 我们在分类时不妨设 $\tau_1 = 1$, 且不妨设 τ_2 的虚部 $\mathrm{Im}(\tau_2) > 0$ (否则可以用 $-\tau_2$ 代替 τ_2). 记 $\mathfrak{H} = \{\tau \in \mathbb{C} | \mathrm{Im}(\tau) > 0\}$ (即 "上半复平面"), 则椭圆曲线的解析同构分类问题又化为形如 $\{1, \tau\}$ $(\tau \in \mathfrak{H})$ 的格的等价分类问题. 设 $a\tau + b, c\tau + d \in \Lambda = \{1, \tau\}$ 为 Λ 的另一组生成元，则

$$\gamma = \begin{pmatrix} a & b \\ c & d \end{pmatrix} \tag{5.1.1}$$

为整系数可逆矩阵，而 Λ 等价于 1 和 $\tau' = \dfrac{a\tau + b}{c\tau + d}$ 生成的格 Λ'. 若 $\mathrm{Im}(\tau') > 0$, 不难验证 $\det \gamma = 1$, 即 $\gamma \in SL_2(\mathbb{Z})$. 反之，若 $\tau' \in \mathfrak{H}$ 使得 $\{1, \tau'\}$ 和 Λ 等价，不难验证存在形如 (5.1.1) 的 $\gamma \in SL_2(\mathbb{Z})$, 使得 $\tau' = \dfrac{a\tau + b}{c\tau + d}$. 这样我们得到 $SL_2(\mathbb{Z})$ 在 $\mathfrak{H}$ 上的一个作用 $\gamma(\tau) = \dfrac{a\tau + b}{c\tau + d}$, 而 Λ 的等价类和 $\mathfrak{H}/SL_2(\mathbb{Z})$ 的点一一对应. 这样 $\mathcal{A}_1 = \mathfrak{H}/SL_2(\mathbb{Z})$ 就和椭圆曲线的解析同构类一一对应. 我们称 $\mathcal{A}_1$ 为 (复) 椭圆曲线的 粗糙模空间. 此外，对任意形如 (5.1.1) 的 $\gamma \in SL_2(\mathbb{Z})$, 若将 τ 换为 $\tau' = \gamma(\tau)$, 易见 (4.3.1) 中的魏尔斯特拉斯 $\wp$-函数变为 $(c\tau + d)^2 \wp((c\tau + d)z)$, 而 $\wp'$ 变为 $(c\tau + d)^3 \wp((c\tau + d)z)$, 故 $\{1, \tau'\}$ 给出的三次曲线与 $\{1, \tau\}$ 给出的相同，这说明 $\mathcal{A}_1$ 和椭圆曲线的 **代数** 同构类一一对应. 实际上，$\mathcal{A}_1$ 和 j-不变量空间 $\mathbb{A}_{\mathbb{C}}^1$ 同构.

设 f 为 $\mathfrak{H}$ 上的一个半纯函数，若对任意形如 (5.1.1) 的 $\gamma \in SL_2(\mathbb{Z})$ 都有 $f(\gamma(z)) = (cz+d)^{2w}f(z)$, 则称 f 为一个权为 w 的 *模形式*. 两个权为 w 的模形式的商在 $SL_2(\mathbb{Z})$ 的作用下不变，故可以看做 $\mathfrak{H}/SL_2(\mathbb{Z}) = \mathcal{A}_1$ 上的半纯函数 (称为 *模函数*). 用多个权为 w 的模形式可以给出 $\mathcal{A}_1$ 到复射影空间的解析映射，对足够大的 w 可使这样一个映射为局部闭嵌入. 因此模形式可以看做 $\mathcal{A}_1$ 作为拟射影簇的齐次坐标，这就是“模空间”这一术语的来历.

我们前面还看到另一些模空间的例子，如 $\mathbb{P}_k^n$ 中 d 次超曲面的模空间 (见命题 3.2.1 和例 3.2.3), 一条曲线的切线的模空间 (见例 3.4.3) 等，并已看到如何应用模空间解决一些问题 (如例 3.3.1, 例 3.4.3 以及 Bézout 定理和 Bertini 定理的证明等). 由此可以初步理解模空间为什么能成为一个强有力的工具.

5.2 精细模空间

为了定义一般的模空间，我们需要用到范畴的概念 (本节中关于范畴的内容主要取自文献 [12] XI，这些内容在一般的范畴论或同调代数教科书中均可找到).

范畴的概念最初产生于拓扑学，后来被广泛应用到几何、代数等许多领域，实际上是将拓扑学的一些思想和方法应用于其他学科.

一个 *范畴* $\mathfrak{C}$ 由下列三个要素组成：

A) 一类数学对象 (称为 *对象*) $\mathrm{Ob}(\mathfrak{C})$；

B) 对任意 $A, B \in \mathrm{Ob}(\mathfrak{C})$ 予以一个集合 $\mathrm{Mor}_{\mathfrak{C}}(A, B)$ (其中的元称为从 A 到 B 的 *态射*, 亦可记为 $\mathrm{Arr}_{\mathfrak{C}}(A, B)$ 并称其中的元为 *箭头*； A 称为态射 (箭头) 的 *定义域* 或 *源*, B 称为态射的 *值域* 或 *靶*；在没有疑问时可略去下标 $\mathfrak{C}$)；

C) 对任意 $A, B, C \in \mathrm{Ob}(\mathfrak{C})$ 予以一个映射

$$\begin{aligned} \mathrm{Mor}(B, C) \times \mathrm{Mor}(A, B) &\rightarrow \mathrm{Mor}(A, C) \\ (g, f) &\mapsto g \circ f \end{aligned}$$

满足条件

i) $\mathrm{Mor}(A, B) \cap \mathrm{Mor}(A', B') = \varnothing$, 除非 $A = A', B = B'$ (换言之，我们明确规定，给定一个态射时必须同时给定其源和靶)；

ii) 对任意 $A, B, C, D \in \mathrm{Ob}(\mathfrak{C})$ 及任意 $f \in \mathrm{Mor}(A, B)$, $g \in \mathrm{Mor}(B, C)$, $h \in \mathrm{Mor}(C, D)$, 有 $(h \circ g) \circ f = h \circ (g \circ f)$；

iii) 对任一 $A \in \mathrm{Ob}(\mathfrak{C})$, 存在一个 *单位态射* $\mathrm{id}_A \in \mathrm{Mor}(A, A)$ 使得对任意 $B \in$

$\mathrm{Ob}(\mathfrak{C})$ 及任意 $f\in\mathrm{Mor}(A,B)$, $g\in\mathrm{Mor}(B,A)$, 有 $f\circ\mathrm{id}_A=f$, $\mathrm{id}_A\circ g=g$ (显然 A 的单位态射是惟一的).

注意我们并没有假定 $\mathrm{Ob}(\mathfrak{C})$ 是一个集合 (参见下面的例子), 尽管我们可以使用集合论的某些术语和符号如“属于” ($\in$).

例 5.2.1 i) 所有集合组成一个范畴 ((sets)), 其对象为集合，态射为映射. 注意 $\sin:\mathbb{R}\to\mathbb{R}$ 和 $\sin:\mathbb{R}\to[-1,1]$ 看做不同的态射. 注意 Ob((sets)) 不是一个集合.

ii) 拓扑空间的范畴 $\mathfrak{T}$, 其态射为连续映射. 这是 ((sets)) 的一个 *子范畴*, 即 $\mathrm{Ob}(\mathfrak{T})\subset\mathrm{Ob}((\mathrm{sets}))$ 且对任意 $A,B\in\mathrm{Ob}(\mathfrak{T})$ 有 $\mathrm{Mor}_{\mathfrak{T}}(A,B)\subset\mathrm{Mor}_{((\mathrm{sets}))}(A,B)$.

iii) 群的范畴 ((groups)), 其态射为同态. 其中阿贝尔 (加) 群组成一个子范畴 $\mathfrak{Ab}$, 且对任意 $A,B\in\mathrm{Ob}(\mathfrak{Ab})$ 有 $\mathrm{Mor}_{\mathfrak{Ab}}(A,B)=\mathrm{Mor}_{((\mathrm{groups}))}(A,B)$. 这样的子范畴称为 *全的*.

iv) 一个域 k 上的所有线性空间组成一个范畴 $\mathfrak{M}_k$, 其态射为 k-线性映射；更一般地，一个环 R 上的所有模组成一个范畴 $\mathfrak{M}_R$, 其态射为 R-同态.

v) 一个域 k 上的所有概形组成一个范畴 $\mathfrak{Sch}_k$, 其中的态射为 k-态射 (见 2.4 节). k 上的所有仿射概形组成 $\mathfrak{Sch}_k$ 的一个全子范畴. 更一般地，一个概形 S 上的所有概形组成一个范畴 $\mathfrak{Sch}_S$.

vi) 一个概形 X 上的所有凝聚层组成一个范畴 $\mathfrak{Coh}_X$, 其中的态射为 O_X-线性同态.

vii) 设 T 为一个拓扑空间，定义一个范畴 $\tilde{T}$ 如下：$\mathrm{Ob}(\tilde{T})$ 为 T 的所有开子集全体；对任意开子集 U,V, 若 $U\subset V$, 则 $\mathrm{Mor}(U,V)$ 由包含映射 $U\to V$ 一个元组成，否则 $\mathrm{Mor}(U,V)=\varnothing$. 更一般地，若 I 是一个半序集，我们可类似地以 I 的元为对象建立一个范畴. 注意此时所有对象组成一个 **集合**, 这样的范畴称为 *小的*.

viii) 设 $\mathfrak{C}$ 为一个范畴. 如果我们将 $\mathfrak{C}$ 中的所有箭头改变方向并改变合成映射 $\circ$ 的次序 (这只是改变记号而已), 则得到一个新范畴 $\mathfrak{C}^{\mathrm{op}}$, 称作 $\mathfrak{C}$ 的 *对偶* 范畴. 例如有单位元的交换环的范畴 ((rings)) 的对偶范畴可以解释为所有谱组成的范畴 (参见 1.4 节).

ix) 对任意两个范畴 $\mathfrak{C},\mathfrak{C}'$ 可以定义它们的*积* $\mathfrak{C}\times\mathfrak{C}'$, 其对象为所有对象对 (A,A') $(A\in\mathrm{Ob}(\mathfrak{C}),A'\in\mathrm{Ob}(\mathfrak{C}'))$, 而

$$\mathrm{Mor}((A,A'),(B,B'))=\mathrm{Mor}(A,B)\times\mathrm{Mor}(A',B')$$

设 $\mathfrak{C}$ 为一个范畴，$A, B \in \mathrm{Ob}(\mathfrak{C})$. 一个态射 $f\colon A \to B$ 称为*同构*，如果存在态射 $g\colon B \to A$ 使得 $f \circ g = \mathrm{id}_B$, $g \circ f = \mathrm{id}_A$. 一个对象 $I \in \mathrm{Ob}(\mathfrak{C})$ 称作*起始的* (或*终止的*)，如果对任意 $A \in \mathrm{Ob}(\mathfrak{C})$, $\mathrm{Mor}(I, A)$ (或 $\mathrm{Mor}(A, I)$) 由一个元组成. 由这个定义可知，任意两个起始 (终止) 对象之间有惟一同构. 若 I 既是起始的又是终止的，则称 I 为*零对象*. 例如在 ((sets)) 中，空集 $\varnothing$ 是起始对象，任意一元集是终止对象；而在 $\mathfrak{Ab}$ 中 0 是零对象. 若 $\mathfrak{C}$ 有零对象 0, 则对任意 $A, B \in \mathrm{Ob}(\mathfrak{C})$ 有惟一态射 $f\colon A \to 0$ 及 $g\colon 0 \to B$, 从而 $g \circ f\colon A \to B$ 是惟一决定的 (与零对象 0 的选择无关)，称为从 A 到 B 的*零态射*，记作 0.

设 $\mathfrak{C}, \mathfrak{C}'$ 为两个范畴. 一个从 $\mathfrak{C}$ 到 $\mathfrak{C}'$ 的*共变函子* F 由两个要素组成:

A) 对任意 $A \in \mathrm{Ob}(\mathfrak{C})$ 予以一个对象 $F(A) \in \mathrm{Ob}(\mathfrak{C}')$；

B) 对任意 $A, B \in \mathrm{Ob}(\mathfrak{C})$ 予以一个映射

$$F\colon \mathrm{Mor}_{\mathfrak{C}}(A, B) \to \mathrm{Mor}_{\mathfrak{C}'}(F(A), F(B))$$

使得对任意 $f \in \mathrm{Mor}_{\mathfrak{C}}(A, B)$, $g \in \mathrm{Mor}_{\mathfrak{C}}(B, C)$ 有 $F(g \circ f) = F(g) \circ F(f)$, 且对任意 $A \in \mathrm{Ob}(\mathfrak{C})$ 有 $F(\mathrm{id}_A) = \mathrm{id}_{F(A)}$.

记 $\mathrm{Fun}(\mathfrak{C}, \mathfrak{C}')$ 为从 $\mathfrak{C}$ 到 $\mathfrak{C}'$ 的共变函子全体 (不一定是集合). 显然对任意两个函子 $F\colon \mathfrak{C} \to \mathfrak{C}'$ 和 $G\colon \mathfrak{C}' \to \mathfrak{C}''$ 可以定义其*合成函子* $G \circ F\colon \mathfrak{C} \to \mathfrak{C}''$. 一个从 $\mathfrak{C}$ 到 $\mathfrak{C}'$ 的*反变函子*是一个从 $\mathfrak{C}^{\mathrm{op}}$ 到 $\mathfrak{C}'$ 的共变函子.

例 5.2.2 i) 对任意 $C \in \mathrm{Ob}(\mathfrak{C}')$ 可以定义一个“常函子” $k_C\colon \mathfrak{C} \to \mathfrak{C}'$, 对任一 $A \in \mathrm{Ob}(\mathfrak{C})$ 令 $k_C(A) = C$, 且对 $\mathfrak{C}$ 的任一态射 f 令 $k_C(f) = \mathrm{id}_C$. 此外显然有个“恒等函子” $\mathrm{id}_{\mathfrak{C}}\colon \mathfrak{C} \to \mathfrak{C}$.

ii) $\mathfrak{T}$ 到 ((sets)) 的嵌入是一个函子.

iii) “遗忘函子” $\mathfrak{M}_R \to \mathfrak{Ab}$, 将每个 R-模映到其加群，“忘掉” R 在其上的作用.

iv) 对偶函子 $\mathfrak{M}_k \to \mathfrak{M}_k$, 将每个 k-线性空间映到其对偶空间. 这是一个反变函子.

v) 对任一 k-概形有函子 $\Gamma\colon \mathfrak{Coh}_X \to \mathfrak{M}_k$, 将凝聚层 $\mathcal{F}$ 映到 $\Gamma(X, \mathcal{F})$.

vi) 任一范畴 $\mathfrak{C}$ 中的任一交换图可以看做一个函子. 例如交换图

$$\begin{array}{ccccc}
A & \longrightarrow & B & \longrightarrow & C \\
\downarrow & & \downarrow & & \downarrow \\
D & \longrightarrow & E & \longrightarrow & F
\end{array}$$

可以看做一个函子 $I \to \mathfrak{C}$, 其中 I 为半序集 $\{a,b,c,d,e,f|a \prec b \prec c \prec f, a \prec d \prec e \prec f, b \prec f\}$, 按例 5.2.1.vii) 的方法看做一个范畴.

vii) 设 $\mathfrak{C}$ 为范畴, $A \in \mathrm{Ob}(\mathfrak{C})$, 则可定义一个反变函子 $\underline{A}$ (或记为 $\mathrm{Mor}(\cdot, A)$): $\mathfrak{C} \to ((\mathrm{sets}))$, 其中 $\underline{A}(B) = \mathrm{Mor}(B,A)$. 此外由 $(A,B) \mapsto \mathrm{Mor}(A,B)$ 可以定义一个函子 $\mathfrak{C}^{\mathrm{op}} \times \mathfrak{C} \to ((\mathrm{sets}))$.

viii) 设 X 为域 k 上的射影代数簇, $\mathcal{L}$ 为 X 上的可逆层. 对任意 k-概形的 k-态射 $f: T' \to T$ 及任意 $D \in |\mathcal{L}/T|$ (见 3.2 节), 有 $D \times_T T' \in |\mathcal{L}/T'|$, 故 f 诱导映射 $|\mathcal{L}/T| \to |\mathcal{L}/T'|$. 由此可见 $T \mapsto |\mathcal{L}/T|$ 给出一个反变函子 $\mathfrak{D}_{\mathcal{L}}: \mathfrak{Sch}_k \to ((\mathrm{sets}))$.

ix) 设 $f: X \to Y$ 为域 k 上的概形的 k-态射, $\mathcal{L} \in \mathrm{Pic}(Y)$, 则 $f^*\mathcal{L} \in \mathrm{Pic}(X)$, 这给出群同态 $f^*: \mathrm{Pic}(Y) \to \mathrm{Pic}(X)$ (参见 2.4 节和 3.5 节). 由此可见 $X \mapsto \mathrm{Pic}(X)$ 给出一个反变函子 $\mathrm{Pic}: \mathfrak{Sch}_k \to \mathfrak{Ab}$. 注意可逆层等价于直线丛, 若 $\mathcal{L}$ 对应的直线丛为 L, 则 $f^*\mathcal{L}$ 对应的直线丛为 $L \times_Y X$. 更一般地可以考虑向量丛, 一个态射 $f: X \to Y$ 给出 Y 上的任一向量丛 V 在 X 上的拉回 $V \times_Y X$, 由此可见 $X \mapsto \{X$ 上的向量丛$\}$ 给出一个反变函子 $\mathfrak{Sch}_k \to ((\mathrm{sets}))$.

设 F, G 为 $\mathfrak{C}$ 到 $\mathfrak{C}'$ 的两个函子. 一个从 F 到 G 的 *自然变换* T 是对任一 $A \in \mathrm{Ob}(\mathfrak{C})$ 给出一个态射 $T(A): F(A) \to G(A)$, 使得对任意 $f \in \mathrm{Mor}_{\mathfrak{C}}(A,B)$ 有交换图

$$\begin{array}{ccc} F(A) & \xrightarrow{T(A)} & G(A) \\ \downarrow{\scriptstyle F(f)} & & \downarrow{\scriptstyle G(f)} \\ F(B) & \xrightarrow{T(B)} & G(B) \end{array}$$

(即 $G(f) \circ T(A) = T(B) \circ F(f)$). 若对每个 $A \in \mathrm{Ob}(\mathfrak{C})$, $T(A)$ 都是同构, 则称 T 为*自然等价*, 此时可记 $F \simeq G$. 记 $\mathrm{Tran}(F,G)$ 为从 F 到 G 的自然变换全体.

对两个范畴 $\mathfrak{C}$ 和 $\mathfrak{C}'$, 若存在共变函子 $F: \mathfrak{C} \to \mathfrak{C}'$ 和 $G: \mathfrak{C}' \to \mathfrak{C}$ 使得 $F \circ G \simeq \mathrm{id}_{\mathfrak{C}'}$, $G \circ F \simeq \mathrm{id}_{\mathfrak{C}}$, 则称 $\mathfrak{C}$ 和 $\mathfrak{C}'$ 为*等价的*, 记作 $\mathfrak{C} \simeq \mathfrak{C}'$.

若 $\mathfrak{C}$ 是小的, 则对任两个函子 $F, G: \mathfrak{C} \to \mathfrak{C}'$, 从 F 到 G 的所有自然变换组成一个集合 (可以看作 $\prod\limits_{A \in \mathrm{Ob}(\mathfrak{C})} \mathrm{Mor}_{\mathfrak{C}'}(F(A), G(A))$ 的子集), 故 $\mathrm{Fun}(\mathfrak{C}, \mathfrak{C}')$ 可以看做一个范畴, 其态射为自然变换.

例 5.2.3 i) 设 $I = \{a, b|a \prec b\}$. 对任意范畴 $\mathfrak{C}$, 一个函子 $F: I \to \mathfrak{C}$ 等价于一

个 $\mathfrak{C}$ 中的态射 $A\to B$, 而一个自然变换 $F\to G$ 等价于一个交换图

$$\begin{array}{ccc} A & \longrightarrow & B \\ \downarrow & & \downarrow \\ A' & \longrightarrow & B' \end{array}$$

ii) 设 $\mathfrak{C}$ 为任一范畴, $F\colon\mathfrak{C}\to\mathfrak{Ab}$ 为任一函子, 则任一整数 n 给出一个自然变换 $n\cdot\colon F\to F$, 由 $n\cdot\colon F(A)\to F(A)$ $(A\in\mathrm{Ob}(\mathfrak{Ab}))$ 组成. 故我们称 $n\cdot$ 为 "自然同态".

iii) 由 $\mathrm{tor}(G)=G_{\mathrm{tor}}$ 可以定义一个函子 $\mathrm{tor}\colon\mathfrak{Ab}\to\mathfrak{Ab}$, 故我们称对应关系 $G\mapsto G_{\mathrm{tor}}$ 为 *函子性的*, 而称 G_{tor} 为 G 的 *典范* 子群 ("典范" 一词意为具有函子性). 嵌入映射 $G_{\mathrm{tor}}\to G$ 称为 "典范同态", 也可以称作 "自然同态", 即看做一个自然变换 $\mathrm{tor}\to\mathrm{id}_{\mathfrak{Ab}}$. (我们前面看到的相对夫罗贝纽斯等被称为 "典范的" 也是在这个意义上.)

iv) 设 $f\colon A\to B$ 是范畴 $\mathfrak{C}$ 中的态射, 则由 $T_f(g)=f\circ g$ 可定义一个自然变换 $T_f\colon\underline{A}\to\underline{B}$. ($\underline{A}$ 的定义见例 5.2.2.vii)).

v) 命题 3.2.1 可以这样理解: 对例 5.2.2.viii) 中的反变函子 $\mathfrak{D}_{\mathcal{L}}\colon\mathfrak{Sch}_k\to((\mathrm{sets}))$, 有自然等价 $\mathfrak{D}_{\mathcal{L}}\to\underline{S}$.

一个范畴 $\mathfrak{C}$ 上的一个 *集合预层* (简称 *预层*) 是一个从 $\mathfrak{C}$ 到 ((sets)) 的反变函子. 预层的 "态射" 指的是自然变换 (这推广了 2.4 节中预层的定义, 在 2.4 节中定义的实际上是在如例 5.2.1.vii) 的范畴 $\tilde{T}$ 上的预层).

Yoneda 引理 设 F 是 $\mathfrak{C}$ 上的预层, $X\in\mathrm{Ob}(\mathfrak{C})$, 则有自然一一对应 $\mathrm{Tran}(\underline{X},F)\simeq F(X)$.

证 设 $\xi\in F(X)$. 对 $\mathfrak{C}$ 中的态射 $f\colon A\to X$, 令 $\hat{\xi}(A)(f)=F(f)(\xi)$, 易见这定义一个自然变换 $\hat{\xi}\in\mathrm{Tran}(\underline{X},F)$.

反之, 若 $\hat{\xi}\in\mathrm{Tran}(\underline{X},F)$, 令 $\xi=\hat{\xi}(X)(\mathrm{id}_X)\in F(X)$, 则对 $\mathfrak{C}$ 中的态射 $f\colon A\to X$ 有交换图

$$\begin{array}{ccc} \mathrm{Mor}(X,X) & \xrightarrow{\hat{\xi}(X)} & F(X) \\ \downarrow{\scriptstyle \circ f} & & \downarrow{\scriptstyle F(f)} \\ \mathrm{Mor}(A,X) & \xrightarrow{\hat{\xi}(A)} & F(A) \end{array}$$

故 $F(f)(\xi)=F(f)\circ\hat{\xi}(X)(\mathrm{id}_X)=\hat{\xi}(A)(f)$, 从而 $\hat{\xi}$ 由 ξ 惟一决定. 证毕.

设 F 是 $\mathfrak{C}$ 上的预层，若存在 $X\in \mathrm{Ob}(\mathfrak{C})$ 使得 $F\simeq \underline{X}$，则称 F 为*可代表的*，由 X *代表*.(例如例 5.2.3.v) 中的预层 $\mathfrak{D}_{\mathcal{L}}$ 就是可代表的，由 S 代表.) 由 Yoneda 引理的证明可知，给定一个关系 $F\simeq \underline{X}$ 等价于给定一个 $\xi\in F(X)$，使得对任一 $\alpha\in F(A)$ $(A\in \mathrm{Ob}(\mathfrak{C}))$，存在惟一态射 $f\colon A\to X$ 使得 $\alpha=F(f)(\xi)$.(例如在例 5.2.3.v) 中，对 $F=\mathfrak{D}_{\mathcal{L}}$，$\xi\in F(S)$ 为 3.2 节中 (3.2.16) 式给出的泛除子 D.) 我们可以用另一种方式说明可代表性：令 $\mathfrak{F}$ 为所有对 (A,α) $(A\in \mathrm{Ob}(\mathfrak{C}), \alpha\in F(A))$ 组成的范畴，其中的一个态射 $(A,\alpha)\to(B,\beta)$ 是指一个态射 $f\in \mathrm{Mor}_{\mathfrak{C}}(A,B)$ 使得 $F(f)(\beta)=\alpha$. 则易见 F 由 X 及 $\xi\in F(X)$ 代表当且仅当 (X,ξ) 是 $\mathfrak{F}$ 的一个终止对象. 我们说 (X,ξ) (或 X) 具有*泛性*.

例 5.2.4 设范畴 $\mathfrak{C}$ 具有零对象 0, $f\colon A\to B$ 为 $\mathfrak{C}$ 中的态射， F 为 $\mathfrak{C}$ 上的预层，其中 $F(X)$ 由所有交换图

$$\begin{array}{ccc} X & \longrightarrow & 0 \\ \big\downarrow{\scriptstyle i_X} & & \big\downarrow \\ A & \xrightarrow{\ f\ } & B \end{array}$$

组成 (参见例 5.2.2.vi)). 若 F 由 $K\in \mathrm{Ob}(\mathfrak{C})$ 代表，则称 K (或 i_K) 为 f 的*核* (记为 $\ker(f)$)，这等价于对 $\mathfrak{C}$ 中的任意态射 $g\colon X\to A$，若 $f\circ g=0$，则有惟一态射 $g'\colon X\to K$ 使得 $g=i_K\circ g'$.

类似地我们可以定义余核、纤维积等.

在代数几何中经常遇到概形范畴 $\mathfrak{Sch}$ (或基 S 上的概形范畴 $\mathfrak{Sch}_S$，有时采用其中仿射概形组成的子范畴) 上的预层，若这样一个预层是可代表的，则称其代表为 (该预层的) *精细模空间* (或*精细模概形*). 我们后面还要看到 “粗糙模空间”.

例 5.2.5 下列例子实际上在前面已经看到，在下节将考虑更一般的情形.

i) 令 $X=\mathbb{A}^2$，即 $\mathbb{A}^2_{\mathbb{Z}}$ (齐次坐标为 x_1,x_2)，$Y=\mathbb{P}^1$，即 $\mathbb{P}^1_{\mathbb{Z}}$ (齐次坐标为 Y_1,Y_2)，$L\subset X\times Y$ 由方程 $x_1Y_1+x_2Y_2=0$ 给出 (见例 3.1.1). 定义 $\mathfrak{Sch}$ 上的预层 F 如下：对任意概形 S, $F(S)=\{X\times S$ (看做 S 上的平凡平面丛) 的直线子丛 $\}$. 我们来验证 F 由 (Y,L) 代表 (参见文献 [12] 例XI.2.1.iv)). 我们知道 $X\times S$ 的一个直线子丛 L' 对应于 $O_S^{\oplus 2}$ 的一个可逆商层 $\mathcal{F}$ (参见例 2.4.7)，即 $L'=\mathbb{A}(\mathcal{F})$，这给出一个闭嵌入 $i\colon \mathbb{P}(\mathcal{F})\hookrightarrow \mathbb{P}^1_S=\mathbb{P}^1\times S$，注意 $\mathbb{P}(\mathcal{F})\cong S$，故 i 给出一个态射 $f\colon S\to Y$，而且不难

验证

$$(\mathrm{id}_X \times f)^{-1}(L) = L' \tag{5.2.1}$$

(作为 $X \times S$ 的子丛), 易见满足 (5.2.1) 的 f 是惟一的. 故可称 Y 为仿射平面中的直线的精细模空间. 我们称 L 为 (F 的) 泛丛, 对下面涉及的许多情形也可以用这样的术语.

ii) 令 $X = \mathbb{P}^2$ (齐次坐标为 X_0, X_1, X_2), $Y = \mathbb{P}^2$ (齐次坐标为 Y_0, Y_1, Y_2), $L \subset X \times Y$ 由方程 $X_0Y_0 + X_1Y_1 + X_2Y_2 = 0$ 给出. 定义 $\mathfrak{Sch}$ 上的预层 F 如下: 对任意概形 S, $F(S) = \{X \times S$ (看做 S 上的平凡射影平面丛) 的射影直线子丛 $\}$ (参见 3.5 节). 由 i) 的方法易见 F 由 (Y, L) 代表, 故可称 Y 为射影平面中的直线的精细模空间. 实际上这是例 5.2.3.v) 的一个特殊情形. 例 3.3.1, 例 3.4.3 和 Bézout 定理的证明中用到的 d 次平面曲线的模空间也是例 5.2.3.v) 的特殊情形.

注 5.2.1 设 $T \to S$ 为概形的态射, F 为 $\mathfrak{Sch}_S$ 上的预层, 记 F_T 为 F 在 $\mathfrak{Sch}_T$ 上的限制. 若 F 有精细模概形 X, 则由定义可见 $X \times_S T$ 为 F_T 的精细模概形. 例如, 设 k 为代数闭域, 定义 $\mathfrak{Sch}_k$ 上的预层 F: $T \mapsto \{\mathbb{A}_k^2 \times_k T$中的直线子丛$\}$, 则由例 5.2.5.i) 可知 F 由 $\mathbb{P}_k^1$ 代表, 换言之 $\mathbb{P}_k^1$ 是 $\mathbb{A}_k^2$ 中直线的精细模空间.

5.3 格拉斯曼空间和希尔伯特概形

将例 5.2.5 简单推广就得到 $\mathbb{P}_{\mathbb{Z}}^{n-1}$ 代表 $\mathfrak{Sch}$ 上的预层

$$F_1 \colon S \mapsto \{\mathbb{A}_S^n \text{ 中的直线子丛}\}$$

也代表预层

$$F_{n-1} \colon S \mapsto \{\mathbb{A}_S^n \text{ 中的 } n-1 \text{ 维子向量丛}\}$$

还代表预层

$$F' \colon S \mapsto \{\mathbb{P}_S^{n-1} \text{ 中的超平面丛}\}$$

若考虑 4 维线性空间中的 2 维子空间, 问题就要复杂些, 因为一个 2 维子空间 V 由两个向量 $a = (a_1, a_2, a_3, a_4)$ 和 $b = (b_1, b_2, b_3, b_4)$ 生成, 而 (a, b) 是有很多种选择的. 不过若令 $a_{ij} = \begin{vmatrix} a_i & a_j \\ b_i & b_j \end{vmatrix}$ $(1 \leqslant i < j \leqslant 4)$, 则 6 个 a_{ij} 的比由 V 惟一决定. 但这些 a_{ij} 并非相互独立的, 它们满足关系式

$$a_{12}a_{34} - a_{13}a_{24} + a_{14}a_{23} = 0 \tag{5.3.1}$$

它们称为 V 的 普吕克坐标. 注意至少有一个 $a_{ij} \neq 0$, 例如 $a_{12} \neq 0$, 则可以选择生成元 (a, b) 使得 $a_1 = b_2 = 1$, $a_2 = b_1 = 0$, 这样 a, b 也就惟一确定了, 而且可由诸 a_{ij} 给出 (如 $a_3 = -a_{23}$). 由此可见 V 由 6 个 a_{ij} 的比惟一决定. 反之, 若给定一组满足 (5.3.1) 的不全为 0 的 a_{ij}, 则由上述过程可以确定一个 2 维子空间 V, 其普吕克坐标为 $\{a_{ij}\}$. 由此可见 4 维线性空间中的 2 维子空间与 $\mathbb{P}^5$ (其齐次坐标为 $X_{12}, X_{13}, X_{14}, X_{23}, X_{24}, X_{34}$) 中的二次超曲面

$$\mathbb{G}_{3,2} : X_{12}X_{34} - X_{13}X_{24} + X_{14}X_{23} = 0 \tag{5.3.2}$$

中的点一一对应. 由上述讨论还可见 $\mathbb{G}_{3,2}$ 的开子集 $\{X_{12} \neq 0\}$ 同构于 4 维线性空间 (因为确定 $a_1 = b_2 = 1$, $a_2 = b_1 = 0$ 后 a_3, a_4, b_3, b_4 可取任何值).(5.3.2) 实际上定义了一个 $\mathbb{Z}$-射影概形. 仿照例 5.2.5.i) 的讨论法, 即得 $\mathbb{G}_{3,2}$ 代表预层 $F_{3,2}$: $T \mapsto \{\mathbb{A}_T^4$ 中的 2 维子向量丛$\}$.

推而广之, 对任意正整数 $n \geqslant m$, 令 $X = \mathbb{P}_{\mathbb{Z}}^{\binom{n+1}{m}-1}$, 其齐次坐标为 $X_{i_1 i_2 \cdots i_m}$ $(0 \leqslant i_1 < i_2 < \cdots < i_m \leqslant n)$. 为方便起见, 对 $1, 2, \cdots, m$ 的任意置换 σ 令 $X_{i_{\sigma(1)} \cdots i_{\sigma(m)}} = (-1)^\sigma X_{i_1 i_2 \cdots i_m}$ (其中 $(-1)^\sigma$ 当 σ 为奇置换时为 -1, 而当 σ 为偶置换时为 1)；而对任一组 0 到 n 之间的整数 $i_1, i_2, \cdots, i_m$, 若其中有两个相等的则令 $X_{i_1 i_2 \cdots i_m} = 0$. 记 X 中的闭子概形

$$\mathbb{G}_{n,m} : \sum_{k=1}^{m+1} (-1)^k X_{i_1 \cdots i_{m-1} j_k} X_{j_1 \cdots j_{k-1} j_{k+1} \cdots j_{m+1}} = 0 \qquad (\forall i_1, \cdots, i_{m-1}, j_1, \cdots, j_{m+1}) \tag{5.3.3}$$

称为一个 格拉斯曼空间, 它代表 $\mathfrak{Sch}$ 上的预层

$$F_{n,m} : S \mapsto \{\mathbb{A}_S^{n+1} \text{ 中的 } m \text{ 维子向量丛}\}$$

注意 $\mathbb{A}^{n+1}$ 中的 m 维线性子空间相当于 $\mathbb{P}^n$ 中的 $m-1$ 维射影子空间, 故 $\mathbb{G}_{n,m}$ 也代表 $\mathfrak{Sch}$ 上的预层

$$F'_{n,m} : S \mapsto \{\mathbb{P}_S^n \text{ 中的 } m-1 \text{ 维射影子空间丛}\}$$

换言之, $\mathbb{G}_{n,m}$ 为 n 维射影空间中 $m-1$ 维射影子空间的精细模空间. 证明的方法和上面 $\mathbb{G}_{3,2}$ 的情形类似, 这里从略.

下面我们进一步考虑 $\mathbb{P}^n$ 的所有闭子概形, 由 2.4 节我们知道 $\mathbb{P}^n$ 的闭子概形由齐次坐标的齐次多项式方程组定义.

设 K 为域, $X \subset \mathbb{P}_K^n$ 由齐次理想 $I \subset K[X_0, \cdots, X_n]$ 定义. 令 $A = K[X_0, \cdots, X_n]/I = A_0 \oplus A_1 \oplus \cdots$, 其中 A_i 为 i 次齐次元组成的 K-线性子空间, 则存在次数等于 $\dim(X)$ 的整值多项式 χ 使得对 $m \gg 0$ 有 $\dim_K(A_m) = \chi(m)$ (参见文献 [12] 命题IX.2.1). 下面的引理说明 χ 由 $X \hookrightarrow \mathbb{P}_K^n$ 决定而与 I 的选择无关, 故可记 $\chi = \chi_X$, 称为 X 的 *希尔伯特多项式*.

引理 5.3.1 设 $S = \operatorname{Spec}(R)$, 闭子概形 $X \subset \mathbb{P}_S^n$ 在 S 上平坦, 由齐次理想 $I \subset R[X_0, \cdots, X_n]$ 定义. 令 $A = [X_0, \cdots, X_n]/I = A_0 \oplus A_1 \oplus \cdots$, 其中 A_i 为 i 次齐次元组成的 R-子模. 则

i) 对 $m \gg 0$ 有 $\Gamma(X, O_X(m)) \cong A_m$. 故对任意 $s \in S$, 对 $m \gg 0$ 有

$$\dim_{\kappa(s)}(\Gamma(X_s, O_{X_s}(m))) = \chi_{X_s}(m) \tag{5.3.4}$$

ii) 对 $m \gg 0$, $\Gamma(X, O_X(m))$ 是平坦 R-模, 且对任意态射 $S' = \operatorname{Spec}(R') \to S$ 有同构 $\Gamma(X \times_S S', O_{X \times_S S'}(m)) \cong \Gamma(X, O_X(m)) \otimes_R R'$. 故 $s \mapsto \chi_{X_s}$ 是 S 上的局部常值函数.

iii) 若所有纤维 X_s 具有同一希尔伯特多项式 χ, 则有仅与 χ 有关的整数 N 使得当 $m > N$ 时 (5.3.4) 对所有 $s \in S$ 成立.

这个引理的证明需要用到同调方法, 此处从略 (参见文献 [5] III.12 和文献 [21] Lecture 14, 或文献 [13] IV).

命题 5.3.1 存在 $\mathbb{Z}$-射影概形 $\mathcal{H}ilb_{\mathbb{P}^n}^{\chi}$ (称为一个 *希尔伯特概形*), 代表如下预层

$$F_{\mathbb{P}^n}^{\chi} \colon S \mapsto \{\mathbb{P}_S^n \text{ 中具有希尔伯特多项式 } \chi \text{ 的 } S\text{-平坦闭子概形}\}$$

我们需要稍微推广一下拟射影概形的概念, 将可数多个互不相交的射影概形 (拟射影概形) 的并称为一个 *局部射影概形* (*局部拟射影概形*). 以下所涉及的概形若不特别说明都可以理解为局部拟射影的.

推论 5.3.1 设 S 为诺特概形, $X \to S$ 为射影态射, χ 为整值多项式. 下面涉及的预层都是 $\mathfrak{Sch}_S$ 上的预层.

i) 若给定闭嵌入 $X \subset \mathbb{P}_S^n$, 则存在 S 上的射影概形 $\mathcal{H}ilb_{X/S}^{\chi} \subset \mathcal{H}ilb_{\mathbb{P}^n}^{\chi} \times S$, 代表

如下预层

$$T \mapsto \{X \times_S T \text{ 中具有希尔伯特多项式 } \chi \text{ 的 } T\text{-平坦闭子概形}\}$$

此外存在开子概形 (可能是空集) $\mathcal{D}iv^{\chi}_{X/S} \subset \mathcal{H}ilb^{\chi}_{X/S}$, 代表如下预层

$$T \mapsto \{X \times_S T \text{ 中具有希尔伯特多项式 } \chi \text{ 的 } T\text{-有效除子}\}$$

且当 $X \to S$ 光滑时 $\mathcal{D}iv^{\chi}_{X/S}$ 是 $\mathcal{H}ilb^{\chi}_{X/S}$ 的闭子概形.

ii) 存在 S 上的局部射影概形 $\mathcal{H}ilb_{X/S}$, 代表预层

$$T \mapsto \{X \times_S T \text{ 中的 } T\text{-平坦闭子概形}\}$$

iii) 设 W 是 ii) 中 $H = \mathcal{H}ilb_{X/S}$ 上的泛子概形, 则对任意正整数 n, n 个 W 的拷贝在 H 上的纤维积 $W \times_H \cdots \times_H W$ 代表预层

$$T \mapsto \{X \times_S T \text{ 中的 } T\text{-平坦闭子概形, 带有 } n \text{ 个截口}\}$$

iv) 设 X 在 S 上平坦而 $Y \to S$ 为射影态射, 则存在 $\mathcal{H}ilb_{X \times_S Y/S}$ 的局部闭子概形 $\mathcal{M}or_S(X, Y)$, 代表预层

$$T \mapsto \mathrm{Mor}_T(X \times_S T \to Y \times_S T)$$

特别地, 存在 $\mathcal{H}ilb_{X \times_S X/S}$ 的局部闭子概形 $\mathcal{E}nd(X/S)$, 代表 (半群) 预层

$$T \mapsto \mathrm{Mor}_T(X \times_S T \to X \times_S T)$$

v) 存在 S-局部拟射影概形 $\mathcal{A}ut(X/S)$, 代表 (群) 预层

$$T \mapsto \{X \times_S T \text{的 } T\text{-自同构}\}$$

$\mathcal{A}ut(X/S)$ 称作 X 在 S 上的*自同构群概形*.

限于本书的目的, 我们对上述事实均不证明, 也不做深入介绍 (有兴趣的读者可参看文献 [13]).

5.4 一些重要的模空间

定义 5.4.1 设 $\mathfrak{C}$ 为概形范畴 $\mathfrak{Sch}$ 或其子范畴 (如一个基 S 上的概形范畴 $\mathfrak{Sch}_S$, 或仿射概形组成的子范畴). 设 F 是 $\mathfrak{C}$ 上的预层. 若存在 $X \in \mathrm{Ob}(\mathfrak{C})$ 使得存在自然变换 $\Phi: F \to \underline{X}$, 满足条件

i) 对任意代数闭域 k 使得 $\mathrm{Spec}k \in \mathrm{Ob}(\mathfrak{C})$, $\Phi(\mathrm{Spec}k): F(\mathrm{Spec}k) \to \underline{X}(\mathrm{Spec}k)$ 是一一对应;

ii) 对任意 $X' \in \mathrm{Ob}(\mathfrak{C})$ 及任意自然变换 $\Phi': F \to \underline{X'}$, 存在惟一态射 $f: X \to X'$ 使得 $\Phi' = \Phi_f \circ \Phi$, 其中 $\Phi_f: \underline{X} \to \underline{X'}$ 是 f 所对应的自然变换 (参见 Yoneda 引理),

则称 X 为 F 的 *粗糙模空间* 或 *粗糙模概形*.

由 5.2 节我们知道, 若 F 是可代表的, 则其代表称为 F 的精细模空间 (或精细模概形). 显然任何精细模空间都是粗糙模空间. 我们注意, 定义 5.4.1说明了模空间的几何结构的意义, 而且预层 F 惟一决定其模空间的结构 (即在同构之下惟一决定参量空间 X).

5.1 节中的复椭圆曲线的模空间 $\mathfrak{H}/SL_2(\mathbb{Z})$ (同构于 j-不变量组成的空间 $\mathbb{A}^1_{\mathbb{C}}$) 是典型的非精细模空间的例子, 换言之不存在 $\mathbb{A}^1_{\mathbb{C}}$ 上的一个泛椭圆曲线族 (即相对维数为 1 的射影光滑群概形). 事实上对任一族椭圆曲线 $\pi: \mathcal{C} \to S$ (其中 S 为 $\mathbb{C}$ 上的一维代数簇), π 在 S 的闭点上的纤维至少有 6 个是相互同构的, 我们略去这一事实的证明.

限于本书的目的, 在本节中仅介绍关于参量空间的若干重要事实, 且均不给出证明 (有兴趣的读者可参看文献 [18], 文献 [27] 和文献 [13]).

A) 皮卡概形 由皮卡群的定义 (参见 2.4 节, 3.2 节和 4.1 节) 易见任一态射 $f: T \to S$ 诱导一个同态 $f^*: \mathrm{Pic}(S) \to \mathrm{Pic}(T)$, 将 S 上的可逆层 $\mathcal{L}$ 映到 $f^*\mathcal{L}$. 记 $\mathrm{Pic}(T/S) = \mathrm{coker}(f^*)$, 称为 T 在 S 上的 *相对皮卡群*.

命题 5.4.1 设平坦射影态射 $\pi: X \to S$ 具有几何整纤维且有一个截口 $\zeta: S \to X$, 则存在 S-局部拟射影群概形 $\mathcal{P}ic(X/S)$ 代表预层

$$\mathfrak{Pic}: T \mapsto \mathrm{Pic}(X \times_S T/T)$$

此外若 π 是光滑的, 则 $\mathcal{P}ic(X/S) \to S$ 为局部射影的.

我们称 $\mathcal{P}ic(X/S)$ 为 X 在 S 上的*相对皮卡概形*. 按定义, 在 $X \times_S \mathcal{P}ic(X)$ 上有一个泛可逆层 $\mathcal{L}_0$ (称为 π 的*庞加莱层*), 具有如下性质: 对任意 S-概形 T 及 $X \times_S T$ 上的任意可逆层 $\mathcal{L}$ 使得 $(\zeta \times_S \mathrm{id}_T)^*\mathcal{L} \cong \mathcal{O}_T$, 有惟一 S-态射 $f: T \to \mathcal{P}ic(X)$ 使得 $\mathcal{L} \cong (\mathrm{id}_X \times_S f)^*\mathcal{L}_0$.

若 K 为域而 X 为 K 上的射影代数簇, 则称 $\mathcal{P}ic(X/K)$ 为 X 的*皮卡概形*并简记为 $\mathcal{P}ic(X)$.

若 $X \to S$ 没有给定截口 ζ, 我们仍可构造 $\mathcal{P}ic(X/S)$ (但不一定能构造泛可逆层), 并有自然变换 $\theta: \mathfrak{Pic} \to \underline{\mathcal{P}ic(X/S)}$, 具有如下性质: 对任意态射 $T \to S$, $\theta(T): \mathrm{Pic}(X \times_S T/T) \to \mathrm{Mor}_S(T, \mathcal{P}ic(X/S)$ 为单射, 且当 $\mathrm{pr}_2: X \times_S T \to T$ 有截口时 $\theta(T)$ 为一一对应 (特别地, 若 k 为代数闭域而 t 为 S 的 k-点, 则有一一对应 $\mathrm{Pic}(X_t) \to \mathcal{P}ic(X/S)_t$). 因此 $\mathcal{P}ic(X/S)$ 是 X 上相对可逆层的粗糙模空间.

例 5.4.1　设 C 为域 K 上的射影光滑曲线, 令 $\mathcal{P}ic^0(C)$ 为 $\mathcal{P}ic(C)$ 的包含零元的连通分支, 则 $\mathcal{P}ic^0(C)$ 为 g 维 K-阿贝尔簇, 其中 g 为 C 的亏格. 事实上, 注意对称群 $\mathfrak{S}_g$ 作用于 C^g 上 (置换因子), 我们有双有理态射 $C^g/\mathfrak{S}_g \to \mathcal{P}ic(C)$. 若 C 有一个 K-点 $x_0 \in C$, 令 $C \times_K C$ 上的可逆层

$$\mathcal{L} = \mathcal{O}_C(\Delta(C)) \otimes_{\mathcal{O}_{C\times_K C}} \mathrm{pr}_1^*\mathcal{O}_C(-x_0) \otimes_{\mathcal{O}_{C\times_K C}} \mathrm{pr}_2^*\mathcal{O}_C(-x_0) \tag{5.4.1}$$

(其中 $\Delta: C \to C \times_K C$ 为对角态射), 注意 $\mathcal{L}$ 在 $C \times_K \{x_0\}$ 上的纤维同构于 $\mathcal{O}_C$, 故命题 5.4.1 给出一个 K-态射 $\mu: C \to \mathcal{P}ic^0(C)$, 当 $g > 0$ 时 μ 为闭嵌入, 当 $g = 1$ 时 μ 为同构 (故椭圆曲线具有阿贝尔簇结构, 参见引理 4.3.1 的证明).

例 5.4.2　设 X 为代数闭域 k 上的非奇异射影代数簇, 则 $\mathcal{P}ic(X)$ 的闭点组成的群同构于 X 的皮卡群 $\mathrm{Pic}(X)$. 作为一个概形, $\mathcal{P}ic(X)$ 的各连通分支都是相互同构的, 其中包含零元的分支 $Y_0 \subset \mathcal{P}ic(X)$ 是一个不可约闭子群概形, Y_0 的约化概形结构为阿贝尔簇, 称为 X 的*皮卡簇*, 记为 $\mathcal{P}ic^0(X)$ 或 $\hat{X}$. 而 $\mathcal{P}ic(X/k)/Y_0$ 为有限生成的 (离散) 阿贝尔群, 其自由部分称为 X 的 *NéronSeveri 群*, 记为 $\mathrm{NS}(X)$.

将命题 5.4.1 应用于 $\hat{X}$ 及 $X \times_k \hat{X}$ 上的庞加莱层 $\mathcal{L}_0$, 我们得到一个 k-态射 $X \to \hat{\hat{X}}$, 由此不难证明:

命题 5.4.2　设 X 为代数闭域 k 上的光滑射影簇, 则有典范态射 $\mu: X \to \hat{\hat{X}}$, 具有如下性质: 对任意阿贝尔簇 Y 及任意态射 $\phi: X \to Y$, 存在惟一态射 $\psi: \hat{\hat{X}} \to Y$

使得 $\phi=\psi\circ\mu$ (若 X 为阿贝尔簇则 μ 为同构).

设 X 为代数闭域 k 上的任意代数簇, 若有 k 上的阿贝尔簇 A 及 k-态射 $\mu\colon X\to A$ 满足:

(*) 对任意 k-阿贝尔簇 A' 及任意 k-态射 $\mu'\colon X\to A'$, 存在惟一 k-态射 $\phi\colon A\to A'$ 使得 $\phi\circ\mu=\mu'$

则称 A (或 (A,μ)) 为 X 的 *阿尔巴内塞簇*, 记为 $\mathrm{Alb}(X)$. 命题 5.4.2 说明当 X 为 k 上的光滑射影簇时, $\hat{\hat{X}}$ 就是 X 的阿尔巴内塞簇. 特别地, 对任一射影光滑 k-曲线 C, 由例 5.4.1 可知 $\mathrm{Alb}(C)\cong\mathcal{P}ic^0(C)$, 因为对任意阿贝尔簇 A', 任意 k-态射 $\mu'\colon C\to A'$ 诱导一个 k-态射 $C^g/\mathfrak{S}_g\to A'$, 这样双有理态射 $C^g/\mathfrak{S}_g\to Pic^0(C)$ 就诱导一个 k-态射 $Pic^0(C)\to A'$. 我们称 $\mathcal{P}ic^0(C)$ 为 C 的 *雅可比簇*, 记为 $\mathrm{Jac}(C)$.

若 X 为 k-阿贝尔簇而 $m\colon X\times_k X\to X$ 为乘法, 任取的闭嵌入 $X\to\mathbb{P}^n_k$, 则对 $X\times_k X$ 上的可逆层

$$\mathcal{L}=m^*O_X(1)\otimes_{O_{X\times_k X}}\mathrm{pr}_1^*O_X(-1)\otimes_{O_{X\times_k X}}\mathrm{pr}_2^*O_X(-1) \tag{5.4.2}$$

由 $\mathcal{L}_0$ 的泛性可知存在一个 k-态射 $f\colon X\to\mathcal{P}ic(X)$ 使得在 $X\times_k X$ 上有 $\mathcal{L}\cong(\mathrm{id}_X\times_k f)^*\mathcal{L}_0$, 且显然 $f(0)=0$, 故 $f(X)\subset\mathcal{P}ic^0(X)=\hat{X}$, 实际上 $X\to\hat{X}$ 是一个同态且为有限态射, 称为 X 的一个 *极化*. 可以证明极化的次数是一个平方数, 1 次极化称为 *主极化*. 特别地, 对任一射影光滑曲线 C, $\hat{C}=\mathcal{P}ic^0(C)$ 有一个自然的主极化 $\hat{C}\to\hat{\hat{C}}\cong\mathrm{Alb}(C)$, 这是 $\mathrm{Alb}(C)\cong\mathcal{P}ic^0(C)$ 的又一个解释.

注 5.4.1 设 C 为代数闭域 k 上的射影光滑曲线, 则由上所述及例 2.4.5, 例 3.2.1, 第 2 章习题 5 和 4.1 节可知 $\mathrm{Jac}(C)$ 有下面几个意义 (其中 $P\in C$ 为任意点而 $C-\{P\}\cong\mathrm{Spec}R$):

i) C 上 0 次除子的线性等价类群;

ii) C 上的 0 次可逆层 (或 0 次直线丛) 的同构类群 $\mathrm{Pic}^0(C)$;

iii) $\mathrm{Alb}(C)$;

iv) $\mathrm{Alb}(C')$, 其中 C' 为光滑 k-曲线 (不必是射影的) 使得 $K(C')\cong K(C)$;

v) $C-\{P\}$ 的除子类群;

vi) $C-\{P\}$ 的可逆层同构类群 $\mathrm{Pic}(C-\{P\})$;

vii) R 的非零理想类群;

viii) R 上的秩 1 局部自由模的同构类群;

ix) R 上的秩 n 局部自由模的同构类的代表集 $(n > 0)$.

B) 阿贝尔簇的模空间　前面我们看到, 椭圆曲线的 j-不变量组成的空间 $\mathbb{A}^1$ 是粗糙模空间, 为了构造椭圆曲线的精细模空间, 需要考虑带有附加结构的椭圆曲线, 一般是考虑 " level n " 结构.

设 X 是代数闭域 k 上的 g 维阿贝尔簇, n 为正整数, 记 $n_X: X \to X$ 为同态 $x \mapsto nx$. 若 $\mathrm{ch}(k) \nmid n$, 则有同构 $\ker(n_X) \cong (\mathbb{Z}/n\mathbb{Z})^{2g}$, 这样一个同构称为 X 的一个 *level n-结构*. 显然每个阿贝尔簇只有有限多个不同的 level n-结构.

对任意 n, 带有 level n-结构的椭圆曲线具有一个粗糙模空间 $\mathcal{A}_{1,1,n}$, 它是 $\mathbb{Z}$ 上的拟射影概形, 且当 $n > 2$ 时是精细模空间. 注意我们需要不同的 n, 因为对每个域 k 需要一个不被 $\mathrm{ch}(k)$ 整除的 n.

当 $k = \mathbb{C}$ 时我们可以仿照 5.1 节的方法来定义 $\mathcal{A}_{1,1,n} \otimes \mathbb{C}$. 设 $\Lambda \subset \mathbb{C}$ 为一个格, $C = \mathbb{C}/\Lambda$, 则显然有 $\ker(n_C) = \frac{1}{n}\Lambda/\Lambda$, 于是一个元 $\gamma \in SL_2(\mathbb{Z})$ 保持 $\ker(n_C)$ 不动当且仅当 $\gamma \equiv I_2 \pmod n$. 令

$$\Gamma_0 = \{\gamma \in SL_2(\mathbb{Z}) | \gamma \equiv I_2 \pmod n\} \tag{5.4.3}$$

则 $\mathfrak{H}/\Gamma_0$ 就是带有 level n-结构的复椭圆曲线的模空间, 即 $\mathcal{A}_{1,1,n} \otimes \mathbb{C}$.

高维阿贝尔簇的分类还要复杂些, 因为不带附加结构的阿贝尔簇连粗糙模空间也没有, 需要考虑带有极化的阿贝尔簇 (对椭圆曲线可以不考虑极化, 因为每条椭圆曲线有在等价之下惟一的主极化), 所有带有 d^2 次极化和 level n-结构的 g 维阿贝尔簇具有一个粗糙模空间 $\mathcal{A}_{g,d,n}$, 它是 $\mathbb{Z}$ 上的拟射影概形, 且当 $n > 2$ 时是精细模空间. 注意我们不仅需要不同的 n, 而且需要不同的 d, 因为对固定的 d 一个阿贝尔簇 X 不一定有 d^2 次极化. $\mathcal{A}_{g,d,1}$ 可简记为 $\mathcal{A}_{g,d}$. $\mathcal{A}_{g,d,n}$ 在 $\mathbb{Z}$ 上的相对维数为 $g(g+1)/2$.

在代数几何的分类学中, 经常要考虑某一 (连续) 类对象的模空间是否存在, 如果不存在, 我们仍要探索是否可以对该类对象加上一些影响尽可能小的附加结构 (例如上面的 level n-结构和极化), 使得模空间存在.

C) 曲线的模空间　曲线的模空间可以利用阿贝尔簇的模空间来构造. 关键的定理是

托莱里定理 任一光滑射影 k-曲线 C 在同构之下由 Jac(C) 及其自然主极化惟一决定.

亏格 g 的曲线的参量空间 $\mathcal{M}_g$ 可以嵌入 $\mathcal{A}_{g,1}$, 称为托莱里轨迹, 它也是 $\mathbb{Z}$-概形. 我们已看到 $g=0,1$ 的情形, 而对 $g \geqslant 2$, $\mathcal{M}_g$ 在 $\mathbb{Z}$ 上的相对维数为 $3g-3$.

上述模空间在算术代数几何中有重要作用, 特别值得指出下列成果.

Faltings 通过对阿贝尔簇模空间的紧致化并利用数论函数 ("高度"), 证明了沙伐列维奇猜想, 并由此证明了莫德尔猜想: 任一亏格 >1 的紧致黎曼面只有有限多个有理点. 这个猜想是极为深刻的, 它把紧致黎曼面的拓扑性质和数论性质联系在一起.

设 C 为紧致黎曼面. 若存在一个非平凡态射 $\mathcal{A}_{1,1,n} \to C$, 则称 C 为 modular. 谷山丰 (Taniyama) 1955 年提出猜想: 任一 $\mathbb{Q}$-椭圆曲线为 modular (这个猜想近来被称为谷山–志村–韦伊猜想, 简记为 TSW 猜想). 1986 年 Ribet 证明了如果谷山猜想成立, 则费马大定理 (FLT) 成立. 沿这个方向进一步深入研究, Wiles 最终证明了 FLT. 此后 Taylor 等人证明了 TSW 猜想.

Oort 指出, 莫德尔猜想和 FLT 的证明有一个共同特点: 若试图完全用代数的语言表述, 即使能成功也复杂得无法看到关键之处; 而另一方面, 它们的几何图像则都是十分清楚的.

我们在本书中看到的 $\mathbb{Z}$ 上的几何, 是 Grothendieck 在 20 世纪 60 年代建立起来的, 其主要目的之一就是提供一种工具用以处理代数数论问题, 特别是丢番图方程. FLT 的解决以及代数数论的其他一些重要成果充分显示了这种哲学的威力. 这个方向的研究工作目前仍在迅速发展, 可望在不久的将来有新的杰出成就.

习 题

1. 设 G 为诺特概形 S 上的射影平坦群概形. 证明存在 S 上的相对拟射影概形代表预层

$$\begin{aligned} ((\text{局部诺特 } S\text{-概形})) &\to ((\text{群})) \\ T &\mapsto \{G \times_S T \text{ 的 } T\text{-群概形自同构}\} \end{aligned}$$

2. 设 $\mathcal{F}$ 为诺特整概形 S 上的凝聚层, 且在 S 的一个非空开集上是局部自由秩 n

的. 证明存在有理射影 (满) 态射 $f: T \to S$ 使得 $f^*\mathcal{F}$ 有一个局部自由秩 n 的商层.

3. 证明推论 5.3.1 中的各模概形都与基变换交换, 即对任意 S-概形 T 有 $\mathcal{H}ilb_{X\times_S T/T} \cong \mathcal{H}ilb_{X/S} \times_S T$, $\mathcal{A}ut(X \times_S T/T) \cong \mathcal{A}ut(X/S) \times_S T$ 等.

4. 一个 S-群概形 G 在一个 S-概形 X 上的作用是指一个 S-态射 $\rho: G\times_S X \to X$ 使得 $\rho\circ(\mathrm{id}_G\times_S\rho) = \rho\circ(m\times_S\mathrm{id}_X): G\times_S G\times_S X \to X$ 且 $\rho\circ(o\times_S\mathrm{id}_X) = \mathrm{id}_X: X \to X$. 设 X 为 S 上的平坦射影概形. 证明 $\mathcal{A}ut(X/S)$ 为群概形, 且代表 ((S-群概形)) 上的预层 $G \mapsto \{G$ 在 X 上的作用$\}$.

附录 A　交换代数的若干基本概念

对本附录中所有内容的细节均可参见文献 [12].

A.1　环与模

一个有单位元的交换环 (以下简称环) 是一个具有两种运算 (加法和乘法) 的集合 R, 按加法为阿贝尔群, 且有一个单位元 1, 满足如下条件 (其中 r, r', r'' 为 R 的任意元):

i) $(r'+r'')r = r'r + r''r$, $r(r'+r'') = rr' + rr''$ (分配律);

ii) $(rr')r'' = r(r'r'')$ (乘法结合律);

iii) $rr' = r'r$;

iv) $1r = r$.

一个环 R 上的模 (简称为一个 R-模) 是一个阿贝尔加法群 M, 带有一个 R 的作用, 即一个映射

$$\begin{aligned} R \times M &\rightarrow M \\ (r, m) &\mapsto rm \end{aligned}$$

满足下述条件:

i) $(r+r')m = rm + r'm$, $r(m+m') = rm + rm'$ (分配律);

ii) $(rr')m = r(r'm)$;

iii) $1m = m$.

可以将 R-模 M 看做一个带有算子区 R 的阿贝尔加法群, 由此就不难定义子模和商模、R-模的同态与同构、R-模的直和与直积等. 特别地, R 本身可看做一个 R-模, 其子模称为 R 的理想. 任意多个 R 的拷贝的一个直和称为一个自由 R-模, n 个 R 的拷贝的直和记为 $R^{\oplus n}$.

例如, 域都是交换环; 整数环 $\mathbb{Z}$; 对两个环 R 与 R' 可以定义直积 $R \times R'$ (加法和乘法按分量).

设 a 为环 R 的元. 若存在 $b \in R$ 使得 $ab = 1$, 则称 a 为 R 的单位; 若 $a \neq 0$ 且存在非零元 $b \in R$ 使 $ab = 0$, 则称 a 为 R 的零因子; 特别地, 若 $a \neq 0$ 但存在正

整数 n 使 $a^n=0$, 则称 a 是幂零的. 若 R 中没有零因子且 $1\neq 0$, 则称 R 为整环.

一个理想 $P\subsetneq R$ 称作素理想, 如果 R/P 是整环; 称作极大理想, 如果 R 中除 R 和 P 外没有包含 P 的理想, 这等价于 R/P 是域, 故极大理想都是素理想. R 的所有素理想的交 $N(R)$ 称为 R 的幂零根, 它由 R 的所有幂零元及 0 组成; R 的所有极大理想的交 $J(R)$ 称为 R 的贾柯勃逊根.

两个环之间的一个映射 $f\colon R\to R'$ 称作 (环) 同态, 如果它与加法和乘法交换, 即 $f(r+r')=f(r)+f(r'), f(rr')=f(r)f(r'), f(1)=1$. 此时 R' 连同 f 称作一个 R-代数. 若 f 还是一一映射, 则说 f 是 (环) 同构. 与群论类似, 我们可以定义自同态、自同构、单同态、满同态等. 设 $g\colon R\to R''$ 是另一个环同态 (因而 R'' 也是 R-代数), 一个环同态 $\phi\colon R'\to R''$ 称作一个 R-代数同态, 如果 $\phi\circ f=g$.

一个环同态 $f\colon R\to R'$ 的核 $I=\ker(f)=\{a\in R|f(a)=0\}$ 为 R 的理想; 反之, 对任一理想 $I\subset R$, 加法商群 R/I 具有 R-代数结构, 称为 R 模 I 的剩余类环, 而投射 $R\to R/I$ 的核为 I.

对任一环 R 可以定义 R 上的 n 元多项式代数 $R[x_1,\cdots,x_n]$, R 上多项式代数的剩余类环称为有限生成的 R-代数. 希尔伯特零点定理说, 若 R 是一个域上的有限生成代数, 则 $N(R)=J(R)$. 弱零点定理说, 若 R 是域 K 上的有限生成代数且是域, 则 $R\supset K$ 是代数扩张.

若 $a_1,\cdots,a_n\in R$, 记 $(a_1,\cdots,a_n)\subset R$ 为包含 $a_1,\cdots,a_n$ 的最小理想, 称为 $a_1,\cdots,a_n$ 生成的理想. 一个元 $a\in R$ 称为素的, 如果 (a) 是素理想. 若 R 为整环且每个非零非单位元都能分解成素元素的积, 则称 R 为惟一因子分解整环 (简称 UFD). 若 R 是整环且每个理想都是由一个元素生成的, 则称 R 为主理想环 (简称 PID), 例如 $\mathbb{Z}$ 和任一域 K 上的多项式环 $K[x]$ 都是主理想环. 任一 PID 都是 UFD.

一串 R-模同态

$$\cdots,\xrightarrow{f_{n-2}} M_{n-1}\xrightarrow{f_{n-1}} M_n\xrightarrow{f_n} M_{n+1}\xrightarrow{f_{n+1}}\cdots,$$

称作一个正合列, 如果对所有 n 都有 $\ker(f_n)=\mathrm{im}(f_{n-1})$ (即 f_n 的核等于 f_{n-1} 的象). 一个正合列 $0\to M'\to M\to M''\to 0$ 称作一个短正合列, 它相当于 M' 是 M 的子模且 $M''\cong M/M'$.

一个环 R 的一个子集 S 称作乘性子集, 如果 S 中任两个元的积都在 S 中, 且

$1 \in S, 0 \notin S$. 在集合 $R \times S$ 中可以定义一个等价关系 $\sim$:

$$(a,r) \sim (b,s) \text{当且仅当存在} t \in S \text{使得} \quad t(as - br) = 0.$$

记 $S^{-1}R = R \times S/\sim$, 一个元 $(a,r) \in R \times S$ 在 $S^{-1}R$ 中的象记为 $\overline{(a,r)}$, 则 $S^{-1}R$ 具有一个环结构, 其加法和乘法分别由 $\overline{(a,r)} + \overline{(b,s)} = \overline{(as+br,rs)}$ 及 $\overline{(a,r)} \cdot \overline{(b,s)} = \overline{(ab,rs)}$ 给出. 称 $S^{-1}R$ 为环 R (被 S) 的 *局部化*. 映射

$$R \to S^{-1}R$$
$$r \mapsto \overline{(r,1)}$$

是一个同态, 称为 *典范同态*, 它将 S 的元映到 $S^{-1}R$ 的单位. 特别地, 若 P 是 R 的一个素理想, 则 $S = R - P$ 是一个乘性子集, 记 $R_P = S^{-1}R$, 它只有一个极大理想 PR_P. 具有惟一极大理想的环称作 *局部环*. 若 R 是整环而 $P = 0$, 则 R_P 为域, 称为 R 的 *商域*, 记为 q.f.(R). 若 $a \in R$ 不是幂零元, 则 $S = \{1, a, a^2, \cdots\}$ 是一个乘性子集, 记 $R_a = S^{-1}R$.

更一般地可以定义一个 R-模 M 被 S 的 *局部化* $S^{-1}M$, 它是一个 $S^{-1}R$-模, 也可以 (通过同态 $R \to S^{-1}R$) 看做一个 R-模.

设环 A 为环 R 的一个扩环. 对任一 $a \in A$, 若存在首一多项式 $f(x) \in R[x]$ 使得 $f(a) = 0$, 则称 a 在 R 上是 *整的*. 对 A 的任一子集 S, 若 S 的所有元在 R 上都是整的, 则称 S 在 R 上是 *整的*. 称 $B = \{a \in A | a \text{ 在 } R \text{ 上是整的}\}$ 为 R 在 A 中的 *整闭包*, 它是 A 的子环. 若 R 是整环, $A = \text{q.f.}(R)$ 而 $B = R$, 则称 R 为 *整闭的*.

一个环 R 称为 *诺特环*, 如果在 R 中没有无限长的理想列 $I_1 \subsetneq I_2 \subsetneq \cdots$ (这个条件称作理想的 *升链条件*, 简称 ACC). 一个环 R 称为 *阿廷环*, 如果在 R 中没有无限长的理想列 $I_1 \supsetneq I_2 \supsetneq \cdots$ (这个条件称作理想的 *降链条件*, 简称 DCC). 一个环 R 是诺特环当且仅当 R 的每个理想都是有限生成的 (即存在由有限多个元素组成的一个生成元组). 由 *准素分解* 可知, 诺特环只有有限多个极小素理想. *希尔伯特基定理* 说, 若 R 是诺特环, 则任一有限生成的 R-代数也是诺特环. 一个环 R 是阿廷环当且仅当 R 的理想列的长度有上界; 而这又等价于 R 是诺特环且其素理想都是极大的. 若 M 为阿廷环 R 上有限生成的模, 则 M 的子模列长度有界, 子模列的最大长度称为 M 的 *长度*, 记为 $l_R(M)$.

一个不是域的整闭整环 R 称为 *戴德金环*, 如果对每个非零元 $a\in R$, $R/(a)$ 是阿廷环. 若 R 是戴德金环而 $P\subset R$ 为非零素理想, 则 R_P 为 PID. 一个戴德金环中的任意非零理想可以惟一分解为素理想的积.

若环 R 可以分解成阿贝尔加群的直和 $R=\bigoplus_{n=0}^{\infty}R_n$ 使得对任意 $m,n\geqslant 0$ 有 $R_m\cdot R_n\subset R_{m+n}$, 则称 R 为 *分次环* , 此时一个 R-模 M 若能分解成阿贝尔加群的直和 $M=\bigoplus_{n=0}^{\infty}M_n$ 使得对任意 $m,n\geqslant 0$ 有 $R_mM_n\subset M_{m+n}$, 则称 M 为 *分次模*. 称 R_n 和 M_n 中的非零元为 n 次 *齐次的*. 一个环 R 上的多项式代数是分次环的一个典型例子, 其中的 n 次齐次元为 (以 R 的元为系数的) n 次齐次多项式. 一个分次环 R 的理想 I 称作 *分次的*, 如果 I 中任一元的每个齐次分量都在 I 中, 这等价于 I 有一组齐次生成元; 此时 R/I 具有诱导的分次环结构. 分次 R-模的同态 $f\colon M\to N$ 称作分次的, 如果 f 将齐次元映成齐次 (但不必同次) 元, 此时 $\ker(f)$ 和 $\operatorname{coker}(f)=N/f(M)$ 也是分次的.

A.2 张量积

设 M,N,L 为环 R 上的模. 记 (M,N) 为所有元素对 (m,n) $(m\in M,n\in N)$ 的 **集合**. 一个映射 $f\colon(M,N)\to L$ 称为 *R-双线性的*, 如果对任意 $m,m_1,m_2\in M$, $n,n_1,n_2\in N$, $a\in R$ 有

i) $f(m_1+m_2,n)=f(m_1,n)+f(m_2,n)$, $f(m,n_1+n_2)=f(m,n_1)+f(m,n_2)$;

ii) $f(am,n)=f(m,an)=af(m,n)$.

记 $R^{(M,N)}=\bigoplus_{(m,n)\in(M,N)}R$ (可以理解为 (M,N) 中所有元素自由生成的模,其元素可以形式地写成 (M,N) 中有限多个元在 R 上的线性组合).**任一** 映射 $f\colon(M,N)\to L$ 显然可以惟一地扩张成一个 R-同态 $f_R\colon R^{(M,N)}\to L$. 令 K 为 $R^{(M,N)}$ 中由所有下述元素生成的子模 (其中 $m,m_1,m_2\in M$, $n,n_1,n_2\in N$, $a\in R$) :

$$(m_1+m_2,n)-(m_1,n)-(m_2,n),\quad (m,n_1+n_2)-(m,n_1)-(m,n_2),$$

$$(am,n)-a(m,n),\ (m,an)-a(m,n)$$

则显然 f 是双线性的当且仅当 $f_R(K)=0$. 令 $M\otimes_R N=R^{(M,N)}/K$, $\phi\colon(M,N)\to M\otimes_R N$ 为诱导映射, 则 $M\otimes_R N$ 具有如下性质:

(*) 对任意 R-模 L 及任意 R-双线性映射 $f\colon(M,N)\to L$, 存在惟一 R-同态 $f'\colon M\otimes_R N\to L$ 使得 $f=f'\circ\phi$.

我们称 $M\otimes_R N$ 为 M 和 N 在 R 上的*张量积*.

两个 R-模同态 $f\colon M\to M'$, $g\colon N\to N'$ 诱导一个 R-模同态 $M\otimes_R N\to M'\otimes_R N'$, 记为 $f\otimes_R g$.

对任意 R-模 M 及任意 R-模正合列 $N'\to N\to N''\to 0$, 诱导同态列 $N'\otimes_R M\to N\otimes_R M\to N''\otimes_R M\to 0$ 也是正合的; 但若 $N'\to N$ 是 R-模单同态, $N'\otimes_R M\to N\otimes_R M$ 未必是单射, 例如对 $\mathbb{Z}$-模单同态 $\cdot 2\colon \mathbb{Z}\to\mathbb{Z}$ 作 $\otimes\mathbb{Z}/2\mathbb{Z}$ 则得零同态 $\mathbb{Z}/2\mathbb{Z}\to\mathbb{Z}/2\mathbb{Z}$. 若 $\otimes_R M$ 将任意单射变为单射 (即保持正合性), 则称 M 在 R 上是*平坦的*. 若 $f\colon R\to R'$ 为环同态且 R' 作为 R-模是平坦的, 则称 R' 为平坦 R-代数而 f 为平坦同态.

在一般情形平坦性没有简单的判别法, 下列性质有助于对平坦性的理解 (参见文献 [12] VII 和 VIII.5) :

引理 A.2.1 对一个环 R 上的模有下述事实:

i) 平坦模的直和与直加项是平坦的, 特别地, 自由模是平坦的. 平坦模的张量积是平坦的.

ii) R-模 M 为平坦当且仅当对任意极大理想 $P\subset R$, M_P 为平坦 R_P-模.

iii) 对任意乘性子集 $S\subset R$, $S^{-1}R$ 是平坦 R-代数, 故对任意平坦 R-模 M, $S^{-1}M$ 也是平坦 R-模.

iv) 若 R 是域, 则所有 R-模都是平坦的. 若 R 为戴德金环, 则一个 R-模是平坦的当且仅当它是无挠的 (即对任意 $a\neq 0\in R$ 及 $m\neq 0\in M$ 有 $am\neq 0$).

v) 若 M 是诺特环 R 上的有限生成模, 则下列条件等价:

A) M 是平坦的;

B) 对 R 的每个极大理想 P, M_P 是自由 R_P-模;

C) 对 R 的每个素理想 P, 存在 $a\in R-P$ 使得 M_a 是自由 R_a-模 (此时我们称 M 为*局部自由的*).

vi) 设 $R\to A\to B$ 为诺特环同态, 其中 A 在 R 上平坦; M 为有限生成的 B-模, 且在 R 上平坦; $I\subset R$ 为理想使得 $IB\subset J(B)$. 若 M/IM 在 A/IA 上平坦, 则 M 在 A 上平坦.

vii) 设 $\phi\colon R\to A$ 为诺特局部环的同态, $p\subset R$ 为 R 的极大理想, $\phi(p)$ 包含于 A 的极大理想中, $f\colon M\to N$ 为有限生成 A-模的同态, 其中 N 是 R-平

坦的，则下面两个条件等价：

A) f 是单射且 $\mathrm{coker}(f)$ 是 R-平坦的；

B) f 诱导的同态 $\bar{f}\colon M/pM \to N/pN$ 是单射.

若 A, B 为 R-代数，则 $A\otimes_R B$ 具有 R-代数结构，其乘法由 $(a\otimes_R b)(a'\otimes_R b') = aa'\otimes_R bb'$ 给出，且有 R-代数同态 $i\colon A \to A\otimes_R B$ 及 $j\colon B \to A\otimes_R B$，分别由 $i(a) = a\otimes_R 1$ 及 $j(b) = 1\otimes_R b$ 给出，具有如下性质：

(**) 对任一 R-代数 C 及任意 R-同态 $i'\colon A \to C$, $j'\colon B \to C$，存在惟一 R-同态 $\phi\colon A\otimes_R B \to C$ 使得 $i' = \phi\circ i$, $j' = \phi\circ j$.

特别地，$A\otimes_R A$ 具有 A-代数结构，且有 A-代数同态 $\mu_{A/R}\colon A\otimes_R A \to A$ 将 $a\otimes_R b$ 映到 ab.

对任一 R-模 M 及任一正整数 n，我们可以定义 n 个 M 的拷贝在 R 上的张量积 $M\otimes_R\cdots\otimes_R M$，简记为 $M^{\otimes_R n}$ (或 $T^R_n(M)$)，且记 $M^{\otimes_R 0} = R$. 令 $T^R(M) = \bigoplus_{n=0}^{\infty} M^{\otimes_R n}$，则 $T^R(M)$ 具有 (一般说来非交换) R-代数结构，其乘法由 $(m_1\otimes_R\cdots\otimes_R m_r)(m_{r+1}\otimes_R\cdots\otimes_R m_s) = m_1\otimes_R\cdots\otimes_R m_s$ 给出，称作 M 在 R 上的张量代数.

令 $I\subset T^R(M)$ 为所有 $m\otimes_R m' - m'\otimes_R m \in M^{\otimes_R 2}$ $(m, m'\in M)$ 生成的理想，则 $S^R(M) = T^R(M)/I$ 为 R 上的交换代数，称为 M 在 R 上的对称代数，注意它是分次环，其 d 次齐次部分记为 $S^R_d(M)$. 若 M 是自由模，则 $S^R(M)$ 同构于 R 上的多项式代数.

令 $J\subset T^R(M)$ 为所有 $m\otimes_R m\in M^{\otimes_R 2}$ $(m\in M)$ 生成的理想，则 $\wedge^R(M) = T^R(M)/J$ 称为 M 在 R 上的外代数，它是反交换 (即对任意 $m, m'\in M$ 有 $m\wedge m' = -m'\wedge m$) 分次环，其 d 次齐次部分记为 $\wedge^R_d(M)$. 若 M 是 n 秩自由模，则 $\wedge^R_n(M)\cong R$.

A.3　维数

定义 A.3.1　设 P 是环 R 的素理想，则素理想列 $P = P_0 \supsetneq P_1 \supsetneq \cdots$，的长度的上界称为 P 的高度，记为 $\mathrm{ht}(P)$. 对任一理想 $I\subsetneq R$，称 $\inf\limits_{I\subset P\in \mathrm{Spec}(R)} \mathrm{ht}(P)$ 为 I 的高度．R 中素理想列的长度的上界称为 R 的克鲁尔维数 (简称维数)，记为 $\dim(R)$.

例如，阿廷环就是 0 维诺特环；戴德金环就是一维整闭诺特整环．显然

$\dim(R) = \sup\limits_{P\in\mathrm{Spec}(R)} \mathrm{ht}(P)$, 且对任一理想 $I \subsetneq R$ 有 $\dim(R/I) + \mathrm{ht}(I) \leqslant \dim(R)$, 对任意素理想 $P \subset R$ 有 $\dim(R_P) = \mathrm{ht}(P)$.

设 R 为阿廷环, $A = R[x_1, \cdots, x_r]$ (视为分次 R-代数), $M = \bigoplus\limits_{n=0}^{\infty} M_n$ 为有限生成的分次 A-模, 则存在次数不大于 r 的多项式 $\chi_M(x) \in \mathbb{Q}[x]$ 使得对充分大的 n 有 $l_R(\bigoplus\limits_{i=0}^{n} M_i) = \sum\limits_{i=0}^{n} l_R(M_i) = \chi_M(n)$. 我们称 $\chi_M(x)$ 为 M 的*希尔伯特多项式*.

设 R 为诺特环, $I \subset R$ 为理想使得 R/I 为阿廷环, M 为有限生成的 R-模, 则存在多项式 $\chi_M^I(x) \in \mathbb{Q}[x]$ (其次数不大于 I 的生成元个数) 使得对充分大的 n 有 $l(M/I^nM) = \chi_M^I(n)$. 若 $0 \to M' \to M \to M'' \to 0$ 是 R-模正合列且 $M' \neq 0$, 则 $\chi_M^I(x) - \chi_{M'}^I(x) - \chi_{M''}^I(x)$ 的次数小于 $\chi_{M'}^I(x)$ 的次数.

一个诺特环 R 称为*半局部环*, 如果它只有有限多个极大理想. 设半局部环 R 的极大理想为 $P_1, \cdots, P_n$, 则 $J(R) = P_1 \cap \cdots \cap P_n$. 一个理想 $I \subset J(R)$ 称为*定义理想*, 如果对某个正整数 r 有 $J(R)^r \subset I$ (这等价于 R/I 是阿廷环). 显然对充分大的 n 有 $\chi_R^{J(R)}(n) \leqslant \chi_R^I(n) \leqslant \chi_R^{J(R)}(nr)$, 故 $\deg \chi_R^I = \deg \chi_R^{J(R)}$. 令 $d(R) = \deg \chi_R^{J(R)}$, 且令 $\delta(R)$ 为定义理想的最小生成元个数. 我们有

$$d(R) = \dim(R) = \delta(R)$$

由此可见, 对任一诺特环 R, 若理想 $I \subsetneq R$ 由 n 个元生成, 则任一包含 I 的极小素理想的高度不大于 n, 故 $\mathrm{ht}(I) \leqslant n$.

特别地, 若 R 为诺特局部环, 则 R 的极大理想不能由少于 $\dim(R)$ 个元生成; 若 R 的极大理想能由 $\dim(R)$ 个元生成则称 R 为*正则局部环*. 一个诺特环 R 称为*正则的*, 如果对任意素理想 $p \subset R$, R_p 为正则局部环.

设 $R \subset A$ 为诺特环且 A 在 R 上是整的, 则有 $\dim(R) = \dim(A)$, 且对 A 的任意素理想 P 有 $\mathrm{ht}(P) \leqslant \mathrm{ht}(P \cap R)$.

对任意素理想 $p \subset R$, 通常记 $\kappa(p) = R_p/(pR_p)$ (这是一个域). 设 R 是诺特环, $A = R[x_1, \cdots, x_n]$, $P \subset A$ 为素理想, $p = P \cap R$, 则有 $\mathrm{ht}(P) = \mathrm{ht}(p) + (n - \mathrm{tr.deg}(\kappa(P)/\kappa(p)))$. 特别地有 $\dim(A) = \dim(R) + n$.

引理 A.3.1 设 R 为域 k 上的有限生成代数. 则有

i) 若 R 是整环, 则对任一 $P \in \mathrm{Spec}(R)$ 有

$$\mathrm{ht}(P) = \mathrm{tr.deg}(\kappa(0)/k) - \mathrm{tr.deg}(\kappa(P)/k)$$

特别地 $\dim(R) = \mathrm{tr.deg}(\mathrm{q.f.}(R)/k)$.

ii) 设 $P, P', P'' \in \mathrm{Spec}(R)$ 且 $P \subset P' \subset P''$, 则

$$\mathrm{ht}(P''/P) = \mathrm{ht}(P''/P') + \mathrm{ht}(P'/P)$$

iii) 设 $P, P' \in \mathrm{Spec}(R)$ 且 $P \subset P'$, 则任一从 P 到 P' 的极大素理想链的长度等于 $\mathrm{ht}(P'/P)$.

设 R, R' 为域 k 上的有限生成代数，则有 $\dim(R \otimes_k R') = \dim(R) + \dim(R')$.

设 $R = k[x_1, \cdots, x_n]$, $p, q \subset R$ 为素理想且 $p + q \neq R$, 则对任一包含 $p + q$ 的极小素理想 P 有 $\mathrm{ht}(P) \leqslant \mathrm{ht}(p) + \mathrm{ht}(q)$, 且 $\dim(R/P) \geqslant \dim(R/p) + \dim(R/q) - n$.

A.4 微分与光滑性

微分在代数中起着不可替代的作用，但定义

$$\frac{df}{dx} = \lim_{\Delta x \to 0} \frac{f(x + \Delta x) - f(x)}{\Delta x}$$

不是代数的，不能推广到基域 k 的特征 $p > 0$ 的情形． 19 世纪末德国学派采用如下定义：若 $f \in k[x]$, 将 $f(x + \Delta x)$ 展开成 Δx 的多项式，其一次项系数定义为 $f'(x)$. 将这个定义推广就得到下述现代定义.

设 A 为 R-代数. 令 $I = \ker(\mu_{A/R})$ (见 A.2 节), $\Omega^1_{A/R} = I/I^2$. 若 $a \in A$, 则 $1 \otimes_R a - a \otimes_R 1 \in I$, 其在 I/I^2 中的象记为 da. 易见这给出一个 R-同态 $d = d_{A/R}\colon A \to \Omega^1_{A/R}$, 满足 $d(ab) = adb + bda$. 称 $\Omega^1_{A/R}$ 为 A 在 R 上的*相对微分模*, d 为*微分映射*. 对任意 A-模 M, 一个 A 到 M 的 *R-导数*是指一个 R-线性映射 $D\colon A \to M$ 使得 $D(ab) = aDb + bDa$ 且对任意 $r \in R$ 有 $Dr = 0$, 上述 $d\colon A \to \Omega^1_{A/R}$ 就是一个 R-导数. 记 $Der_R(A, M)$ 为 A 到 M 的 R-导数全体的集合，则有典范 A-模同构 $Hom_A(\Omega^1_{A/R}, M) \to Der_R(A, M)$, 将任意 $\phi \in Hom_A(\Omega^1_{A/R}, M)$ 映到 $\phi \circ d$ (参见文献 [12] 引理XVI.1.1). 特别地， $Der_R(A, A)$ 具有 R-李代数结构.

引理 A.4.1 设 $f\colon A \to B$ 为 R-代数同态，则

i) 存在典范 B-模正合列 $\Omega^1_{A/R} \otimes_A B \xrightarrow{\phi} \Omega^1_{B/R} \to \Omega^1_{B/A} \to 0$, 其中 ϕ 由 f 诱导.

ii) 若 f 是满射， $I = \ker(f)$, 则有典范 B-模正合列 $I/I^2 \xrightarrow{\delta} \Omega^1_{A/R} \otimes_A B \xrightarrow{\phi} \Omega^1_{B/R} \to 0$, 其中 $\delta(\bar{a}) = da \otimes_R 1_B$ $(a \in I)$. 此外， δ 具有分拆 (即存在 B-模同态 $\varepsilon\colon \Omega^1_{A/R} \otimes_A B \to I/I^2$ 使得 $\varepsilon \circ \delta = \mathrm{id}_{I/I^2}$) 当且仅当存在 R-代数同态

$B \to A/I^2$ 使得合成 $B \to A/I^2 \to B$ 等于 id_B.

此外，对任意 R-代数 A, B 有 $\Omega^1_{A\otimes_R B/B} \cong \Omega^1_{A/R} \otimes_R B$；若 $S \subset A$ 为乘性子集则 $\Omega^1_{S^{-1}A/R} \cong S^{-1}\Omega^1_{A/R}$.

设 $f\colon B \to B_0$ 为 R-代数满同态. 若 $\ker(f)$ 是幂零理想，则称 B 为 B_0 的一个*无穷小扩张*.

定义 A.4.1 设 R 为诺特环，A 为有限生成的 R-代数的局部化. 若对任意 R-代数无穷小扩张 $B \to B_0$, 映射

$$Hom_{R\text{-代数}}(A, B) \to Hom_{R\text{-代数}}(A, B_0)$$

是满射 (单射，一一映射), 则称 A 在 R 上 (或同态 $R \to A$) 是*光滑的* (*无分歧的*，*平展的*).

例 A.4.1 i) $R[x_1, \cdots, x_n]$ 在 R 上光滑.

ii) 对任一理想 $I \subset R$, R/I 在 R 上是无分歧的.

iii) 若 $a \in R$ 不是幂零的，则 R_a 在 R 上是平展的.

引理 A.4.2 (雅可比判据) 设 $R \to A$ 为光滑同态，$I \subset A$ 为理想，则 A/I 在 R 上光滑当且仅当引理 A.4.1 中的 $\delta\colon I/I^2 \to \Omega^1_{A/R} \otimes_A A/I$ 具有分拆.

设 $f\colon R \to A$ 为诺特环同态. 我们说 f (或 A 在 R 上) *具有几何正则纤维*是指对任意素理想 $p \subset R$, $A \otimes_R \overline{\kappa(p)}$ 是正则的 ($\overline{\kappa(p)}$ 为 $\kappa(p) = R_p/pR_p$ 的代数闭包). 若 P 为 A 的素理想而 $p = f^{-1}(P)$, 则我们称 $\mathrm{Spec}(A \otimes_R \kappa(p))$ (Spec 的定义见第 1 章) 中包含 $(P/pA)_p$ 的连通分支的维数为 $\hat{f}$ 在 P 点的*局部纤维维数*.

引理 A.4.3 设 R 为诺特环而 A 为有限生成的 R-代数，则下列条件等价：

i) A 在 R 上光滑；

ii) A 在 R 上平坦，$\Omega^1_{A/R}$ 为局部自由且其秩处处等于局部纤维维数；

iii) $R \to A$ 平坦且具有几何正则纤维.

例 A.4.2 设 $K \supset k$ 为域的代数扩张，则下列条件等价：

i) $K \supset k$ 是可分扩张；

ii) $\Omega^1_{K/k} = 0$；

iii) K 在 k 上为平展的；

iv) $K \otimes_k \bar{k}$ 是既约的，其中 $\bar{k}$ 为 k 的代数闭包.

例 A.4.3　设 $K \supset k$ 为有限生成的域扩张，则下列条件等价：

i) 存在 k 的纯超越扩域 $K' \subset K$ 使得 K 在 K' 上是可分的 (此时我们说 K 在 k 上是 可分生成的)；

ii) K 在 k 上光滑；

iii) $K \otimes_k \bar{k}$ 是既约的，其中 $\bar{k}$ 为 k 的代数闭包；

iv) $\dim_K \Omega^1_{K/k} = \mathrm{tr.deg}(K/k)$.

此外在任何情形下都有 $\dim_K \Omega^1_{K/k} \geqslant \mathrm{tr.deg}(K/k)$.

引理 A.4.4　设 $f\colon A \to B$ 为光滑 R-代数的 R-同态，其中 B 为有限生成 A-代数，则下列条件等价：

i) f 是光滑的；

ii) 典范同态 $\Omega^1_{A/R} \otimes_A B \to \Omega^1_{B/R}$ 具有分拆 (即存在 B-模同态 $\psi\colon \Omega^1_{B/R} \to \Omega^1_{A/R} \otimes_A B$ 使得 $\psi \circ \phi = \mathrm{id}_{\Omega^1_{A/R} \otimes_A B}$)；

iii) 对任意 $p \in \mathrm{Spec}(R)$, $B \otimes_R \kappa(p)$ 在 $A \otimes_R \kappa(p)$ 上光滑.

附录 B　公理式射影几何与体上的射影几何

在引言的例 0.4 中我们提到德萨格定理和帕普斯定理在公理式射影几何中的重要意义. 我们下面对此做一个详细的介绍.

B.1　射影公理

设 K 是一个体. 易见 K 上的三维射影空间 P_K^3 (定义见第2章2.1节) 具有下列性质:

i) 过任意两点存在惟一直线;

ii) 同一平面上的任意两条直线必相交;

iii) 任一直线上至少有 3 个点 (因为有一个无穷远点);

iv) 任一平面上存在不共线的 3 个点;

v) 过任意不共线的 3 点存在惟一平面;

vi) 任一平面包含过其中任两点的直线;

vii) 任两个平面至少有两个公共点;

viii) (空间中) 存在不共面的 4 个点.

其中, i)~iv) 可以看做射影平面 P_K^2 所满足的性质.

设 l 是 P_K^2 中的一条直线. 在 l 上任意取定一点作为“无穷远点” (记为 ∞), 在其余的点中任取原点 (记为 0) 和坐标为 1 的点, 这样就可以 (惟一地) 建立 l 上的坐标系, 其中除 ∞ 外的点和 K 的元一一对应, 为方便起见我们有时将 $l-\{\infty\}$ 就记做 K. 不难验证 K 的体结构可以用下面的几何方法给出.

A) 加法 (见图 B.1.1): 对任两个元 $a,b\in K$, 过 a,b 各任取一条异于 l 的直线 l_a,l_b, 过 0 任取一条异于 l 的直线与 l_a,l_b 分别交于 D,C, 令 A 为 $C\infty$ 与 l_a 的交点, B 为 $D\infty$ 与 l_b 的交点, 则 AB 与 l 的交点即为 $a+b$.

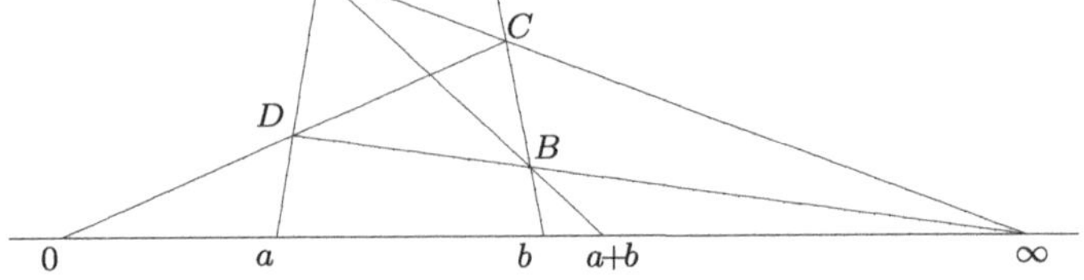

图 B.1.1

B) 乘法 (见图 B.1.2)：对任两个元 $a, b \in K$, 过 a, b 各任取一条异于 l 的直线 l_a, l_b, 过 1 任取一条异于 l 的直线与 l_a, l_b 分别交于 D, C, 令 A 为 $C\infty$ 与 l_a 的交点， B 为 $0D$ 与 l_b 的交点，则 AB 与 l 的交点即为 ab.

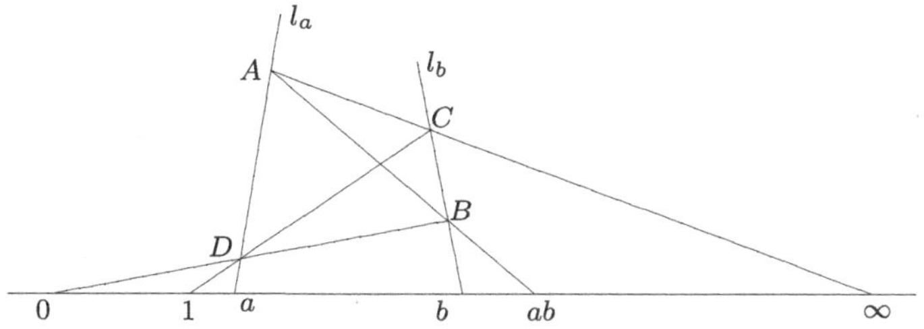

图 B.1.2

如果 K 是域，则乘法交换律 $ab = ba$ (见图 B.1.3) 说明帕普斯定理成立：在同一平面中，若 A, B, C 三点共线 (即在同一条直线上), A', B', C' 三点共线， AB' 与 $A'B$ 交于 P, BC' 与 $B'C$ 交于 Q, CA' 与 $C'A$ 交于 R, 则 P, Q, R 三点共线. 反之，若帕普斯定理成立，则对任意 $a, b \in K$ 有 $ab = ba$. 总之有

命题 B.1.1　设 K 为体，则 K 是域当且仅当在 P_K^2 中帕普斯定理成立.

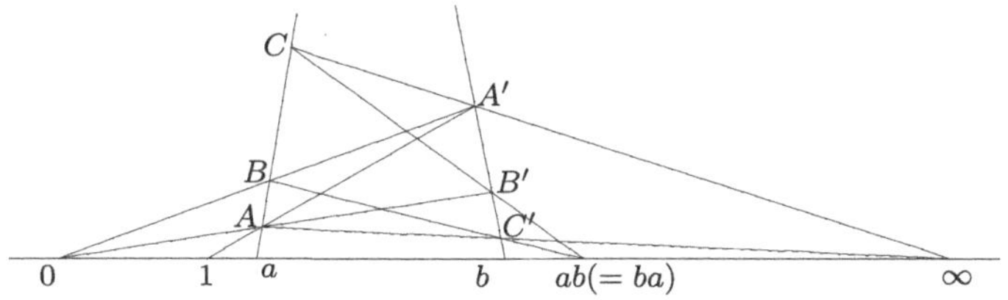

图 B.1.3

B.2　公理式射影几何

公理式射影几何只关心“结合性质” (某点在某直线上，某直线在某平面中，等等), 所以在欧几里得公理系统中只取结合公理，但把平行公理变相地加进来. 这样，一个“三维射影空间”就是一个集合 V, 其中给定了一些子集，分别称为“平面”和“直线”，满足上节中的射影公理 i)~viii).

命题 B.2.1　由公理 i)~viii) 可以推出德萨格定理 (见图 B.2.1)：对任两个三角形 $\triangle ABC$ 和 $\triangle A'B'C'$, 若 AA', BB', CC' 三条直线交于一点 O, 则 AB 与 $A'B'$ 交于一点 P, BC 与 $B'C'$ 交于一点 Q, CA 与 $C'A'$ 交于一点 R, 且P,Q,R 三点共线.

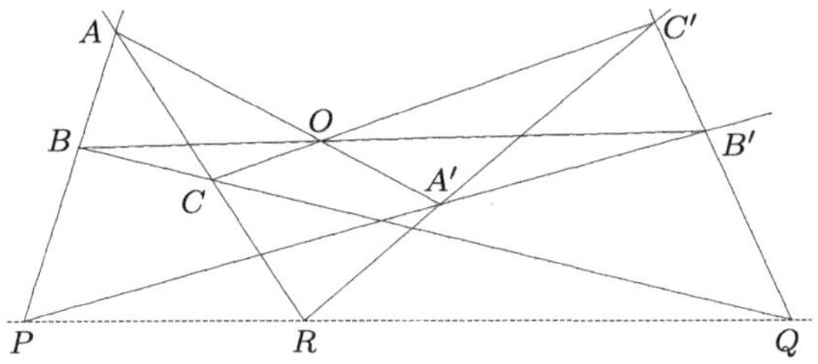

图 B.2.1

证　为方便起见，我们下面把包含 3 个点 X,Y,Z 的惟一平面简称为 "平面 XYZ ".

情形 1：平面 $ABC \neq$ 平面 $A'B'C'$ (见图 B.2.2). 令 l 为平面 ABC 与平面 $A'B'C'$ 的交线. 由所设可见 A', B' 都在平面 OAB 中，故 AB 与 $A'B'$ 交于一点，记为 P. 由于 P 既在平面 ABC 中又在平面 $A'B'C'$ 中，可见 $P \in l$. 同理 BC 与 $B'C'$ 交于一点 Q, CA 与 $C'A'$ 交于一点 R, 且 $Q, R \in l$. 从而 P,Q,R 三点共线.

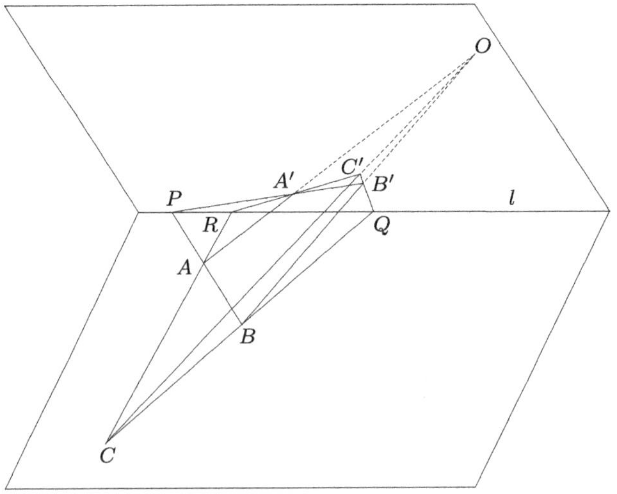

图 B.2.2

情形 2：平面 ABC = 平面 $A'B'C'$ (见图 B.2.3). 在平面 ABC 外任取一点 O', 并在直线 OO' 上任取异于 O,O' 的一点 O''. 由所设可见 A',O'' 在平面 OAO' 中, 故 $O'A$ 与 $O''A'$ 交于一点 A''. 同理 $O'B$ 与 $O''B'$ 交于一点 B'', $O'C$ 与 $O''C'$ 交于一点 C''. 显然平面 $A''B''C''\neq$ 平面 ABC, 令 l 为平面 $A''B''C''$ 与平面 ABC 的交线. 令 P 为 $A''B''$ 与 l 的交点, 则由情形 1 可见 $A''B''$ 与 AB 相交, 且交点只能是 P, 同样 $A'B'$ 也过点 P, 即 AB 与 $A'B'$ 交于 l 上的一点 P. 同理 BC 与 $B'C'$ 的交点 Q 和 CA 与 $C'A'$ 的交点 R 也在 l 上. 证毕.

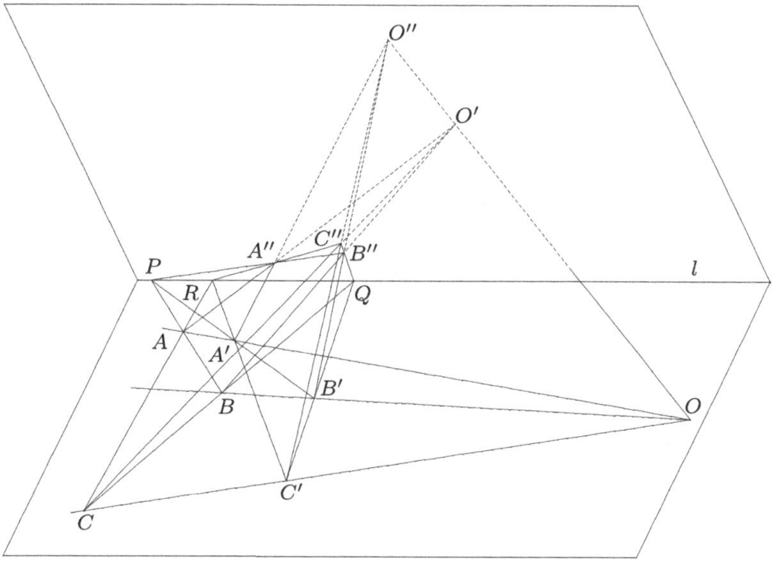

图 B.2.3

推论 B.2.1　对任意体 K 上的射影平面 P_K^2 和三维射影空间 P_K^3, 德萨格定理成立.

这是因为 P_K^3 满足射影公理 i~viii), 而 P_K^2 可以看做 P_K^3 中的平面.

德萨格定理等价于它的逆定理：对任两个三角形 $\triangle ABC$ 和 $\triangle A'B'C'$, 若 AB 与 $A'B'$ 交于一点 P, BC 与 $B'C'$ 交于一点 Q, CA 与 $C'A'$ 交于一点 R, 且 P,Q,R 三点共线, 则 AA', BB', CC' 三条直线交于一点 O. 事实上, 德萨格定理和它的逆定理完全是一回事, 只是各点的记号不同而已：在图 B.2.1 中, 注意 $\triangle AA'P$ 和

$\triangle CC'Q$, 可见 AA' 与 CC' 的交点为 O, $A'P$ 与 $C'Q$ 的交点为 B', AP 与 CQ 的交点为 B, 故德萨格定理的逆定理断言若 B, B', O 三点共线，则 PQ, AC, $A'C'$ 三线交于一点，这正是德萨格定理的断言！

如果只考虑二维射影空间, 则只有公理 i)~iv) 是用得着的, 但由公理 i)~iv) 是推不出德萨格定理的，这由下面的反例可以看出.

例 B.2.1 在寻常的坐标平面 $\mathbb{R}^2$ 中，定义"直线"为与 X-轴或 Y-轴平行的直线和形如图 B.2.4 中的折线 MPN, 其中 PN 的斜率是 MP 的斜率的 3 次幂. 对每一组互不相交的这种"直线"赋予一个共同的"无穷远点"，并规定所有"无穷远点"组成一条"无穷远直线"，这样就建立了一个"射影平面". 不难验证这个"射影平面"满足射影公理 i~iv), 但德萨格定理不成立.

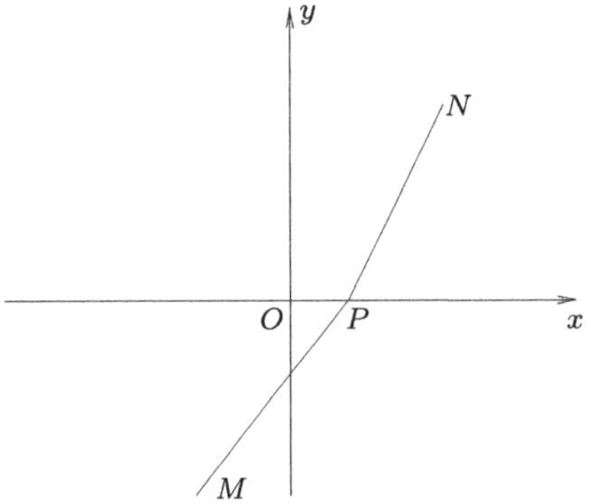

图 B.2.4

在公理式平面射影几何中常把德萨格定理加进去作为一条公理, 原因见下节.

B.3 等价性定理

在公理式射影几何中，是不是每个射影平面都是某个体上的射影平面呢？由上一节我们看到, 必须假定德萨格定理成立才可能有肯定的答案. 在本节中我们证明，任一满足射影公理 i)~iv) 及德萨格定理的射影平面一定是某个体上的射影平面.

首先我们考虑这样的射影平面中的一条任意的直线 l. 由射影公理 iii) 可取 l 上的 3 个点，称其中的一个点为"无穷远点"（记为 ∞), 一个点为"坐标原点"(记为 0), 一个点为"单位元"（记为 1), 且令 $K = l - \{\infty\}$. 我们来验证 K 具有一个体结构，它的加法和乘法分别由图 B.1.1 和图 B.1.2 给出．为方便起见我们用下列记号：对任意 6 个点 A,B,C,A',B',C'，用 $ABC\downarrow A'B'C'$ 简记 "对 $\triangle ABC$ 和 $\triangle A'B'C'$ 应用德萨格定理"，而用 $ABC\uparrow A'B'C'$ 简记 "对 $\triangle ABC$ 和 $\triangle A'B'C'$ 应用德萨格定理的逆定理"．

引理 B.3.1　设 Π 为满足公理 i)~iv) 及德萨格定理的射影平面，l 为 Π 中的直线，在其上取定了 3 个点 $0,1,\infty$，而 $K=l-\{\infty\}$．则由图 B.1.1 和图 B.1.2 可以定义 K 的加法和乘法运算，在这两个运算下 K 是一个体，其中 0 和 1 分别为零元和单位元．

证　首先我们验证图 B.1.1 和图 B.1.2 给出的加法和乘法的定义是合理的，即与其中任意选取的直线无关．

加法 (见图 B.3.1)：采用图 B.1.1 的记号，过 a,b 各另任取一条异于 l 的直线 l'_a,l'_b，过 0 另任取一条异于 l 的直线与 l'_a,l'_b 分别交于 D',C'，令 A' 为 $C'\infty$ 与 l'_a 的交点，B' 为 $D'\infty$ 与 l'_b 的交点，我们验证 $A'B'$ 与 l 的交点和 AB 与 l 的交点相同，换言之 $A'B'$ 与 AB 的交点在 l 上．由 $ADC\uparrow A'D'C'$ 可见 AA', DD' 和 CC' 三线共点，由 $BDC\uparrow B'D'C'$ 可见 BB', DD' 和 CC' 三线共点，故 AA', BB' 和 CC' 三线共点，再由 $ABC\downarrow A'B'C'$ 可见 AB 和 $A'B'$ 的交点在 l 上．

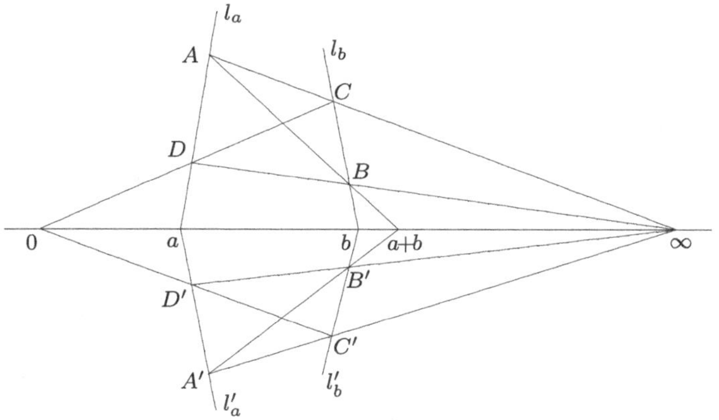

图 B.3.1

乘法 (见图 B.3.2)：采用图 B.1.2 的记号，过 a,b 各另任取一条异于 l 的直线 l'_a,l'_b，过 1 另任取一条异于 l 的直线与 l'_a,l'_b 分别交于 D',C'，令 A' 为 $C'\infty$ 与 l'_a

的交点， B' 为 $0D'$ 与 l'_b 的交点，我们验证 $A'B'$ 与 l 的交点和 AB 与 l 的交点相同，换言之 $A'B'$ 与 AB 的交点在 l 上. 由 $ADC \uparrow A'D'C'$ 可见 AA', DD' 和 CC' 三线共点，由 $BDC \uparrow B'D'C'$ 可见 BB', DD' 和 CC' 三线共点，故 AA', BB' 和 CC' 三线共点，再由 $ABC \downarrow A'B'C'$ 可见 AB 和 $A'B'$ 的交点在 l 上.

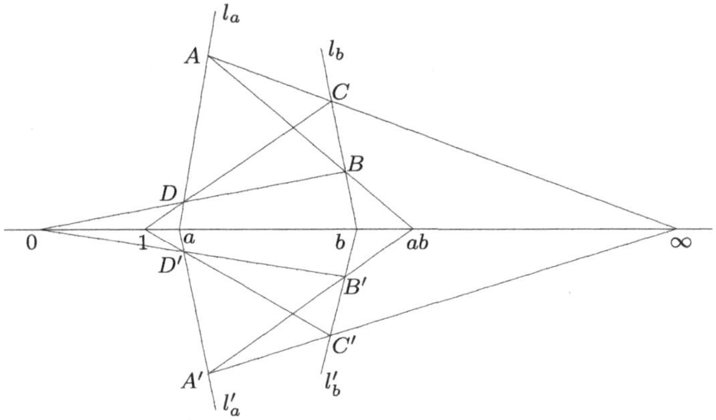

图 B.3.2

下面我们对 K 来验证体的各条公理. 首先，由定义易见 0 为加法的零元， 1 为乘法的单位元， 0 为乘法的零元 (即 $a0 = 0a = 0$ 对任意 $a \in K$ 成立), 且加法满足交换律. 下面验证其他各条.

i) 加法结合律 (见图 B.3.3)：用图中的记号，由 $PQ\infty \downarrow SRT$ 可见 A, B, B' 共线，由 $RU\infty \downarrow QVW$ 可见 A, A', B' 共线，故 A, B, A', B' 四点共线. 由定义可知 AB 与 l 的交点为 $(a+b)+c$, 而 $A'B'$ 与 l 的交点为 $a+(b+c)$, 这就证明了 $(a+b)+c = a+(b+c)$.

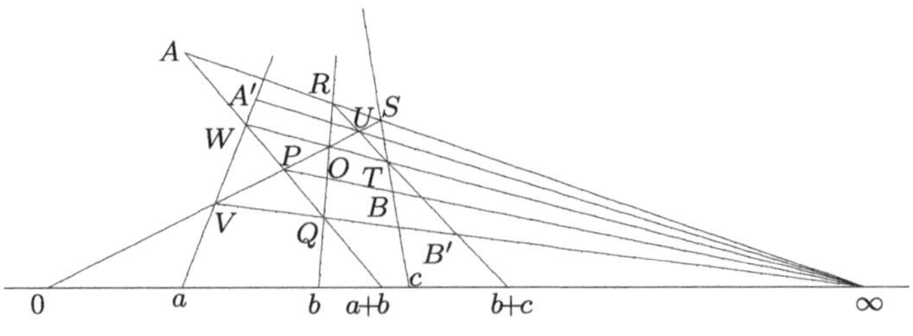

图 B.3.3

ii) 乘法结合律 (见图 B.3.4)：用图中的记号，由 $0PQ \downarrow SRT$ 可见 A, B, B' 共线，由 $TU\infty \downarrow QVW$ 可见 A, A', B' 共线，故 A, B, A', B' 四点共线. 由定义可知 AB 与 l 的交点为 $(ab)c$, 而 $A'B'$ 与 l 的交点为 $a(bc)$, 这就证明了 $(ab)c = a(bc)$.

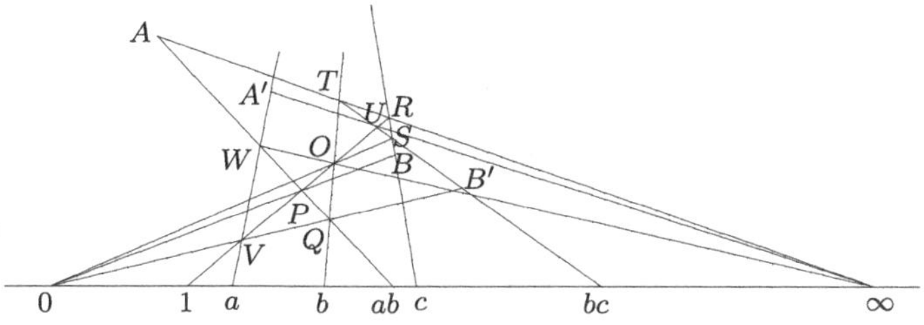

图 B.3.4

iii) 负元与逆元 (见图 B.3.5 和图 B.3.6)：图 B.3.5 给出 $-a$, 而图 B.3.6 给出 a 的逆元.

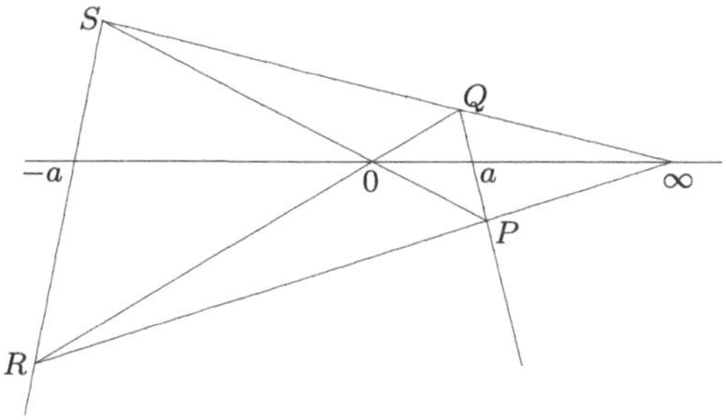

图 B.3.5

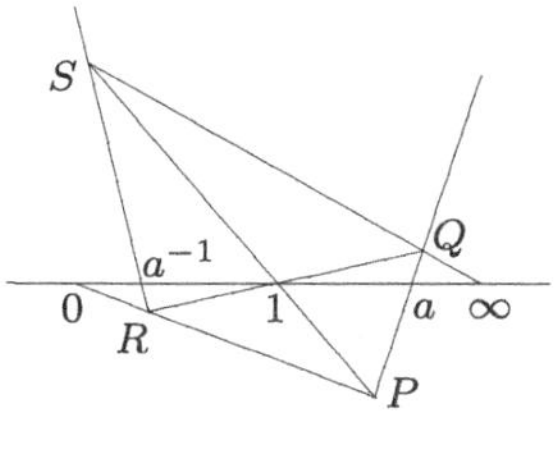

图 B.3.6

iv) 乘法分配律 (见图 B.3.7 和图 B.3.8)：由乘法结合律及 0 为乘法零元，我们只需验证 $a(b+1)=ab+a$ 及 $(a+1)b=ab+b$ 对任意 $a,b\in K$ 成立. 在图 B.3.7 中，由 $\infty TS\downarrow PQR$ 可见 A,B,B' 共线，注意 AB 与 l 的交点为 $a(b+1)$ 而 AB' 与 l 的交点为 $ab+a$, 即得 $a(b+1)=ab+a$；在图 B.3.8 中，由定义可知 AB 与 l 的交点为 $(a+1)b$, 另一方面，由 $SAR\downarrow 0PQ$ 可见 O,B,∞ 共线，即 $O\infty$ 与 RS 交于 B, 从而由定义可知 AB 与 l 的交点为 $ab+b$, 这就得到 $(a+1)b=ab+b$.

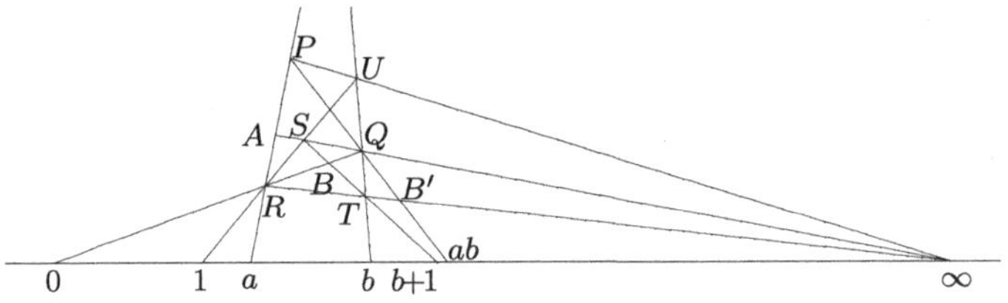

图 B.3.7

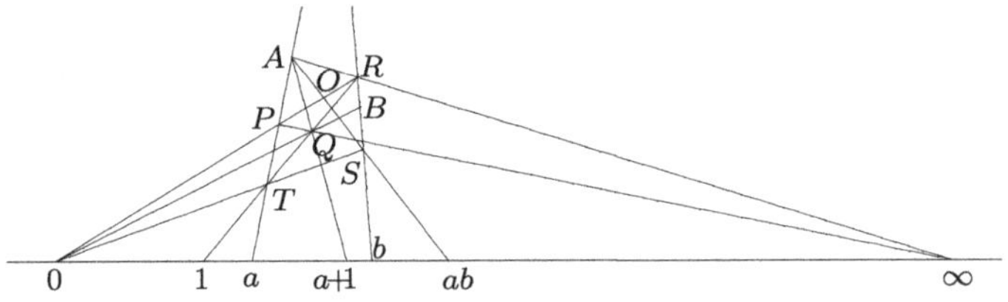

图 B.3.8

综上所述 K 是一个体. 证毕.

设 l,l' 为射影平面 Π 中的直线，在 l 上取定无穷远点 ∞, 原点 0 和单位元 1, 并记 K 为 $l-\{\infty\}$ 的体结构；对 l' 也取定无穷远点，原点和单位元，分别记为 ∞', $0'$ 和 $1'$, 并记 K' 为 $l'-\{\infty'\}$ 的体结构. 设 O 为不在 l,l' 上的一点. 对任意 $A\in l$, 令 $\phi(A)$ 为 OA 与 l' 的交点，这样显然定义了一个一一映射 $\phi\colon l\to l'$, 称为以 O 为中心的从 l 到 l' 的 *投影*.

引理 B.3.2 设 ϕ 满足 $\phi(\infty)=\infty'$, 则 ϕ 在 K 上的限制满足

i) 若 $\phi(0)=0'$, 则 ϕ 保持加法运算 (即 $\phi(a+b)=\phi(a)+\phi(b)$)；

ii) 若 $\phi(0)=0'$ 且 $\phi(1)=1'$, 则 ϕ 保持乘法运算 (即 $\phi(ab)=\phi(a)\phi(b)$), 从而 ϕ 诱导 K 到 K' 的同构.

证　任取 $a,b\in K$, 记 $\phi(a)=a'$, $\phi(b)=b'$, 且记 V 为 l 和 l' 的交点.

i) (见图 B.3.9) 记 $0a'$ 与 Ob 的交点为 C, ∞C 与 Oa 的交点为 A, $\infty a'$ 与 Ob 的交点为 B, $0'a$ 与 Ob 的交点为 C', $\infty' C'$ 与 Oa 的交点为 A', $\infty' a$ 与 Ob 的交点为 B', $0a'$ 与 $0'a$ 的交点为 P, $a'\infty$ 与 $a\infty'$ 的交点为 Q, $A\infty$ 与 $A'\infty'$ 的交点为 R, AB 与 $A'B'$ 的交点为 S, 则 AB 与 l 的交点为 $a+b$, $A'B'$ 与 l' 的交点为 $a'+b'$. 由 $a'0\infty\downarrow a0'\infty'$ 可见 V,P,Q 三点共线, 由 $aC'\infty'\downarrow a'C\infty$ 可见 P,Q,R 三点共线, 由 $AB\infty\downarrow A'B'\infty'$ 可见 Q,R,S 三点共线, 故 V,Q,S 三点共线, 再由 $B(a+b)\infty\uparrow B'(a'+b')\infty'$ 可见 $a+b$, $a'+b'$, O 三点共线, 即 $\phi(a+b)=a'+b'=\phi(a)+\phi(b)$.

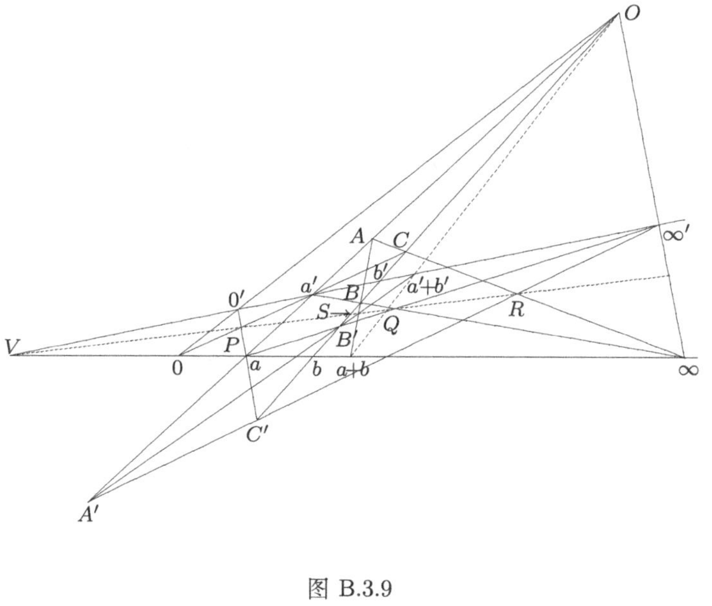

图 B.3.9

ii) (见图 B.3.10) 记 $1a'$ 与 Ob 的交点为 C, ∞C 与 Oa 的交点为 A, $0a'$ 与 Ob 的交点为 B, $1'a$ 与 Ob 的交点为 C', $\infty' C'$ 与 Oa 的交点为 A', $0'a$ 与 Ob 的交点为 B', $0a'$ 与 $0'a$ 的交点为 P, $a'1$ 与 $a1'$ 的交点为 Q, $A\infty$ 与 $A'\infty'$ 的交点为 R, AB 与 $A'B'$ 的交点为 S, $0A$ 与 $0'A'$ 的交点为 T, 则 AB 与 l 的交点为 ab, $A'B'$ 与 l' 的交点为 $a'b'$. 由 $a'01\downarrow a0'1'$ 可见 V,P,Q 三点共线, 由 $1C\infty\downarrow 1'C'\infty'$ 可见 V,Q,R 三点共线, 由 $0A\infty\downarrow 0'A'\infty'$ 可见 V,T,R 三点共线, 由 $0AB\downarrow 0'A'B'$ 可见 T,P,S

三点共线, 故 V, R, S 三点共线, 再由 $A(ab)\infty \uparrow A'(a'b')\infty'$ 可见 $ab, a'b', O$ 三点共线, 即 $\phi(ab) = a'b' = \phi(a)\phi(b)$. 证毕.

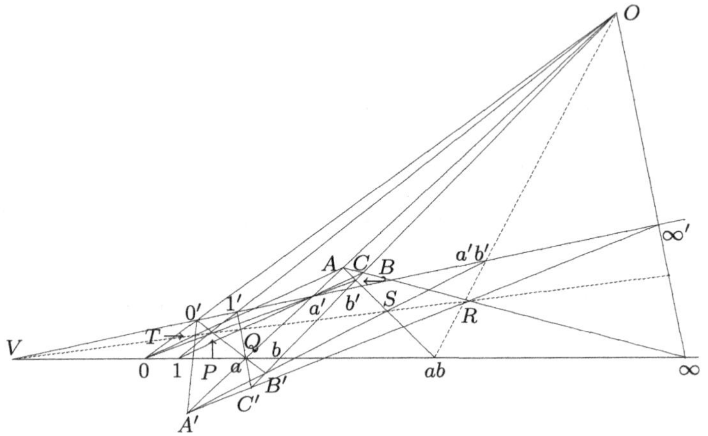

图 B.3.10

推论 B.3.1 设 ϕ 满足 $\phi(\infty) = \infty'$, $\phi(0) = 0'$, $\phi(1) = 1'$. 若 O' 为 $O\infty$ 上的异于 ∞, ∞' 的点, ϕ' 为以 O' 为中心从 l 到 l' 的投影, 则存在 $a, b \in K'$ 使得对任意 $x \in K$ 有 $\phi'(x) = a\phi(x) + b$.

证 记 $x' = \phi(x)$.

情形 1： $\infty = \infty'$ (见图 B.3.11). 由定义可见 $\phi'(x) = \phi(x) + b$, 其中 $b = \phi'(0)$.

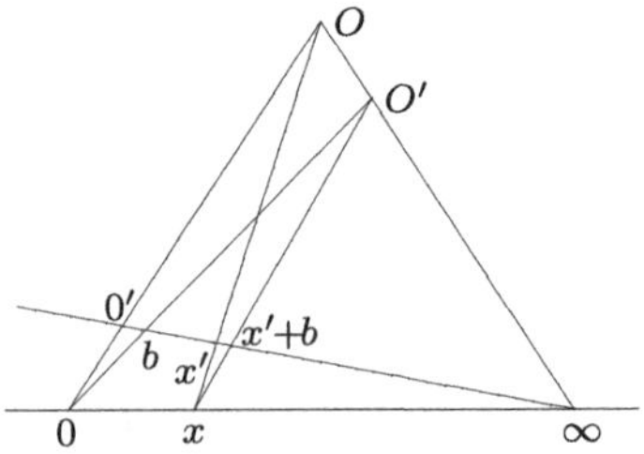

图 B.3.11

情形 2： $0 = 0'$ (见图 B.3.12). 由定义可见 $\phi'(x) = a\phi(x)$, 其中 $a = \phi'(1)$.

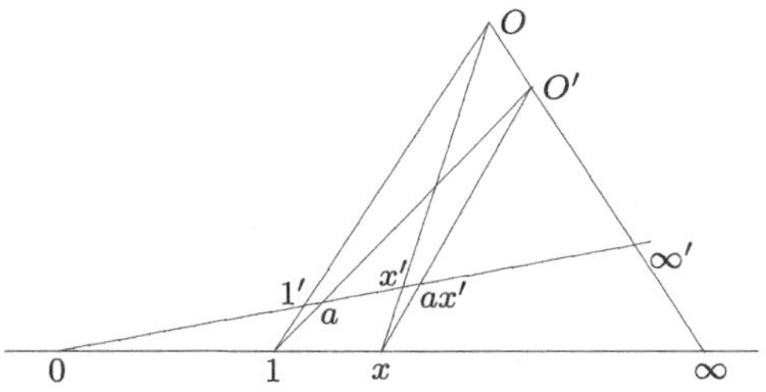

图 B.3.12

情形 3：一般情形 (见图 B.3.13). 令 $l_0 = 0\infty'$, ϕ_1 为以 O 为中心从 l_0 到 l' 的投影， ϕ_2 为以 O 为中心从 l 到 l_0 的投影，则 $\phi = \phi_1 \circ \phi_2$. 在 l_0 上取 ∞' 为无穷远点， 0 为原点， $\phi_2(1)$ 为单位元，且令 K_0 为 $l_0 - \{\infty'\}$ 的体结构，则 ϕ_1 诱导体同构 $K_0 \to K'$ 而 ϕ_2 诱导体同构 $K \to K_0$. 令 ϕ_1' 为以 O' 为中心从 l_0 到 l' 的投影， ϕ_2' 为以 O' 为中心从 l 到 l_0 的投影，则 $\phi' = \phi_1' \circ \phi_2'$. 由情形 2 可知存在 $a_0 \in K_0$, 使得 $\phi_2'(x) = a_0\phi_2(x)$ 对一切 $x \in K$ 成立，由情形 1 可知存在 $b \in K'$ 使得 $\phi_1'(y) = \phi_1(y) + b$ 对一切 $y \in K_0$ 成立，故有

$$\begin{aligned}\phi'(x) &= \phi_1'(\phi_2'(x)) = \phi_1'(a_0\phi_2(x)) = \phi_1(a_0\phi_2(x)) + b \\ &= a\phi_1(\phi_2(x)) + b = a\phi(x) + b\end{aligned}$$

其中 $a = \phi_1(a_0)$. 证毕.

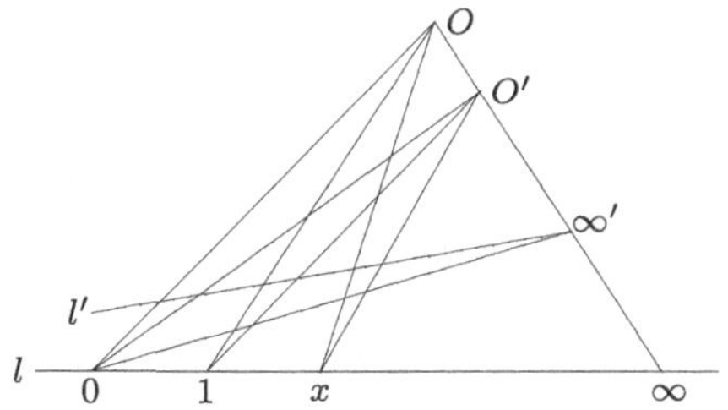

图 B.3.13

定理 B.3.1　设 Π 为满足公理 i)~iv) 及德萨格定理的射影平面，则存在 (在同构之下惟一的) 体 K 及一一映射 $\Phi\colon \Pi \to P_K^2$, 使得 Φ 和 Φ^{-1} 都将直线映成直线 (换言之， Φ 是公理式射影几何中的同构).

证 在 Π 中任取两条直线 l_X, l_Y (作为"X 轴"和"Y 轴", 见图 B.3.14) 以及不在 l_X, l_Y 上的一点 O, 令 ϕ 为以 O 为中心从 l_X 到 l_Y 的投影, 在 l_X 上取原点 0 为 l_X 和 l_Y 的交点, 另外取定无穷远点 ∞_X 和单位元 1_X, 记 K 为 $l_X - \{\infty_X\}$ 的体结构. 在 l_Y 上也取 0 为原点, 而取 $\infty_Y = \phi(\infty_X)$ 和 $1_Y = \phi(1_X)$ 分别为无穷远点和单位元, 这样得到 $l_Y - \{\infty_Y\}$ 的体结构 K_Y, 由引理 B.3.2 通过 ϕ 可以将 K_Y 与 K 等同起来. 令 $\Pi_0 = \Pi - O\infty_X$, 令 $p_X, p_Y\colon \Pi_0 \to K$ 分别为以 ∞_Y 为中心到 l_X 的投影和以 ∞_X 为中心到 l_Y 的投影 (即对任一点 $P \in \Pi_0$, $p_X(P)$ 为 $\infty_Y P$ 和 l_X 的交点坐标而 $p_Y(P)$ 为 $\infty_X P$ 和 l_Y 的交点坐标, 见图 B.3.14), 这样 $P \mapsto (p_X(P), p_Y(P))$ 就给出一个一一映射 $\Phi_0\colon \Pi_0 \to K^2$.

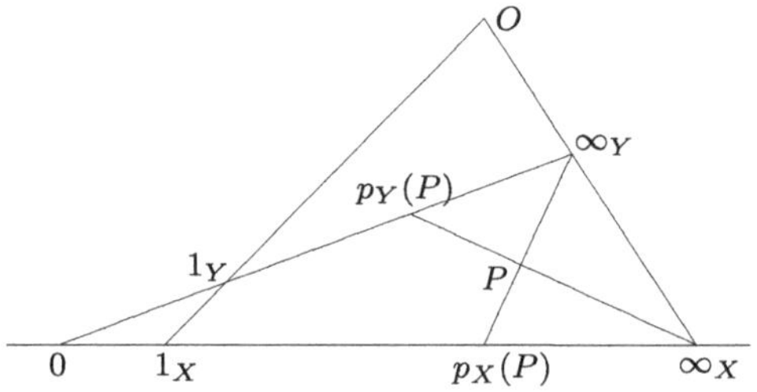

图 B.3.14

我们来验证 Φ_0 将直线映成直线. 设 l 为 Π 中异于 $O\infty_X$ 的直线. 若 l 过 O, 记 c 为 l 与 l_X 的交点的坐标, 则由定义易见对任意 $P \in l - \{O\}$ 有 $p_X(P) + p_Y(P) = c$, 故 $\Phi_0(l - \{O\})$ 为直线 $x + y = c$. 若 l 不过 O, 令 ϕ_l 为以 O 为中心从 l_X 到 l 的投影, 在 l 上取无穷远点、原点、单位元分别为 $\infty_l = \phi_l(\infty_X)$, $0_l = \phi_l(0)$ 和 $1_l = \phi_l(1_X)$, 这样得到的 $l - \{\infty_l\}$ 的体结构, 由引理 B.3.2 通过 ϕ_l 与 K 等同起来. 由推论 B.3.1, 存在 $a_X, b_X, a_Y, b_Y \in K$ 使得对任意点 $P \in l$, 若 P 在 l 上的坐标为 t, 则 $p_X(P) = a_X t + b_X$, $p_Y(P) = a_Y t + b_Y$ (若 $\infty_l = \infty_X$ 则 $a_Y = 0$, 若 $\infty_l = \infty_Y$ 则 $a_X = 0$, 但 a_X 和 a_Y 不会同时为 0), 由此即可见 $\Phi_0(l - \{\infty_l\})$ 为直线 (其参数方程为 $x = a_X t + b_X$, $y = a_Y t + b_Y$).

在 P_K^2 中任取一直线 l_∞ 作为无穷远线, 将 K^2 与 $P_K^2 - l_\infty$ 等同起来, 一个点 $(x, y) \in K^2$ 的射影坐标为 $(x : y : 1)$, 而 l_∞ 中的点的坐标形如 $(x : y : 0)$. 由推论 B.3.1 中情形 1 的证明可见, 若两条直线 $l, l' \subset \Pi$ 有相同的无穷远点 ∞_l, 则 $\Phi_0(l - \{\infty_l\})$ 和 $\Phi_0(l' - \{\infty_l\})$ 具有相同的斜率. 由此我们可以将 Φ_0 扩张成一个映射 $\Phi\colon \Pi \to P_K^2$ 如下: Φ 在 Π_0 上的限制等于 Φ_0, 而对任一点 $P \in O\infty_X$, 任取一条过

P 的异于 $O\infty_X$ 的直线 l, 若 $\Phi_0(l-\{P\})$ 的参数方程为 $x=a_Xt+b_X, y=a_Yt+b_Y$, 则令 $\Phi(P)=(a_X:a_Y:0)$. 显然 Φ 是一一对应, 且将直线映成直线. 由此及射影公理不难得出 Φ^{-1} 也将直线映成直线.

最后, 由引理 B.3.2 可知 K 在同构之下是惟一的. 证毕.

由定理 B.3.1 及命题 B.2.1 立得

推论 B.3.2　设 Ω 为满足公理 i)~viii) 的三维射影空间, 则存在 (在同构之下惟一的) 体 K 及一一映射 $\Phi: \Omega\to P_K^3$, 使得 Φ 和 Φ^{-1} 都将直线映成直线, 平面映成平面 (换言之, Φ 是公理式射影几何中的同构).

注 B.3.1　由定理 B.3.1 和推论 B.3.2 即可得到仿射几何的相应结果: 任一满足欧几里德结合公理与平行公理 (过任一直线外的任一点存在该直线的惟一平行线) 且满足德萨格定理 (包括退化情形) 的仿射平面一定同构于一个 (在同构之下惟一的) 体 K 上的仿射平面 K^2; 任一满足欧几里德结合公理与平行公理的三维仿射空间一定同构于一个 (在同构之下惟一的) 体 K 上的三维仿射空间 K^3.

注 B.3.2　推论 B.3.2 当然可以推广到一般的高维 (维数 >2) 的射影几何.

B.4　射影直射变换

设 K 是一个体, 则射影群 $PGL_3(K)$ 作用于 $\Pi=P_K^2$ 上: 若 P_K^2 的一个点由 3 元行向量 v 给出 (即该点为 Kv), 则一个元 $g\in PGL_3(K)$ (看作 3 阶方阵) 将该点映为 vg^{-1} 所对应的点. 易见这样 g 给出 Π 到自身的一一映射, 将直线映成直线. 任一元 $g\in PGL_3(K)$ 给出 Π 到自身的一一映射, 将直线映成直线. 另一方面, 若 σ 是 K 的一个自同构, 则可以定义一个 Π 到自身的一一映射 ϕ_σ, 将点 $(X:Y:Z)$ 映到 $(\sigma(X):\sigma(Y):\sigma(Z))$, 显然 ϕ_σ 也将直线映成直线. 对任意 $g\in PGL_3(K)$ 和 $\sigma\in \mathrm{Aut}(K)$, 称 $g\circ\phi_\sigma$ 为 Π 上的一个 *射影直射变换*, 显然所有射影直射变换组成一个群, 记为 $P\Gamma L_3(K)$, 它有一个正规子群 $PGL_3(K)$, 而所有 ϕ_σ 组成一个同构于 $\mathrm{Aut}(K)$ 的子群, 故 $P\Gamma L_3(K)\cong PGL_3(K)\rtimes \mathrm{Aut}(K)$.

命题 B.4.1　设 ϕ 为 Π 到自身的一一映射, 将直线映成直线, 则 ϕ 是射影直射变换 (换言之, $P\Gamma L_3(K)$ 同构于公理式射影几何中射影平面的自同构群).

证　对 Π 中的任意两条直线 l, l', 设其交点为 V, 任取 l 上异于 V 的两个点 A, B 及 l' 上的两个点 C, D, 则存在一个元 $g\in PGL_3(K)$ 使得 $g(0:0:1)=$

V, $g(1:0:1)=A$, $g(1:0:0)=B$, $g(0:1:1)=C$, $g(0:1:0)=D$, 故可取 $g\in PGL_3(K)$ 使得 $\phi'=g\circ\phi$ 保持五个点 $0=(0:0:1)$, $1_X=(1:0:1)$, $\infty_X=(1:0:0)$, $1_Y=(0:1:1)$ 和 $\infty_Y=(0:1:0)$ 不变，这样 ϕ' 也保持 1_X1_Y 与 $\infty_X\infty_Y$ 的交点 $O=(1:-1:0)$ 不变. 由于 ϕ' 也将直线映成直线，为简单起见不妨用 ϕ' 代替 ϕ, 即假定 ϕ 保持五个点 $0, 1_X, \infty_X, 1_Y$ 和 ∞_Y 不变.

令 $l_X=01_X$, $l_Y=01_Y$. 由于 ϕ 保持 0, 1_X 和 1_Y 且将直线映成直线，由射影公理得 $\phi(l_X)=l_X$, $\phi(l_Y)=l_Y$. 这样 ϕ 诱导 $l_X-\{\infty_X\}$ 到自身的一一映射，从而给出 K 到自身的一个一一映射 σ. 由于 K 的加法和乘法可以由直线的相交结构给出 (见图 B.1.1 和图 B.1.2), 可见 σ 是体 K 的自同构. 我们来验证 $\phi=\phi_\sigma$. 令 $\phi'=\phi_\sigma^{-1}\circ\phi$, 则 ϕ' 保持 l_X 上各点不变也保持 O 不变，并且 $\phi'(l_Y)=l_Y$. 对任意一点 $P\in l_Y$, ϕ' 保持 OP 与 l_X 的交点和 O 不变，故 $\phi'(OP)=OP$, 从而 ϕ' 保持 OP 与 l_Y 的交点 P 不变. 对 Π 中任一异于 ∞_X,∞_Y 的点 Q, ϕ' 保持 ∞_YQ 与 l_X 的交点和 ∞_XQ 与 l_Y 的交点不变，故 $\phi'(\infty_YQ)=\infty_YQ$, $\phi'(\infty_XQ)=\infty_XQ$, 从而 ϕ' 保持 ∞_YQ 与 ∞_XQ 的交点 Q 不变. 这说明 $\phi'=\mathrm{id}_\Pi$. 证毕.

注 B.4.1 命题 B.4.1 当然也可以推广到一般的高维 (维数 >2) 的射影几何. 在经典的文献中，命题 B.4.1 被称为 “射影几何的基本定理”. 此外，由于实数域 $\mathbb{R}$ 没有非平凡的自同构， $\mathbb{R}$ 上的射影直射变换就是射影变换，故由命题 B.4.1 可知，一个 $P^2_{\mathbb{R}}$ 到自身的一一映射若将直线映成直线，则必为射影变换.

注 B.4.2 经典射影几何的另一工具是 “调和分割”. 设 A,B,C 是直线 l 上的三个点，在 l 上以 A,B,C 分别作为 $0,\infty,1$ 建立坐标系，则坐标为 -1 的点 $D\in l$ 称为 A,B,C 的 *第四调和点*, 而 $\{A,B,C,D\}$ 称为一个 *调和拼四组*. 由图 B.1.1 可知 A,B,C 的第四调和点 D 可由图 B.4.1 那样给出. 在 $\mathrm{ch}(K)\neq 2$ 时，调和分割是个有力工具，如前面的引理 B.3.2 就可以用调和分割的方法证明. 但当 K 的特征为 2 时 $D=C$ (因为 $-1=1$), 此时我们没有调和分割这一工具.

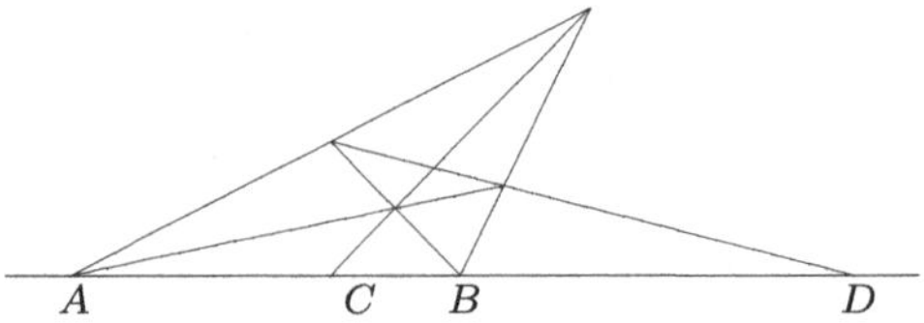

图 B.4.1

一个经典的结果是

命题 B.4.2　设 K 是特征非 2 的域，ϕ 为 P_K^1 到自身的一一映射，将调和拼四组映成调和拼四组，则 ϕ 是射影直射变换.

证明不难，这里从略 (这个命题不能推广到 K 是一般体的情形).

附录 C　有限域上曲线的韦伊定理

广义黎曼猜想始于安德烈 · 韦伊 (André Weil) 对有限域上的曲线的 Zeta 函数的研究，数十年来，这一猜想一直是数学最重要的研究课题之一. 本附录拟通过韦伊定理对此做一个初步的介绍，由此也可以进一步看到数论与代数几何之间的联系.

C.1　有限域上的曲线

作为一个准备，我们先用不同的语言来重述曲线理论的一些概念，以使不了解概形的读者也可以理解.

设 K 为特征为 p 的有限域， X 为 K-代数簇， L 为 K 的扩域. 则 X 的一个 L-点是指一个 K-态射 $\mathrm{Spec}(L) \to X$ (参见 2.4 节), 易见它也可以理解为 $X \otimes_K L$ 的 L-点． X 的所有 L-点组成的集合记为 $X(L)$.

对于不拟了解概形的读者， K-代数簇和 L-点的概念可以这样理解：令 k 为 K 的代数闭包，则一个射影 K-代数簇是某个 $\mathbb{P}_k^N$ 中由一组系数在 K 中的齐次多项式定义的代数簇 X, 而 X 的一个 L-点是一个坐标在 L 中的点 (这种定义的一个缺点是看上去似乎与嵌入 $X \hookrightarrow \mathbb{P}_k^N$ 有关). 令 $X_0, \cdots, X_N$ 为 $\mathbb{P}_k^N$ 的齐次坐标，则 K-代数簇 X 的一个 K-有理函数是指一个函数 F_1/F_2, 其中 $F_1, F_2 \in K[X_0, \cdots, X_N]$ 为同次齐次多项式，且 F_2 在 X 上不恒等于 0. 记 $K(X)$ 为 X 的所有 K-有理函数的集合，它是 K 的一个有限生成的扩域.

设 $K = \mathbb{F}_q$, 其中 $q = p^r$(p 为素数). 令 $F: \mathbb{P}_k^N \to \mathbb{P}_k^N$ 为映射 $(a_0 : \cdots : a_N) \to (a_0^p : \cdots : a_N^p)$ (“相对夫罗贝纽斯态射”), 则易见对每个射影 K-代数簇 $X \subset \mathbb{P}_k^N$ 有 $F^r(X) = X$ (因为 $(F^r)^*$ 将 X 的每个定义多项式映到其 p^r 次幂). 记 $\phi = \phi_X = F^r|_X$. 我们知道一个元 $a \in k$ 满足 $a^{p^r} = a$ 当且仅当 $a \in \mathbb{F}_q = K$, 故一个点 $P \in X(k)$ 是 K-点当且仅当 $\phi(P) = P$. 更一般地，若 $L \supset K$ 为 n 次域扩张 (即 $L = \mathbb{F}_{q^n}$), 则一个点 $P \in X(k)$ 是 L-点当且仅当 $\phi^n(P) = P$.

用概形的语言，令 Γ_{ϕ^n} 为闭嵌入 $(\mathrm{id}_X, \phi^n): X \to X \times_K X$ 的象 (即 ϕ^n 的图), 记 $X_n = \Delta(X) \cap \Gamma_{\phi^n}$ (即 $\Delta: X \to X \times_K X$ 和 $(\mathrm{id}_X, \phi^n): X \to X \times_K X$ 的拉回), 则 $X(L) = X_n(L) = X_n(k)$, 而 X 的一个闭点 P 在 X_n 中当且仅当 $\deg(P)|n$. 此外注意 X_n 在 K 上是有限平展的，这是因为它的定义理想层是由阿廷-施莱尔型的截口 $x - x^{p^{nr}}$ 生成的，从而 $\Omega^1_{X_n/K} = 0$.

设 $L \supset K$ 为伽罗华扩张，则显然 $\mathrm{Gal}(L/K)$ 作用于 $X(L)$ 上. 设 $P \in X$ 为闭点，则一个 K-同态 $\kappa(P) \to L$ 对应于一个 L-点 $\mathrm{Spec}(L) \to X$, 其象为 P (参见 1.4 节), 而所有这样的 L-点组成一个 $\mathrm{Gal}(L/K)$-轨迹 (不拟了解概形的读者可以将闭点 P 理解为这个轨迹). 由定义，闭点 P 的次数为 $[\kappa(P) : K]$ (参见 3.5 节，或注意作为一个 $\mathrm{Gal}(L/K)$-轨迹它由 $[\kappa(P) : K]$ 个 L-点组成).

设 $C \subset \mathbb{P}_k^N$ 为射影光滑 K-曲线， $D \subset C$ 为有效除子，若 D 是定义在 K 上的 (即由一组系数在 K 中的齐次多项式定义), 则称 D 为 K-有效除子，显然两个 K-有效除子的和仍是 K-有效除子. 注意任一闭点 $P \in X$ 可以看做一个 K-有效除子，而 C 的任一 K-除子都是闭点的整系数线性组合. 记 $\mathrm{Div}_+(C/K)$ 为 C 中所有 K-有效除子的集合 (这个记号与 3.2 节一致). 两个 K-有效除子的 (形式) 差称为一个 K-除子 (参见 3.5 节). 所有 K-除子组成一个群 $\mathrm{Div}(C/K)$ (它可以看做 C 的除子群 $\mathrm{Div}(C)$ 的子群). 任一非零 K-有理函数 $f = F_1/F_2$ (其中 $F_1, F_2 \in K[X_0, \cdots, X_N]$ 为同次齐次多项式) 给出一个除子 $(f) = V(F_1) - V(F_2)$, 称为一个主除子，所有主除子组成 $\mathrm{Div}(C/K)$ 的一个子群 H, 而 $\mathrm{Pic}(C/K) = \mathrm{Div}(C/K)/H$ 称为 C 在 K 上的皮卡群. 不难验证 $\mathrm{Pic}(C/K)$ 同构于 C 的定义在 K 上的所有可逆层以 $\otimes_{O_C}$ 为乘法组成的群 (参见 3.5 节). 两个 K-有效除子 D_1, D_2 称为线性等价的，如果 $D_1 - D_2$ 是主除子. 我们可以这样理解 K-有效除子的等价类：设 $D \subset C$ 为 K-有效除子，令 $\Gamma(D/K) = \{F_1/F_2 \in K(C) | V(F_2) \subset D\}$, 则 $\Gamma(D/K)$ 为有限维 K-线性空间 (参见引理 2.4.3, 或用 4.2 节的方法), 其维数记为 $h^0(D)$. 易见与 D 线性等价的 K-有效除子就是形如 $D + (f)$ $(f \in \Gamma(D/K) - \{0\})$ 的有效除子，而 $D' \in \mathrm{Div}_+(C/K)$ 是形如 $D + (f)$ 的除子当且仅当 $O_C(D') \cong O_C(D)$. 此外，两个有理函数 $f_1, f_2 \in K(C)^*$ 给出同一主除子 (即 $(f_1) = (f_2)$) 当且仅当存在 $c \in K^*$ 使得 $f_2 = cf_1$. 记 $\mathcal{L} = O_C(D)$, $V = Hom_K(\Gamma(D/K), K)$, $|\mathcal{L}/K| = \{D \in \mathrm{Div}_+(C/K) | O_C(D) \cong \mathcal{L}\}$, 则有一一对应

$$\mathbb{P}(V) = (\Gamma(D/K) - \{0\})/K^* \to |\mathcal{L}/K| \tag{C.1.1}$$

若 $K = \mathbb{F}_q$, 其中 $q = p^r$, 则由此得

$$\#|\mathcal{L}/K| = \frac{q^d - 1}{q - 1} \tag{C.1.2}$$

其中 $d = \dim_K V = h^0(D)$.

对 C 上的任一可逆层 $\mathcal{L}$, 记 $h^0(\mathcal{L}) = \dim_K \Gamma(C, \mathcal{L})$ (这和上面的记号一致，即若 $\mathcal{L} = O_C(D)$ 则 $h^0(\mathcal{L}) = h^0(D)$). 按上面的记号， K-曲线的黎曼-罗赫定理可以这样叙述 (参见 4.4 节)：

黎曼-罗赫定理　设 $\mathcal{L}\in \mathrm{Pic}(C/K)$, 则

$$h^0(\mathcal{L})-h^0(\Omega^1_{C/K}\otimes_{O_C}\mathcal{L}^{-1})=\deg(\mathcal{L})+1-g \tag{C.1.3}$$

其中 $g=g(C)=h^0(\Omega^1_{C/K})$, 称为 C 的亏格. 由 (C.1.3) 得

$$\deg(\Omega^1_{C/K})=2g-2 \tag{C.1.4}$$

C.2　Zeta 函数

设 $K=\mathbb{F}_q$, 其中 $q=p^r$. 设 X 是 K-代数簇, 则存在有限多个复数 $\alpha_1,\cdots,\alpha_m$, $\beta_1,\cdots,\beta_m$ 使得对任意正整数 n 有

$$\#X(\mathbb{F}_{q^n})=\alpha_1^n+\cdots+\alpha_m^n-\beta_1^n-\cdots-\beta_m^n \tag{C.2.1}$$

此外 $\alpha_1,\cdots,\alpha_m,\beta_1,\cdots,\beta_m$ 为代数整数, 且其所有共轭的绝对值都是 $\sqrt{q}$ 的幂, 这就是韦伊猜想 (其中最后一个断言称为 "黎曼猜想"), 后来为 Deligne 所证明.

简记 $a_n=\#X(\mathbb{F}_{q^n})$. 定义 X 的 Zeta 函数为形式幂级数 (T 为变量)

$$Z(X/K,T)=\exp\Big(\sum_{n=1}^{\infty}a_nT^n/n\Big)\in\mathbb{Q}[[T]] \tag{C.2.2}$$

若 (C.2.1) 成立, 则由 (C.2.2) 可见 $Z(X/K,T)$ 是复平面中某个圆盘内的解析函数, 且

$$\begin{aligned}\frac{d}{dT}\log Z(X/K,T)&=\sum_{n=1}^{\infty}a_nT^{n-1}\\&=\sum_{n=1}^{\infty}\sum_{i=1}^{m}(\alpha_i^n-\beta_i^n)T^{n-1}\\&=\sum_{i=1}^{m}\Big(\frac{\alpha_i}{1-\alpha_iT}-\frac{\beta_i}{1-\beta_iT}\Big)\end{aligned} \tag{C.2.3}$$

注意 $\dfrac{\alpha_i}{1-\alpha_iT}=-\dfrac{d}{dT}\log(1-\alpha_iT)$, 故由 (C.2.3) 得

$$Z(X/K,T)=\prod_i(1-\alpha_iT)/\prod_i(1-\beta_iT) \tag{C.2.4}$$

反之, 易见若有复数 α_i,β_i $(1\leqslant i\leqslant m)$ 使得 (C.2.4) 成立, 则 (C.2.1) 成立.

例 C.2.1　设 $X=\mathbb{P}_K^N$, 则易见 $a_n=1+q^n+q^{2n}+\cdots,+q^{Nn}$, 由此得 $Z(X/K,T)=\prod_{i=0}^{N}(1-q^iT)^{-1}$.

注 C.2.1　仍记 $\phi=F^r$ (见上节). 设 X 为 K 上的射影光滑代数簇. 由上节我们知道 a_n 等于 ϕ^n 的不动点个数. Lefschetz 不动点定理说, 对任意素数 $l\neq p$ 有公式

$$a_n=\sum_{i=0}^{2\dim X}(-1)^i\mathrm{Tr}(H_{\text{ét}}^i(\phi^n,\mathbb{Q}_l)) \tag{C.2.5}$$

(其中 $H_{\text{ét}}^i$ 为 “平展上同调”, 其定义这里从略). 由此得

$$Z(X/K,T)=\prod_{i=0}^{2\dim X}(\det(I-TH_{\text{ét}}^i(\phi)))^{(-1)^{i+1}} \tag{C.2.6}$$

这是 (C.2.4) 的一种更好的表述.

引理 C.2.1　设 m 为正整数, $\zeta\in\bar{\mathbb{Q}}$ 为 m 次本原单位根, $K'=\mathbb{F}_{q^m}$, $X'=X\otimes_K K'$, 则

$$Z(X'/K',T^m)=\prod_{i=0}^{m-1}Z(X/K,\zeta^iT) \tag{C.2.7}$$

证　注意 $X'(\mathbb{F}_{q^{mn}})=X(\mathbb{F}_{q^{mn}})$, 其点数为 a_{mn}, 故 $Z(X'/K',T)=\exp(\sum\limits_{n=1}^{\infty}a_{mn}T^n/n)$. 由此得

$$\begin{aligned}Z(X'/K',T^m)&=\exp(\sum_{n=1}^{\infty}ma_{mn}T^{mn}/(mn))\\&=\exp(\sum_{n=1}^{\infty}a_n\sum_{i=0}^{m-1}(\zeta^iT)^n/n)\\&=\prod_{i=0}^{m-1}Z(X/K,\zeta^iT)\end{aligned} \tag{C.2.8}$$

证毕.

C.3　韦伊定理

以下仅讨论 X 为射影光滑曲线的情形, 我们将证明

韦伊定理 设 C 是 $K=\mathbb{F}_q$ $(q=p^r)$ 上的射影光滑曲线，亏格为 g，则 $Z(C/K,T)$ 具有下列性质：

i) (解析性) 存在 $2g$ 次整系数多项式 $P(T)$, 首项系数为 q^g 而常数项为 1, 使得 $Z(C/K,T)=\dfrac{P(T)}{(1-T)(1-qT)}$.

ii) (函数方程) $Z(C/K,\dfrac{1}{qT})=T^{2-2g}q^{1-g}Z(C/K,T)$, 故若 β 是 $Z(C/K,T)$ 的一个零点，则 $\dfrac{1}{q\beta}$ 也是 $Z(C/K,T)$ 的一个零点.

iii) ("黎曼猜想") $Z(C/K,T)$ 的零点的绝对值都等于 $q^{-1/2}$.

在本节中我们只证明 i) 和 ii), 而将 iii) 的证明留到下一节.

仍记 k 为 K 的代数闭包. 记 $K_n=\mathbb{F}_{p^{nr}}$. 设 C 为 K-射影光滑曲线. 记 $C_{\rm cl}$ 为 C 的闭点的集合， b_n 为 $C_{\rm cl}$ 中 n 次点的个数， c_n 为 $\mathrm{Div}(C/K)$ 中的 n 次有效除子的个数 (由上节可见 $b_n,c_n<\infty$). 注意一个点 $P\in C(k)$ 在 $C(K_n)$ 中当且仅当 $\deg(P)|n$, 且 $C_{\rm cl}$ 中的一个 n 次点对应于 $C(K_n)$ 中的 n 个点 (见 C.1 节), 故有

$$a_n=\#C(K_n)=\sum_{m|n}mb_m \tag{C.3.1}$$

从而有

$$\begin{aligned}\sum_n a_nT^n &= \sum_n\sum_{m|n}mb_mT^n=\sum_m mb_m\sum_{i=1}^{\infty}T^{im}\\ &= \sum_n nb_nT^n/(1-T^n)\end{aligned} \tag{C.3.2}$$

注意 (C.3.2) 的左边等于 $T\dfrac{d}{dT}\log Z(C/K,T)$, 右边等于 $T\dfrac{d}{dT}\log\prod\limits_n(1-T^n)^{-b_n}$, 我们有

$$Z(C/K,T)=\prod_n(1-T^n)^{-b_n}=\prod_{x\in C_{\rm cl}}(1-T^{\deg(x)})^{-1} \tag{C.3.3}$$

再注意若将 (C.3.3) 的右边展开，每一项 T^n 来自一组 $x_1,\cdots,x_r\in C_{\rm cl}$ 及正整数 $d_1,\cdots,d_r$ 使得 $d_1\deg(x_1)+\cdots+d_r\deg(x_r)=n$, 而 $d_1\deg(x_1)+\cdots+d_r\deg(x_r)$ 正是 C 的 K-有效除子 $D=d_1x_1+\cdots+d_rx_r$ 的次数. 故有

$$Z(C/K,T)=\sum_{D\in\mathrm{Div}_+(C/K)}T^{\deg(D)}=\sum_{n=1}^{\infty}c_nT^n \tag{C.3.4}$$

特别地有 $Z(C/K,T)\in\mathbb{Z}[[T]]$.

注意阿贝尔群同态 $\mathrm{Div}(C/K) \to \mathrm{Pic}(C/K)$ 保持次数，而阿贝尔群同态 $\deg\colon \mathrm{Pic}(C/K) \to \mathbb{Z}$ 的象是一个子群，不妨设为 $m\mathbb{Z}$. 记 $\mathrm{Pic}^n(C/K)$ 为 $\mathrm{Pic}(C/K)$ 中 n 次可逆层的集合 (在数论中， $\mathrm{Pic}^0(C/K)$ 可以看做函数域 $K(C)$ 的 "类群"). 任取 K 上的一个 m 次可逆层 $\mathcal{L}_0$, 则

$$\otimes_{O_C}\mathcal{L}_0\colon \mathrm{Pic}^n(C/K) \to \mathrm{Pic}^{n+m}(C/K) \tag{C.3.5}$$

为一一映射 (其逆为 $\otimes_{O_C}\mathcal{L}_0^{-1}$). 由黎曼-罗赫定理, 若一个可逆层 $\mathcal{L}$ 的次数 $n \geqslant g = g(C)$, 则 $h^0(\mathcal{L}) \neq 0$, 即存在 $D \in \mathrm{Div}_+(C/K)$ 使得 $\mathcal{L} \cong O_C(D)$. 由于 n 次有效除子的集合是有限集, 可见 $\mathrm{Pic}^n(C/K)$ 为有限集, 而由 (C.3.5) 有 $\#(\mathrm{Pic}^n(C/K)) = \#(\mathrm{Pic}^{n+m}(C/K))$, 这样我们得到

引理 C.3.1　令 $h = \#(\mathrm{Pic}^0(C/K))$ (在数论中称为函数域 $K(C)$ 的 "类数"), 则对任意 $n \in \mathbb{Z}$ 有

$$\#(\mathrm{Pic}^n(C/K)) = \begin{cases} 0 & 若\ m \nmid n \\ h & 若\ m | n \end{cases} \tag{C.3.6}$$

设 $\mathcal{L}$ 为 C 上的一个可逆层, 则由 C.1 节的 (C.1.2) 式有

$$\#|\mathcal{L}/K| = \frac{q^{h^0(\mathcal{L})} - 1}{q-1} \tag{C.3.7}$$

这样由 (C.3.4) 就得到

$$Z(C/K,T) = \sum_{\mathcal{L} \in \mathrm{Pic}(C/K)} \frac{q^{h^0(\mathcal{L})} - 1}{q-1} T^{\deg(\mathcal{L})} \tag{C.3.8}$$

命题 C.3.1　存在次数不大于 $2g-2$ 的整系数多项式 f 使得

$$Z(C/K,T) = f(T) + \frac{hT^{g-1}}{q-1}\left(\frac{1}{1-qT} - \frac{1}{1-T}\right) \tag{C.3.9}$$

特别地， $Z(C/K,T) \subset \mathbb{Q}(T)$ 且 $m = 1$.

证　由引理 C.3.1 和黎曼-罗赫定理可见, 当 $m \nmid n$ 时 (C.3.8) 右边 T^n 的系数为 0, 而当 $m|n$ 且 $n \geqslant 2g-2$ 时， (C.3.8) 右边 T^n 的系数为 $\dfrac{h}{q-1}(q^{n+1-g} - 1)$. 如果 $m = 1$, 由此即得 (C.3.9).

下面我们用反证法证明 $m=1$. 设 $m>1$, 则由 (C.3.8) 仍可见 $Z(C/K,T)\in\mathbb{Q}(T)$. 令 $K'=\mathbb{F}_{q^m}$, $C'=C\otimes_K K'$. 由于 C 的除子的次数都是 m 的倍数，任一闭点 $x\in C_{\text{cl}}$ 的次数是 m 的倍数，即 $K'\subset\kappa(x)$. 注意 x 在 C'_{cl} 中分裂为 m 个点，每个点的次数为 $\dfrac{1}{m}\deg(x)$, 故 C' 有次数为 1 的 K'-可逆层，从而由上面所证有多项式 f_1 使得

$$Z(C'/K',T)=f_1(T)+\frac{hT^{g-1}}{q^m-1}\left(\frac{1}{1-q^mT}-\frac{1}{1-T}\right)\tag{C.3.10}$$

特别地，$Z(C'/K',T)$ 在 $T=1$ 处有一阶极点. 由于 $Z(C/K,T)$ 是 T^m 的函数, 对任意 m 次单位根 ζ^i 有 $Z(C/K,\zeta^iT)=Z(C/K,T)$, 故由引理 C.2.1 得 $Z(C'/K',T^m)=Z(C/K,T)^m$, 但 $Z(C/K,T)^m$ 的任一极点的阶都是 m 的倍数，矛盾. 证毕.

命题 C.3.2 $Z(C/K,T)$ 满足函数方程

$$Z\left(C/K,\frac{1}{qT}\right)=T^{2-2g}q^{1-g}Z(C/K,T)\tag{C.3.11}$$

故 $Z(C/K,T)=\dfrac{P(T)}{(1-T)(1-qT)}$, 其中

$$P(T)=\prod_{i=1}^{2g}(1-\alpha_iT)\in\mathbb{Z}[T]\tag{C.3.12}$$

而 $P(T)$ 的首项为 q^gT^{2g}, 且对任一 i, q/α_i 等于某个 α_j.

证 定义 η: $\text{Pic}(C/K)\to\text{Pic}(C/K)$ 为一一映射 $\mathcal{L}\mapsto\Omega^1_{C/K}\otimes_{O_C}\mathcal{L}^{-1}$. 由黎曼-罗赫定理有

$$h^0(\eta(\mathcal{L}))=h^0(\mathcal{L})-\deg(\mathcal{L})+g-1\tag{C.3.13}$$

而由 C.1 节的 (C.1.4) 式有

$$\deg(\eta(\mathcal{L}))=2g-2-\deg(\mathcal{L})\tag{C.3.14}$$

令

$$a(T)=\sum_{\substack{\mathcal{L}\in\text{Pic}(C/K)\\ 0\leqslant\deg(\mathcal{L})\leqslant 2g-2}}q^{h^0(\mathcal{L})}T^{\deg(\mathcal{L})}\tag{C.3.15}$$

$$\begin{aligned}b(T)&=-\sum_{\substack{\mathcal{L}\in\text{Pic}(C/K)\\ 0\leqslant\deg(\mathcal{L})\leqslant 2g-2}}T^{\deg(\mathcal{L})}+\sum_{\substack{\mathcal{L}\in\text{Pic}(C/K)\\ \deg(\mathcal{L})>2g-2}}(q^{h^0(\mathcal{L})}-1)T^{\deg(\mathcal{L})}\\&=-\frac{h}{1-T}+\frac{hq^gT^{2g-1}}{1-qT}\end{aligned}\tag{C.3.16}$$

则由 (C.3.8) 有

$$(q-1)Z(C/K,T) = a(T) + b(T) \tag{C.3.17}$$

易见

$$b(\frac{1}{qT}) = T^{2-2g}q^{1-g}b(T) \tag{C.3.18}$$

而

$$\begin{aligned} a(T) &= \sum_{\left({\mathcal{L}\in \mathrm{Pic}(C/K) \atop 0\leqslant \deg(\mathcal{L})\leqslant 2g-2}\right)} q^{h^0(\eta(\mathcal{L}))}T^{\deg(\eta(\mathcal{L}))} \\ &= \sum_{\left({\mathcal{L}\in \mathrm{Pic}(C/K) \atop 0\leqslant \deg(\mathcal{L})\leqslant 2g-2}\right)} q^{h^0(\mathcal{L})-\deg(\mathcal{L})+g-1}T^{2g-2-\deg(\mathcal{L})} \\ &= q^{g-1}T^{2g-2}\sum_{\left({\mathcal{L}\in \mathrm{Pic}(C/K) \atop 0\leqslant \deg(\mathcal{L})\leqslant 2g-2}\right)} q^{h^0(\mathcal{L})}(qT)^{-\deg(\mathcal{L})} \\ &= q^{g-1}T^{2g-2}a(\frac{1}{qT}) \end{aligned} \tag{C.3.19}$$

由 (C.3.17), (C.3.18) 和 (C.3.19) 就得到 (C.3.11).

由 (C.3.8) 和 (C.3.9) 可见存在 $P(T)\in\mathbb{Z}[T]$ 使得 $Z(C/K,T)=\frac{P(T)}{(1-T)(1-qT)}$. 易见 $P(T)$ 的常数项为 1, 故由 (C.3.11) 可见 $P(T)$ 的首项为 q^gT^{2g}, 从而可将 $P(T)$ 表为形如 (C.3.12). 再由 (C.3.11) 可见对任一 i, α_i/q 为 $P(T)$ 的零点，从而 q/α_i 等于某个 α_j. 证毕.

命题 C.3.2 给出韦伊定理中的 i) 和 ii). 此外由上节的 (C.2.1) 我们得到

$$a_n = \#C(K_n) = 1 + q^n - \sum_{i=1}^{2g}\alpha_i^n \tag{C.3.20}$$

注意 $P(T)$ 是整系数多项式，故它的任一零点的任一共轭仍是它的零点.

C.4 “黎曼猜想”

下面我们来证明 “黎曼猜想”，即每个 α_i 的绝对值等于 $\sqrt{q}$. 我们只需证明存在正数 A, B 使得 $|a_n - q^n| \leqslant A + Bq^{n/2}$ $(\forall n)$, 换言之

$$a_n = q^n + O(q^{n/2}) \quad (n\to\infty) \tag{C.4.1}$$

这是因为，由于所有 α_i 的积等于 q^n, 若有 α_i 的绝对值不等于 $\sqrt{q}$, 则必有一个 α_i

的绝对值大于 $\sqrt{q}$, 从而幂级数

$$T\frac{d}{dT}\log Z(C/K,T)-\frac{qT}{1-qT} = \frac{T}{1-T}-\sum_{i=1}^{2g}\frac{\alpha_i T}{1-\alpha_i T} = \sum_{n=0}^{\infty}(a_n-q^n)T^n \quad (C.4.2)$$

的收敛半径小于 $q^{-1/2}$, 与 (C.4.1) 矛盾 (上述事实也可以采用差分方程的技巧证明).

我们将用下面的记号: 对一个 K-态射 $f\colon C\to C$, 记 $\mathrm{Fix}(f,C)=\{x\in C(k)|f(x)=x\}$ (即 f 的不动点集), 例如由 C.1 节可知 $\mathrm{Fix}(\phi_C^n,C)=C(K_n)$.

引理 C.4.1 设 q 是平方数 (即 r 为偶数), $q'=\sqrt{q}$. 设 $\tau\colon C\to C$ 为 K-自同构, 且有一个不动点是 K-点, 记为 ∞. 记 $\phi=\phi_C$.

i) 若有正整数 l,m 使得存在 $g_i\in\Gamma(O_C(l\infty)), f_i\in\Gamma(O_C(m\infty))$ $(1\leqslant i\leqslant s)$ (视为 $K(C)$ 中的元), 满足 $\sum\limits_i g_i^{q'}f_i=0$ 且 $\sum\limits_i g_i^{q'}\tau^*f_i^q\neq 0$, 则

$$\#\mathrm{Fix}(\tau\circ\phi,C)\leqslant 1+l+mq' \quad (C.4.3)$$

ii) 设 n 为小于 q 的正整数, 令

$$\psi\colon \Gamma(O_C(n\infty))\otimes_K\Gamma(O_C(m\infty))\to\Gamma(O_C((n+mq)\infty))$$

为映射 $\sum\limits_i g_i\otimes_K f_i\mapsto\sum\limits_i g_i\tau^*f_i^q$, 则 ψ 是单射.

iii) 对任意正整数 n 记 $d_n=\dim_K\Gamma(O_C(n\infty))$, 若正整数 l,m 满足 $l<q'$ 及 $d_ld_m>d_{lq'+m}$, 则 (C.4.3) 成立.

iv) 若 $q>(g+1)^4$, 则

$$\#\mathrm{Fix}(\tau\circ\phi,C)\leqslant 1+q+(2g+1)q' \quad (C.4.4)$$

证 i) 令 $g=\sum\limits_i g_i^{q'}\tau^*f_i^q$. 若 $\tau\circ\phi(x)=x$ $(x\in C(k)-\{\infty\})$, 则 $\tau^*f_i(x)^q=f_i(x)$ $(1\leqslant i\leqslant r)$, 故 $g(x)=0$. 注意 $g=\left(\sum\limits_i g_i\tau^*f_i^{q'}\right)^{q'}$, 可见 g 的任一零点至少是 q' 重的, 但 g 的极点只有一个且至多有 $lq'+mq$ 重, 而零点的重数和等于极点重数 (因为主除子的次数为 0, 参见 4.1 节), 故有

$$q'\#(\mathrm{Fix}(\tau\circ\phi,C)-\{\infty\})\leqslant lq'+mq \quad (C.4.5)$$

由此得 $q'\#\mathrm{Fix}(\tau\circ\phi, C) \leqslant lq' + mq + q'$, 两边除以 q' 即得 (C.4.3).

ii) 我们用下面的记号：令 v_∞ 为点 ∞ 所对应的离散赋值 (参见 4.1 节), 对任意 $f \in K(C)^*$ 记 $\mathrm{ord}_\infty(f) = v_\infty(f)$ (换言之，若 $t \in O_{C,\infty}$ 为极大理想的生成元而 $t^d f$ 为 $O_{C,\infty}$ 中的单位，则 $\mathrm{ord}_\infty(f) = -d$). 由于 τ 是 K-自同构且 $\tau(\infty) = \infty$, 我们有

$$\mathrm{ord}_\infty(\tau^* f) = \mathrm{ord}_\infty(f) \tag{C.4.6}$$

如同 4.2 节，我们可取 $\Gamma(O_C(m\infty))$ 的一组 K-基 $f_1, \cdots, f_N$ 使得

$$\mathrm{ord}_\infty(f_i) < \mathrm{ord}_\infty(f_{i+1}) \tag{C.4.7}$$

设有一个关系式

$$\sum_{i=s}^{N} g_i \tau^* f_i^q = 0 \tag{C.4.8}$$

则

$$\mathrm{ord}_\infty(g_s \tau^* f_s^q) \geqslant \min_{i>s}(\mathrm{ord}_\infty(g_i \tau^* f_i^q)) \tag{C.4.9}$$

故由 (C.4.6) 可知存在 $i > s$ 使得

$$\mathrm{ord}_\infty(g_s) + q\mathrm{ord}_\infty(f_s) \geqslant \mathrm{ord}_\infty(g_i) + q\mathrm{ord}_\infty(f_i) \tag{C.4.10}$$

从而

$$\mathrm{ord}_\infty(g_s) \geqslant \mathrm{ord}_\infty(g_i) + q(\mathrm{ord}_\infty(f_i) - \mathrm{ord}_\infty(f_s)) \geqslant -n + q > 0 \tag{C.4.11}$$

这说明 ∞ 是 g_s 的零点，但这样 g_s 就没有极点，故 $g_s = 0$. 由归纳法这就证明了 ii).

iii) 令 $n = lq'$, θ: $\Gamma(O_C(l\infty)) \to \Gamma(O_C(n\infty))$ 为映射 $g \mapsto g^{q'}$, 则 θ 为 K-半线性映射, 故 $\mathrm{im}(\theta)$ 为 d_l 维 K-线性空间. 令 μ: $\mathrm{im}(\theta)\otimes_K\Gamma(O_C(m\infty)) \to \Gamma(O_C((n+m)\infty))$ 为映射 $\sum\limits_i h_i \otimes_K f_i \mapsto \sum\limits_i h_i f_i$, 则由 $d_l d_m > d_{n+m}$ 可见 $\ker(\mu) \neq 0$, 而由 ii) 可知若 $\sum\limits_i h_i \otimes_K f_i \neq 0$ 则 $\sum\limits_i h_i \tau^* f_i^q \neq 0$. 由此可见存在一组 g_i, f_i 使得 $\sum\limits_i g_i^{q'} f_i = 0$ 且 $\sum\limits_i g_i^{q'} \tau^* f_i^q \neq 0$, 故由 i) 可知 (C.4.3) 成立.

iv) 令 $m = q' + 2g$, $l = g + 1 + \left[\dfrac{g}{g+1}q'\right]$, 则因 $g + 1 < \dfrac{1}{g+1}q'$, 有

$$l \leqslant g + 1 + \frac{g}{g+1}q' = g + 1 + q' - \frac{1}{g+1}q' < q' \tag{C.4.12}$$

显然 $lq'+m>2g-2$, 故由黎曼-罗赫定理有

$$d_{lq'+m}=lq'+m+1-g=lq'+q'+1+g \tag{C.4.13}$$

同样由黎曼-罗赫定理有 $d_l\geqslant l+1-g$, $d_m\geqslant m+1-g=q'+1+g$. 故

$$\begin{aligned} d_ld_m-d_{lq'+m} &\geqslant l(g+1)-g(q'+g+1) \\ &> (g+\frac{g}{g+1}q')(g+1)-g(q'+g+1)=0 \end{aligned} \tag{C.4.14}$$

(C.4.12) 和 (C.4.14) 说明 iii) 的条件对上面所选的 l,m 满足，故由 iii) 有

$$\#\mathrm{Fix}(\tau\circ\phi,C)\leqslant 1+l+mq'<1+q+(2g+1)q' \tag{C.4.15}$$

证毕.

命题 C.4.1 设 q 是平方数且 C 有一个 K-点，则 (C.4.1) 成立.

证 取 $t\in K(C)$ 使得 $K(C)\supset K(t)$ 为有限可分扩张，且令 $L\supset K(C)$ 为 $K(C)\supset K(t)$ 的伽罗华闭包, 则 L 是一条光滑 K-曲线 Y 的函数域, 而 $L\supset K(C)\supset K(t)$ 给出 K-态射 $Y\to C\to\mathbb{P}^1_K$, 记 $\rho\colon Y\to\mathbb{P}^1_K$ 为其合成. 令 $G=\mathrm{Gal}(L/K(t))$, $H=\mathrm{Gal}(L/K(C))\subset G$, 则 $Y/G\cong\mathbb{P}^1_K$ 而 $Y/H\cong C$. 记 $\phi_1=\phi_Y$, $\phi_0=\phi_{\mathbb{P}^1_K}$. 取开子集 $U\subset\mathbb{P}^1_K$ 使得 G 在 $\rho^{-1}(U)$ 上的作用是自由的 (取 U 使得 $\rho^{-1}(U)$ 在 U 上光滑即可). 设 $y\in Y(k)$, 则 $\rho(y)\in\mathrm{Fix}(\phi_0^n,\mathbb{P}^1_K)$ 当且仅当存在 $\tau\in G$ 使得 $y\in\mathrm{Fix}(\tau\circ\phi_1^n,Y)$. 记 $a_{n\tau}=\#\mathrm{Fix}(\tau\circ\phi_1^n,Y)$. 注意 $\#\mathrm{Fix}(\phi_0^n,\mathbb{P}^1_K)=q^n+1$ (见例 C.2.1), 而 $\mathbb{P}^1_K-U$ 只有有限多个几何点 (点数与 n 无关), 故有

$$\sum_{\tau\in G}a_{n\tau}=|G|q^n+O(1) \tag{C.4.16}$$

类似地讨论 $Y\to C$, 注意 $\#\mathrm{Fix}(\phi_C^n,C)=a_n$, 可得

$$\sum_{\tau\in H}a_{n\tau}=|H|a_n+O(1) \tag{C.4.17}$$

用 q^n 代替 q, ϕ_1^n 代替 ϕ, 则由引理 C.4.1.iv) 可知当 n 充分大时有

$$a_{n\tau}\leqslant 1+q^n+(2g+1)q^{n/2} \tag{C.4.18}$$

由 (C.4.16) 和 (C.4.18) 得

$$a_{n\tau} = q^n + O(q^{n/2}) \tag{C.4.19}$$

再由 (C.4.17) 即得 (C.4.1). 证毕.

现在我们来证明韦伊定理的 iii) ("黎曼猜想"). 对一般的 q 和 C, 取偶数 m 使得 $C(K_m) \neq \varnothing$, 令 $K' = K_m$, $C' = C \otimes_K K'$, 则由命题 C.4.1 和本节开头的说明可知 $Z(C'/K', T)$ 的零点的绝对值都等于 $q^{-m/2}$, 再由引理 C.2.1 即可见 $Z(C/K, T)$ 的零点的绝对值都等于 $q^{-1/2}$.

C.5　一些推论和进一步的问题

由引理 C.3.1 和命题 C.3.1 可见存在 $\mathcal{L} \in \mathrm{Pic}(C/K)$ 使得 $\deg(\mathcal{L}) = 1$, 故

$$\gcd_{x \in C_{\mathrm{cl}}} \deg(x) = 1 \tag{C.5.1}$$

而且

$$\mathrm{res}_1 Z(C/K, T) = (T-1) Z(C/K, T)|_{T=1} = \frac{h}{q-1} \tag{C.5.2}$$

其中 res_1 为在点 $T = 1$ 处的留数,

$$\mathrm{res}_{1/q} Z(C/K, T) = (T - \frac{1}{q}) Z(C/K, T)|_{T=1/q} = -\frac{h}{q(q-1)} \tag{C.5.3}$$

故可将 $K(C)$ 的类数 h 表达为

$$h = P(1) = \prod_{i=1}^{2g} (1 - \alpha_i) \tag{C.5.4}$$

设 $K' = \mathbb{F}_{q^m}$, $C' = C \otimes_K K'$, 则由引理 C.2.1 和命题 C.3.2 有

$$Z(C'/K', T) = (1-T)^{-1}(1-q^m T)^{-1} \prod_{i=1}^{2g} (1 - \alpha_i^m T) \tag{C.5.5}$$

从而 $K(C')$ 的类数 h' 可表为

$$h' = \prod_{i=1}^{2g} (1 - \alpha_i^m) \tag{C.5.6}$$

注意 $h' = \#(\mathrm{Jac}(C)(K'))$ (参见 5.4 节 A)), 可见对任意正整数 n 有

$$\#(\mathrm{Jac}(C)(\mathbb{F}_{q^n})) = \prod_{i=1}^{2g} (1 - \alpha_i^n) \tag{C.5.7}$$

从而得

$$Z(\mathrm{Jac}(C)/K,T)=\prod_{i=0}^{2g}\prod_{j_1<\cdots<j_i}(1-\alpha_{j_1}\cdots\alpha_{j_i}T)^{(-1)^{i+1}} \tag{C.5.8}$$

例 C.5.1 设 $q=5$, C 为费马曲线 $X_0^4+X_1^4+X_2^4=0$ (为亏格 3 的光滑射影曲线), 则 $a_1=0$. 我们来计算 a_2 和 a_3. 令 ζ 为乘法群 $\mathbb{F}_{25}^{\times}$ 的一个生成元，则 $\xi=\zeta^4$ 满足 $\xi^6=1$, 即

$$\mathrm{Nm}_{\mathbb{F}_{25}/\mathbb{F}_5}(\xi)=1 \tag{C.5.9}$$

若一个 $\mathbb{F}_{25}$-点的坐标 X_0,X_1,X_2 中有一个为 0, 则其局部仿射坐标形如 $(1,x)$, 其中 x 满足

$$x^4=-1 \tag{C.5.10}$$

由于 (C.5.10) 有 4 个解, 这样的点共有 $4\times 3=12$ 个; 若一个 $\mathbb{F}_{25}$-点的坐标 X_0,X_1,X_2 都不为 0, 则其局部仿射坐标形如 (x,y), 其中 x,y 满足

$$x^4+y^4+1=0 \tag{C.5.11}$$

由 (C.5.9) 可见 $a=x^4$ 满足

$$\mathrm{Nm}_{\mathbb{F}_{25}/\mathbb{F}_5}(a)=\mathrm{Nm}_{\mathbb{F}_{25}/\mathbb{F}_5}(-1-a)=1 \tag{C.5.12}$$

由 (C.5.12) 可得 $\mathrm{Tr}_{\mathbb{F}_{25}/\mathbb{F}_5}(a)=-1$, 从而 a 满足

$$a^2-a+1=0 \tag{C.5.13}$$

反之，若 $a\in\mathbb{F}_{25}$ 满足 (C.5.13), 则 $a^6=\mathrm{Nm}_{\mathbb{F}_{25}/\mathbb{F}_5}(a)=1$, 故存在 $x\in\mathbb{F}_{25}$ 使得 $x^4=a$, 同理存在 $y\in\mathbb{F}_{25}$ 使得 $y^4=-1-a$, 这样 (x,y) 就是 (C.5.11) 的一组解. 由于 (C.5.13) 有两个解，每个解给出的 (C.5.11) 的解有 $4\times 4=16$ 个，故这样的点共有 32 个, 因此 $a_2=12+32=44$. 类似地，易见 C 的一个 $\mathbb{F}_{125}$-点的坐标 X_0,X_1,X_2 中不能有一个为 0, 故只需考虑 (C.5.11) 的解，此时 $a=x^4$ 也满足 (C.5.12) (将 $\mathbb{F}_{25}$ 换为 $\mathbb{F}_{125}$), 令 $\mathrm{Tr}_{\mathbb{F}_{125}/\mathbb{F}_5}(a)=s$, 则 a 满足

$$a^3-sa^2+(2-s)a-1=0 \tag{C.5.14}$$

不难验证仅当 $s=1$ 时 (C.5.14) 有解 $a\in\mathbb{F}_5$, 对其他每个 $s\in\mathbb{F}_5$, (C.5.14) 各有 3 个解，这样共有 $3\times 4=12$ 个解，而 (C.5.14) 的每个解给出 (C.5.11) 的 16 个解，从而 $a_3=16\times 12=192$.

由命题 C.3.2, 不妨设 $\alpha_{6-i}=q/\alpha_i\ (1\leqslant i\leqslant 3)$, 这样存在 $\theta_1,\theta_2,\theta_3\in\mathbb{R}$ 使得 $\alpha_i=\sqrt{5}\mathrm{e}^{\sqrt{-1}\theta_i}$, $\alpha_{6-i}=\sqrt{5}\mathrm{e}^{-\sqrt{-1}\theta_i}\ (1\leqslant i\leqslant 3)$. 故

$$a_1=1+5-5^{1/2}(2\cos\theta_1-2\cos\theta_2-2\cos\theta_3)=0 \tag{C.5.15}$$

$$a_2=1+25-5(2\cos(2\theta_1)-2\cos(2\theta_2)-2\cos(2\theta_3))=44 \tag{C.5.16}$$

$$a_3=1+125-5^{3/2}(2\cos(3\theta_1)-2\cos(3\theta_2)-2\cos(3\theta_3))=192 \tag{C.5.17}$$

由 (C.5.15),(C.5.16) 和 (C.5.17) 解得

$$5^{1/2}\cos\theta_i=1\quad(1\leqslant i\leqslant 3) \tag{C.5.18}$$

故

$$Z(C/K,T)=\frac{(1-2T+5T^2)^3}{(1-T)(1-5T)} \tag{C.5.19}$$

而 $K(C)$ 的类数为 64, 再由 (C.5.8) 得

$$Z(\mathrm{Jac}(C)/K,T)=\frac{(1-2T+5T^2)^3(1-10T+125T^2)^9(1-50T+3125T^2)^3(1+22T+125T^2)}{(1-T)(1-5T)^9(1-25T)^9(1-125T)(1+6T+25T^2)^3(1+30T+625T^2)^3} \tag{C.5.20}$$

对于 $\mathrm{Jac}(C)$ 在 $\mathbb{F}_5$ 的有限扩域上的点数有更简单的公式

$$\#(\mathrm{Jac}(C)(\mathbb{F}_{5^n}))=(1-s_n+5^n)^3 \tag{C.5.21}$$

其中 s_n 满足差分方程

$$s_0=s_1=2,\ s_n=2s_{n-1}-5s_{n-2} \tag{C.5.22}$$

注 C.5.1* 设 X 为有限型 $\mathbb{Z}$-概形, 仍记 X_{cl} 为 X 的闭点的集合. 对任一点 $x\in X_{\mathrm{cl}}$, $\kappa(x)$ 为有限域, 记 $|x|=\#\kappa(x)$. 定义 X 的 zeta 函数为形式无穷乘积

$$\zeta(X,z)=\prod_{x\in X_{\mathrm{cl}}}(1-|x|^{-z})^{-1} \tag{C.5.23}$$

例如当 $X=\mathrm{Spec}\mathbb{Z}$ 时, 由定义易见 (C.5.23) 给出的就是黎曼 zeta 函数

$$\zeta(z)=\sum_{n=1}^{\infty}\frac{1}{n^z} \tag{C.5.24}$$

---

* 为叙述方便这里用到概形的概念, 对代数几何仅希望做一般了解的读者可略过, 初次阅读时若有困难亦可暂时略过.

注意由 C.3 节的 (C.3.3) 式可见对于射影光滑 K-曲线 C 有

$$\zeta(C,z) = Z(C/K, q^{-z}) \tag{C.5.25}$$

而韦伊定理中的 iii) 说明 $\zeta(C,z)$ 的零点的实部都等于 $\dfrac{1}{2}$.

黎曼猜想 $\zeta(z)$ 的非平凡零点的实部都等于 $\dfrac{1}{2}$. "广义黎曼猜想" 将黎曼猜想推广到一般的有限型 $\mathbb{Z}$-概形 X, 内容有:

i) (解析性) $\zeta(X,z)$ 在复平面的某个开集上收敛到一个解析函数，且这个解析函数可以开拓成复平面上的半纯函数.

ii) (函数方程) $\zeta(X,z)$ 满足一个函数方程 (猜想的方程具体形式较复杂，这里从略，参见韦伊定理中的 ii)).

iii) ("黎曼猜想") $\zeta(X,z)$ 的零点和极点的实部都是半整数.

广义黎曼猜想在数论中有非常重要的意义，也是非常困难的一个猜想. 但由于 Deligne 已证明当 X 是有限域上的概形时广义黎曼猜想成立 (见前述), 人们普遍相信广义黎曼猜想的正确性.

参 考 文 献

[1] D.Cox, J.Little, D.O'Shea. *Ideals, Varieties, and Algorithms.* UTM. Springer, 1982

[2] W.Fulton. *Algebraic Curves.* W.A.Benjamin, 1969

[3] P.Griffiths, J.Harris. *Principles of Algebraic Geometry.* Wiley-Interscience, 1978

[4] A.Grothendieck, J.Dieudonné. *Eléments de Géométrie Algébrique* I-IV. Publ. Math. *IHES 4 Algébrique* I-IV. Publ. Math. IHES 4 (1960), 8 (1961), 11 (1961), 17(1963), 20(1964), 24(1965), 28(1966), 32(1967)

[5] R. Hartshorne. *Algebraic Geometry.* GTM 52. Springer-Verlag, 1977. (中译本: 代数几何. 冯克勤, 刘木兰, 胥鸣伟译. 科学出版社, 1994)

[6] D.Hilbert, S.Cohn-Vossen. *Geometry and the Imagination.* Chelsea Pub. Co. 1952. 中译本: 直观几何. 王联芳译

[7] F.Hirzebruch. *Topological Methods in Algebraic Geometry.* Grundlehen 131. Springer-Verlag, 3rd. ed. , 1966

[8] S.Iitaka (饭高茂). *Algebraic Geometry.* GTM 76. Springer-Verlag, 1982

[9] S.Lang. *Algebra.* Addison-Wesley, 1971

[10] S.Lang. *Algebraic Varieties.* Springer-Verlag, 1983

[11] S.Lefschetz. *Algebraic Geometry.* Princeton Univ. Press, 1953

[12] 李克正. 交换代数与同调代数. 科学出版社, 第二次, 2017

[13] 李克正. 群概形及其作用论. 清华大学出版社, 2018

[14] K.Li. Actions of Group Schemes(I). Compositio Math. 80, 1991. 55 ~ 74

[15] K.Li, F.Oort. *Moduli of Supersingular Abelian Varieties.* LNM1680, Springer-Verlag, 1998

[16] H.Matsumura. *Commutative Algebra.* W.A.Benjamin Co. , 1970

[17] D.Mumford. *Algebraic Geometry I : Complex Projective Varieties.* Springer-Verlag, 1976

[18] D.Mumford. *Geometric Invariant Theory.* Springer-Verlag, 1965

[19] D.Mumford. *Abelian Varieties.* Tata studies is Math. Oxford Univ. Press, 2nd ed. , 1975

[20] D.Mumford. *Curves and Their Jacobians.* Univ. of Michigan Press, 1975

[21] D.Mumford. *Lectures on Curves on an Algebraic Surfaces*. Annals of Math. Studies 59. Princetonuniv. Press, 1966

[22] I.R.Shafarevich. *Basic Algebraic Geometry*. Grundlehren 213. Springer-Verlag, 1974

[23] J.-P.Serre. Géométrie algébriques et géométrie analytique. Ann. Inst. Fourier 6, 1956. $1 \sim 42$

[24] 上野健尔. 代数几何入门. 岩波书店, 1995

[25] B.L. 范德瓦尔登. 代数学 I, II. 丁石孙, 曾肯成, 郝炳新译. 科学出版社, 1960, 1976

[26] J.H.van Lint, G.van der Geer. *Introduction to Coding Theory and Algebraic Geometry*. Birkhauser, 1989

[27] Eckart Viehweg. *Quasi-projective Moduli for Polarized Manifolds*. Ergebnisse der Mathematik und ihrer Grenzgebiete 3 Folge·Band 30. Springer-Verlag, 1995

[28] R.J.Walker. *Algebraic Curves*. Princeton Univ. Press, 1950

[29] A.Weil. *Variétés Abéliennes et Courbes Algébriques*. Hermann, 1948

[30] 肖刚. 代数曲面的纤维化. 上海科技出版社, 1992

[31] J.Dieudonné. *La Géométrie des Groupes Classiques*. Springer-Verlag, 1955. 中译本: 典型群的几何学. 万哲先译. 科学出版社, 1960

[32] 桂利行. 代数几何入门. 共立讲座 21 世纪の数学 (17). 共立出版株式会社, 1998

[33] R.Hartshorne. *Residues and Duality*. LNM 20. Springer-Verlag, 1966

[34] 伍鸿熙, 吕以辇, 陈志华. 紧黎曼曲面引论. 科学出版社, 1981

[35] N. Bourbaki. *Algèbre Commutative*. Eléments de Math. 27, 28, 30, 31. Hermann, 1961-1965

[36] Lei Fu: *Algebraic Geometry*. 研究生数学丛书 6, 清华大学出版社 (2006)

[37] W. Fulton: *Intersection Theory*. Springer-Verlag, Berlin-Heidelberg-N.Y. -Tokyo (1984)

[38] Ke-Zheng Li: Push-out of schemes. J. Math. Sci. Univ. Tokyo 14 (2007), 531-565

[39] 李克正. 李群与李代数基础. 科学出版社 2021

[40] Qing Liu. *Algebraic Geometry and Arithmetic Curves*. Oxford Graduate Texts in Mathematics 6. Oxford Univ. Press, 2002

索 引

符号、缩略语索引

《大学数学科学丛书》已出版书目

1. 代数导引　万哲先　著　2004 年 8 月
2. 代数几何初步　李克正　著　2004 年 5 月
3. 线性模型引论　王松桂等　编著　2004 年 5 月
4. 抽象代数　张勤海　著　2004 年 8 月
5. 变分迭代法　曹志浩　编著　2005 年 2 月
6. 现代偏微分方程导论　陈恕行　著　2005 年 3 月
7. 抽象空间引论　胡适耕　张显文　编著　2005 年 7 月
8. 近代分析基础　陈志华　编著　2005 年 7 月
9. 抽象代数——理论、问题与方法　张广祥　著　2005 年 8 月
10. 混合有限元法基础及其应用　罗振东　著　2006 年 3 月
11. 孤子引论　陈登远　编著　2006 年 4 月
12. 矩阵不等式　王松桂等　编著　2006 年 5 月
13. 算子半群与发展方程　王明新　编著　2006 年 8 月
14. Maple 教程　何青　王丽芬　编著　2006 年 8 月
15. 有限群表示论　孟道骥　朱萍　著　2006 年 8 月
16. 遗传学中的统计方法　李照海　覃　红　张　洪　编著　2006 年 9 月
17. 广义最小二乘问题的理论和计算　魏木生　著　2006 年 9 月
18. 多元统计分析　张润楚　2006 年 9 月
19. 几何与代数导引　胡国权　编著　2006 年 10 月
20. 特殊矩阵分析及应用　黄廷祝等　编著　2007 年 6 月
21. 泛函分析新讲　定光桂　著　2007 年 8 月
22. 随机微分方程　胡适耕　黄乘明　吴付科　著　2008 年 5 月
23. 有限维半单李代数简明教程　苏育才　卢才辉　崔一敏　著　2008 年 5 月
24. 积分方程　李星　编著　2008 年 8 月
25. 代数学　游宏　刘文德　编著　2009 年 6 月
26. 代数导引（第二版）　万哲先　著　2010 年 2 月
27. 常微分方程简明教程　王玉文　史峻平　侍述军　刘　萍　编著　2010 年 9 月
28. 有限元方法的数学理论　杜其奎　陈金如　编著　2012 年 1 月
29. 近代分析基础（第二版）　陈志华　编著　2012 年 4 月
30. 线性代数核心思想及应用　王卿文　编著　2012 年 4 月
31. 一般拓扑学基础（第二版）　张德学　编著　2015 年 1 月

32. 公钥密码学的数学基础　王小云　王明强　孟宪萌　著　2013 年 1 月
33. 常微分方程　张祥　编著　2015 年 5 月
34. 巴拿赫空间几何与最佳逼近　张子厚　刘春燕　周　宇　著　2016 年 2 月
35. 实变函数论教程　杨力华　编著　2017 年 5 月
36. 现代偏微分方程导论（第二版）　陈恕行　著　2018 年 5 月